高等职业教育课程改革项目研究成果系列教材

电工基础

（第 2 版）

主　编　蔡文君

副主编　刘银红

主　审　薛建设

北京理工大学出版社

BEIJING INSTITUTE OF TECHNOLOGY PRESS

内 容 简 介

本书紧扣高职教育"注重实践、强调应用"的指导思想,以技能训练为主线,理论与实践有机结合,按照项目化教学组织方式进行编写。本书涵盖6个项目和1个综合应用:电动自行车转向灯电路、惠斯通电桥、延时照明电路的设计与仿真调试、日光灯照明电路、三相交流电路、磁路和变压器、MF47型万用表的安装与调试。

本书内容图文并茂,配备在线课程资源,通俗易懂。每个项目都有项目能力训练,在内容编排上,遵循理论学习的认知规律和操作技能的形成规律,使学生在项目的引导下更好的将理论与实践有机地融合为一体,改变该课程传统教学的重理论轻实践的教学模式,更加凸显了对学生良好职业情感和职业能力的培养。

本书可作为高职、高专与成人教育电类相关专业电工、电路分析等课程理论与实践教学基础课教材,也可供相关专业的工程技术人员参考。

图书在版编目(CIP)数据

电工基础 / 蔡文君主编. --2 版. --北京:北京
理工大学出版社,2021.9(2024.1重印)
ISBN 978-7-5763-0304-9

Ⅰ. ①电… Ⅱ. ①蔡… Ⅲ. ①电工–高等职业教育–
教材　Ⅳ. ①TM1

中国版本图书馆 CIP 数据核字(2021)第 184692 号

出版发行 / 北京理工大学出版社有限责任公司
社　　址 / 北京市海淀区中关村南大街 5 号
邮　　编 / 100081
电　　话 / (010)68914775(总编室)
　　　　　 (010)82562903(教材售后服务热线)
　　　　　 (010)68944723(其他图书服务热线)
网　　址 / http://www.bitpress.com.cn
经　　销 / 全国各地新华书店
印　　刷 / 涿州市新华印刷有限公司
开　　本 / 787 毫米×1092 毫米　1/16
印　　张 / 19
字　　数 / 446 千字
版　　次 / 2021 年 9 月第 2 版　2024 年 1 月第 5 次印刷
定　　价 / 54.00 元

责任编辑 / 朱　婧
文案编辑 / 朱　婧
责任校对 / 周瑞红
责任印制 / 施胜娟

图书出现印装质量问题,请拨打售后服务热线,本社负责调换

前言 Preface

　　"电工基础"是高等职业院校电类专业的技术基础课程，也是一门主干课程。本书力争完成以下任务：使学生掌握电类专业必备的电工通用技术基础知识、基本方法和基本技能，具有分析和处理生产与生活中一般电工问题的基本能力，具备继续学习后续专业技能课程的基本学习能力，为获得相应的职业资格证书打下基础；同时培养学生的职业道德与职业意识，提高学生的综合素质和职业能力，为学生职业生涯的发展奠定基础。

　　本书具有以下鲜明特点。

　　（1）以高职高专培养目标和要求为指导思想，以学生就业为导向，岗位职业能力为依据，遵循学生认知规律，紧密结合职业资格证书中的电工技能要求，确定本课程的项目模块和教学内容。

　　（2）书中带"*"的内容，可根据实际情况选学。

　　（3）本着"必需、够用"的原则，本书进一步适当降低理论深度，精简内容。在叙述上尽量避免烦琐的数学推导和论证，注重从实际的例子引出结论。

　　（4）理论与实践相结合，把电工电路设计、制作、测试与调试等能力作为基本目标，倡导通过仿真电路、技能训练培养学生的自主学习能力和创新能力。

　　（5）利用 Multisim 仿真软件，仿真试验辅助教学内容，可以使抽象、难以理解的内容，变得形象和直接，便于学习者理解和接受知识。

　　2021 年 1 月，作者广泛征求了使用本教材的任课教师的意见，对第一版的内容进行了认真的修订和调整，录制了"电工电子基础—电工基础"在线课程。现编写了《电工基础》第二版。

　　本书由西安铁路职业技术学院蔡文君主编，刘银红副主编，薛建设主审。具体分工如下：蔡文君负责项目 2、项目 3、项目 5、项目 7 的编写和修订，刘银红负责项目 1、项目 4、项目 6 的编写和修订。

　　为了方便教师教学，本书配有项目参考答案和立体化教学资源。请有此需要的教师直接扫一扫书中的二维码，可阅看或下载更多的立体化教学资源。

　　因作者水平有限，书中的疏漏在所难免，恳请读者提出宝贵意见。

编　者

2021.1

$\mathcal{C}ontents$ 目录

项目 1

电动自行车转向灯电路

【项目描述】

电路理论是当代电子科学技术和电气工程的重要理论基础之一，与电磁学、电子科学与技术、通信、自动控制及计算机科学技术等学科相互影响、相互促进。电路理论在经历了一个多世纪的漫长道路后，已经发展成为一门体系完整、逻辑严密，并且具有强大生命力的独立学科领域。

人们生活和工作中接触到很多的实际电路，由于其功能、作用以及应用领域不同，所以其复杂程度也不尽相同。本项目以日常生活中电动自行车转向灯电路为例（图 1-1），介绍电路的一些基本知识：电路和电路模型概念；电路的电流、电压和电功率等电路基本物理量；电阻及其连接；电源等电路元件等。

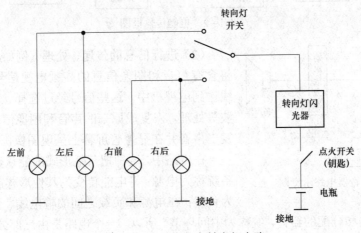

图 1-1　电动自行车转向灯电路

电动自行车转向灯电路是一个简单的直流电路，如图 1-1 所示，点火开关闭合（插入电动车钥匙），当转向灯开关打到上侧端钮时，左前、左后指示灯同时亮；当转向灯开关打到下侧端钮时，右前、右后指示灯同时亮；当转向灯开关打到中间端钮时，所有转向灯灭，电动车直行。

【知识目标】

（1）了解电路的概念和电路模型组成。

（2）掌握电流、电压、电位、电功率、电能等基本物理量的相关知识。

（3）掌握电压、电流的参考方向和电功率计算及电功率性质判断。

（4）掌握电阻元件的伏安特性及电阻元件串并联特点，电阻连接的等效计算。

（5）掌握电源元件的特性及其连接等效计算。

 【技能目标】

（1）能够识别色环电阻的参数，正确使用万用表测量电阻的阻值，判断电阻器的质量。

（2）能熟练使用万用表测量电压、电位及电流。

（3）能正确读出各种数据、分析数据、判断电路的工作情况。

1.1　电路和电路模型

电路的组成

1.1.1　电路及其功能

电路，通俗地讲就是由金属导线和电气、电子元件组成的导电回路。在日常生活、生产和科研工作中可以看到各种各样的电路，如收音机、音响设备、计算机、通信系统和电力网络等，这些电路的特性和作用各不相同。按工作任务划分，电路的主要功能有以下两种。

（1）进行能量的传输、分配和转换。例如，电力供电网络，它将电能从发电厂输送到不同的企业、生活小区等，供各种不同的电气设备和人们日常生活使用，如图1-2所示。

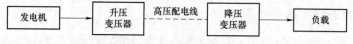

图1-2　电能传输框图

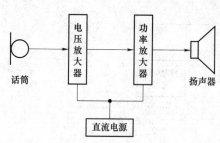

图1-3　扩音器电路示意图

（2）进行信息的传递、处理。例如，电视接收天线将含有声音和图像信息的高频电视信号通过高频传输线送到电视机中，这些信号经过选择、变频、放大和检波等处理，恢复成原来的声音和图像信息，在扬声器中发出声音并在显像管屏幕上呈现图像，如图1-3所示。

在电路中，这种把其他形式的能量转换为电能的设备统称为电源；将电能转变为其他形式能量的设备统称为负载；在电源和负载之间的输电线、变压器、控制电器等是进行传输和分配的器件，统称为中间环节。所以，一个电路是由三部分组成，即电源、负载和中间环节。

1.1.2　电路模型

实际电路都是由一些按需要起不同作用的实际电路元件和器件所组成的。实际的电路元件和器件种类繁多，电磁性质复杂，为了便于对实际复杂电路进行研究和描述，在满足一定条件时，常常采用一种"理想化"的科学抽象方法分析电路，即把实际电路元件看作理想的电路元件。这里"理想化"指的是：只考虑电路元件中起主要作用的某些电磁现象，忽略次要的电磁现象。将"理想化"的电路元件称为理想电路元件，也称为集总参数元件，简称集总元件。而由集总元件构成的电路称为集总参数电路，或称为理想电路。例如，一个线圈在直流时就只需要考虑能耗；低频只考虑其中的磁场和能耗，甚至有时只考虑磁场就可以了；但在高频时则应考虑电场的影响，还要考虑其分布电容。所以，建立电路模型一般应指明其工作条件。

常见理想元件的名称和符号如表1-1所示。

表1-1　常见理想元件的名称和符号

名称	符号	名称	符号	名称	符号
导线	——	传声器	◖	电阻器	▭
连接的导线	┼	扬声器	◁	可变电阻器	▱
接地	⏚	二极管	▷⊢	电容器	⊣⊢
接机壳	⊥	稳压二极管	◁	线圈，绕组	∿
开关	╱	隧道二极管	⋈	变压器	∿∿
熔断器	▭	晶体管	⎬	铁芯变压器	∿∿
灯	⊗	运算放大器	▷	直流发电机	Ⓖ
电压表	Ⓥ	电池	—⊣⊢	直流电动机	Ⓜ

用理想电路元件构成的电路叫做电路模型，有时也简称为电路。电路模型将使电路的研究大大简化，用特定的符号代表元件连接成的图形叫做电路图。

图1-4所示为手电筒电路的示意图和电路图。

(a)　　　　　　　　　　　　(b)

图1-4　手电筒电路的示意图

思考题

（1）电路的主要功能有哪些？

（2）什么是电路模型？建立电路模型时应注意什么问题？

1.2 电路的基本物理量

电路的工作特性是由电流、电压和电功率等物理量来描述的，而电路分析的基本任务就是分析计算这些物理量。下面就来分别介绍这些基本物理量。

电路的基本物理量

1.2.1 电流

带电粒子的定向移动形成电流，习惯上规定正电荷运动的方向为电流的实际方向。表征电流强弱的物理量叫做电流强度，简称电流，在数值上等于单位时间内通过导体横截面的电荷量。设在 dt 时间内通过导体横截面的电荷为 dq，则通过该截面的电流为

$$i = \frac{dq}{dt} \tag{1-1}$$

一般情况下，电流是随时间而变化的，如果电流不随时间而改变，即 $dq/dt=$ 常量，则这种电流称为恒定电流或直流电流，简称直流（DC），用大写字母 I 表示，它所通过的路径就是直流电路。在直流电路中，式（1-1）可写成

$$I = \frac{Q}{t} \tag{1-2}$$

式中　Q——时间 t 内通过导体截面的电荷量。

电流的国际单位制（SI）单位是安［培］（A）。除安培外，常用的电流单位还有 kA（千安）、mA（毫安）和 μA（微安）。它们之间的换算关系为

$$1\ A = 10^3\ mA = 10^6\ \mu A \tag{1-3}$$

各种物理量的十进制倍数单位和分数单位都是在原单位前冠以词头构成，常用的倍数及分数单位的词头见表1-2。

表1-2　部分国际单位制词头

因数	10^9	10^6	10^3	10^{-3}	10^{-6}	10^{-9}	10^{-12}
名称	吉	兆	千	毫	微	纳	皮
符号	G	M	k	m	μ	n	p

电流在导线中或一个电路元件中流动的实际方向只有两种可能，如图 1-5 所示。当有正电荷的净流量从 A 端流入并从 B 端流出时，习惯上就认为电流是从 A 端流向 B 端；反之，则认为电流是从 B 端流向 A 端。电路分析中，有时对某一段电路中电流实际流动方向很难立即判断出来，有时电流的实际方向还在不断改变，因此很难在电路中标明电流的实际方向。由于这些原因，引入了电流"参考方向"的概念。

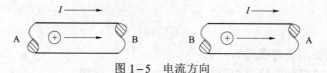

图1-5　电流方向

在图 1-6 中，先选定其中某一方向作为电流的方向，这个方向叫做电流的参考方向。电流的参考方向是任意指定的，在电路中一般用实线箭头表示；也可用双下标表示，如 I_{ab}，其参考方向是由 a 指向 b。若需要标出电流的实际方向，则以虚线箭头表示。当然所选的电流方向并不一定就是电流实际的方向。把电流看成代数量，若电流的参考方向与它的实际方向一致，则电流为正值（$I>0$）；反之，若电流的参考方向与它的实际方向相反，则电流为负值（$I<0$），如图 1-6 所示。于是，在指定的电流参考方向下，电流值的正和负就可以反映出电流的实际方向。因此，在参考方向选定之后，电流值才有正负之分，在未选定参考方向之前，电流的正负值是毫无意义的。

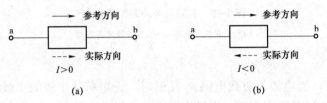

图 1-6　电流参考方向

1.2.2　电压

1. 电压

在图 1-7 所示电源的两个极板 a 和 b 上分别带有正、负电荷，这两个极板间就存在一个电场，其方向是由 a 指向 b。当用导线和负载将电源的正负极连接成为一个闭合电路时，正电荷在电场力的作用下由正极 a 经导线和负载流向负极 b（实际上是自由电子由负极经负载流向正极），从而形成电流。电压是衡量电场力做功能力的物理量。定

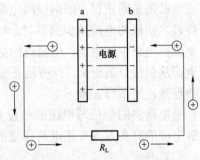

图 1-7　电场力对电荷做功

义：a 点至 b 点间的电压 U_{ab} 在数值上等于电场力把单位正电荷由 a 点经外电路移到 b 点所做的功。

$$u = \frac{\mathrm{d}w_{ab}}{\mathrm{d}q} \qquad (1-4)$$

当电荷的单位为 C（库仑）、功的单位为 J（焦耳）时，电压的单位为伏特，简称 V（伏）。在工程中还可用 kV（千伏）、mV（毫伏）和 μV（微伏）为计量单位。

电压的实际方向定义为正电荷在电场中受电场力作用（电场力做正功时）移动的方向，以虚线箭头表示。与电流一样，电压的方向也可以任意指定，称为电压的参考方向，用正"+"、负"−"极性来表示，"+"极指向"−"极的方向就是电压的参考方向。此外，电压的参考方向还可以采用实线箭头或双下标表示，如 U_{AB} 表示 A 和 B 之间电压的参考方向由 A 指向 B（图 1-8）。显然，$U_{AB}=-U_{BA}$。同样，在指定的电压参考方向下计算出的电压值的正和负就可以反映出电压的实际方向。

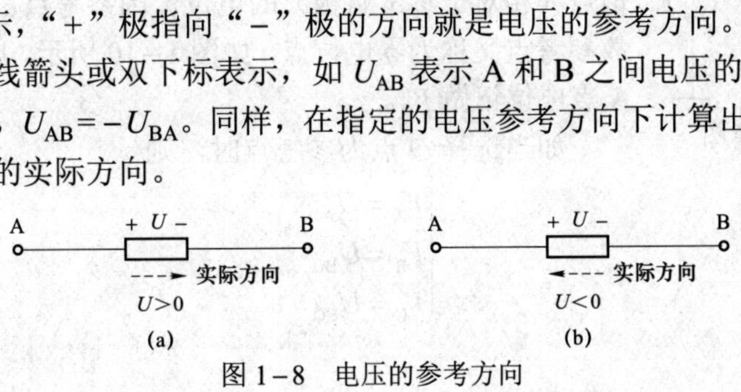

A ———— + U − ———— B　———— 实际方向　$U>0$　(a)
A ———— + U − ———— B　———— 实际方向　$U<0$　(b)

图 1-8　电压的参考方向

"参考方向"在电路分析中起着十分重要的作用。

对一段电路或一个元件上电压的参考方向和电流的参考方向可以独立加以任意指定。如果指定电流从电压"+"极性的一端流入，并从标以"−"极性的另一端流出，即电流的参考方向与电压的参考方向一致，则把电流和电压的这种参考方向称为关联参考方向，如图1−9（a）所示，反之则为非关联参考方向，如图1−9（b）所示。

图1−9 关联与非关联参考方向

（a）关联参考方向；（b）非关联参考方向

2. 电动势

如图1−7所示，当电源与负载电阻 R_L 接通时，正电荷从电源的正极经由外电路负载电阻 R_L 移向电源的负极而形成电流，电场力对正电荷做功。这时，如果不把移至电源负极的正电荷再搬回正极，则两极的电荷逐渐减少，两极间的电场逐渐减弱，电压也越来越低。最终，当两极的电荷减少到零时，电源两端电压也等于零，外电路中也就不再有电流通过了。要维持电路中的电流，电源内部必须有一种非静电力，克服电荷间的静电力做功，不断把正电荷从负极分离出来，并搬回正极。电动势即是用来衡量电源内部非静电力做功本领大小的物理量，用字母 E 表示。

电动势的单位与电压的单位相同，也是伏（V）。电动势的真实方向与电源工作时其内部电流的真实方向（正电荷移动的方向）相同，由负极指向正极。

3. 电位

技能操作−
电压电位的测量

电位是电路分析中经常用到的一个概念。尤其是在电子线路中，常用电位的概念来分析电路的工作状态。另外，应用电位的概念还可以简化电路图的画法，使分析起来更加清晰、方便。

在分析复杂电路（特别是电子线路）中的电压时，如果对电路中的每一个电压，都要指明是哪两点的电压会显得很烦琐。而如果选择电路中的某一点作为所有电压的公共参考负极，电路中所有电压的参考负极都指这一点，这样就可以大大简化对电压的分析。这个作为"公共参考负极"的点称为参考点，参考点一般用符号"⊥"表示。

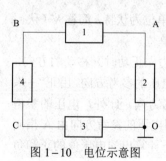

图1−10 电位示意图

在电路中任选一点为参考点，则某点到参考点的电压就叫做该点（相对于参考负极）的电位。因参考点在电路中电位为零，故参考点又称为零电位点，如图1−10所示。电位用符号 V 表示，A点电位记做 V_A。

如当选择 O 点为参考点时，则

$$\begin{cases} V_A = U_{AO} \\ V_B = U_{BO} \\ V_C = U_{CO} \end{cases} \quad (1-5)$$

则

$$U_{AB} = U_{AO} + U_{OB} = U_{AO} - U_{BO} = V_A - V_B$$

即

$$U_{AB} = V_A - V_B \qquad (1-6)$$

所以，两点间的电压就是该两点电位之差，电压的实际方向是由高电位点指向低电位点，有时也将电压称为电压降。如果 $V_A > V_B$，A 点电位高于 B 点电位，则 $U_{AB} > 0$；如果 $V_A < V_B$，A 点电位低于 B 点电位，则 $U_{AB} < 0$。同理，若一点的电位高于参考点，则该点电位为正；若一点的电位低于参考点，则该点电位为负。

电路中如果两个点电位相等，就把这两点叫做等电位点。两个等电位点之间的电压为零，这时，接通或断开这样两个等电位点，对电路的工作状态不会产生影响。

【特别提示】

电路中各点的电位值与参考点的选择有关，当所选的参考点变动时，各点的电位值将随之变动，但电压与参考点的选择无关。因此，参考点一经选定，在电路分析和计算过程中，不能随意更改。

1.2.3　电功率、电能

在讨论一个电路系统的输入和输出时，会经常涉及电功率和电能，同时，任何一个电子元器件在使用时都有功率大小的限制，因此，电功率和电能也是电路的基本物理量。

电子元器件与电源一起连接形成回路，当电流通过电子元器件时，电源释放或发出电能，而电子元器件吸收或消耗电能。把单位时间内电路吸收或释放的电能定义为电路的电功率，简称功率，用字母 P 表示。

$$P = \frac{\mathrm{d}w_{ab}}{\mathrm{d}t} \qquad (1-7)$$

习惯上，把发出或接受电能说成发出或接受功率。

如果选择一段电路的电压和电流的参考方向是关联参考方向，那么这段电路吸收的电功率按下式计算，即

$$P = UI \qquad (1-8)$$

如果选择这段电路的电压和电流的参考方向是非关联参考方向，那么这段电路吸收的电功率就应按下式计算，即

$$P = -UI \qquad (1-9)$$

所以，在计算功率时，应特别注意要根据电压、电流参考方向是否关联来选用相应的功率计算公式。

功率的单位在国际单位制中是瓦特，简称（W）。工程中还会用到千瓦（kW）以及毫瓦（mW）等。它们之间的换算关系为

$$1\ \mathrm{kW} = 10^3\ \mathrm{W} = 10^6\ \mathrm{mW} \qquad (1-10)$$

由于电压和电流都是代数量，因此功率也是代数量。在分析计算某段电路或某个元件的功率时，如果功率 $P > 0$，表明这段电路或该元件是吸收功率，是将电能转换为其他形式能，

在电路中充当负载；如果 $P<0$，则表明该段电路或该元件是发出功率，是将其他形式能转换为电能，在电路中充当电源。

【特别提示】

根据能量守恒定律，一个电路中，一部分元件发出的电能一定等于其他部分元件吸收的电能。因此，在一个电路中，每一瞬间发出功率的各元件的功率总和等于吸收功率的各元件的功率总和，一正一负，电路总功率为零。这一结论称为功率平衡。功率平衡是用来检验电路计算结果是否正确的重要标准。

在一段时间内，电路消耗的电能为

$$W = Pt = UIt \tag{1-11}$$

电能的单位是焦耳，但实际生活中多采用千瓦时（kW·h）作为电能的单位，它等于功率为 1 kW 的用电器在 1 h 内消耗的电能，简称 1 度电。

$$1 度电 = 3.6 \times 10^6 焦耳$$

式中 W——电路所消耗的电能，J；

U——电路两端的电压，V；

I——通过电路的电流，A；

t——所用的时间，s。

每一个电器在其铭牌或使用说明书中都会标注该电器的电功率。这是指在规定使用条件下电器消耗的电功率，即额定功率。当电源电压一定时，电器消耗的电功率也是一定的。例如，一个额定功率 100 W 的白炽灯接在 220 V 电源上，它实际消耗的电功率就是 100 W。若接在 110 V 电源上，它实际消耗的电功率就不是 100 W 了。

例 1.1 试求图 1-11 所示元件的功率，并说明是吸收功率还是发出功率。

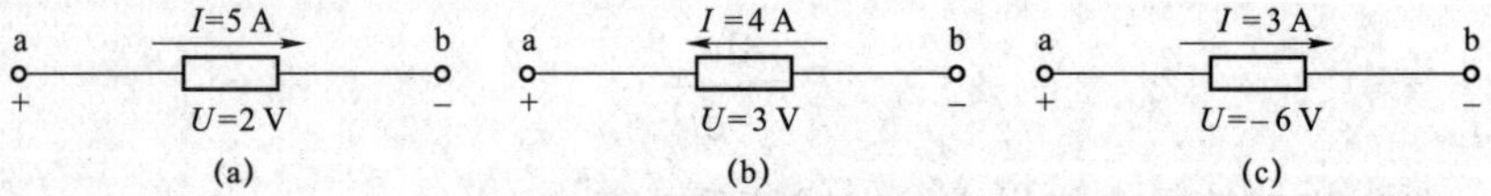

图 1-11 例 1.1 用图

解 图 1-11（a）中，电压与电流为关联参考方向，$P=UI=5\times2=10$（W），$P>0$，该元件吸收功率。

图 1-11（b）中，电压与电流为非关联参考方向，$P=-UI=-4\times3=-12$（W），$P<0$，该元件发出功率。

图 1-11（c）中，电压与电流为关联参考方向，$P=UI=3\times(-6)=-18$（W），$P<0$，该元件发出功率。

例 1.2 一空调器正常工作时的功率为 1 214 W，设其每天工作 4 h，若每月按 30 天计算，试问一个月该空调器耗电多少度？若每度电费 0.80 元，那么使用该空调器一个月应缴电费多少元？

解 空调器正常工作时的功率为

$$1\ 214\ \text{W} = 1.214\ \text{kW}$$

一个月该空调器耗电为

$$W = Pt = 1.214 \times 4 \times 30 = 145.68（\text{kWh}）$$

使用该空调器一个月应缴电费为

$$145.68×0.80≈116.54（元）$$

练习：1 P＝0.735 kW，若 2 P 空调正常工作时，它的功率为多少？设其每天工作 4 h，若每月按 30 天计算，试问一个月该空调器耗电多少度？若每度电费 0.80 元，那么使用该空调器一个月应缴电费多少元？

思考题

（1）为什么要在电路图上规定电流和电压的参考方向？请说明参考方向与实际方向的关系。

（2）若改变电路的参考点，电路中各点的电位及两点间的电压是否随着参考点的改变而改变？

（3）根据图 1–12 中的参考方向及数值，标出电流和电压的实际方向。

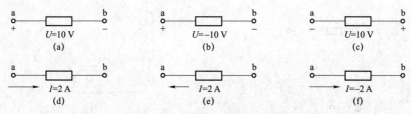

图 1–12　电路参考方向及数值

（4）计算图 1–13 中各元件的功率，并说明实际是吸收功率还是发出功率。

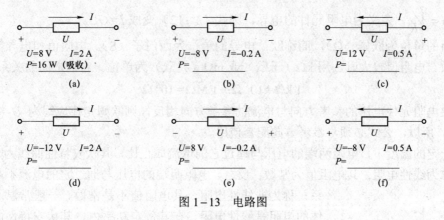

图 1–13　电路图

1.3　电路的基本元件

在电路理论中，经过科学的抽象后，把实际电路元件用足以反映其主要电磁性质的一些理想元件替代，简称为电路元件。常用的无源理想电路元件有电阻元件、电容元件和电感元件；有源的理想元件有电压源和电流源。下面讨论电阻元件和电源元件。

1.3.1 电阻元件

1. 电阻元件及其欧姆定律

电阻元件是反映消耗电能这一电磁现象的理想电路元件，分为线性电阻元件和非线性电阻元件。

1）部分电路欧姆定律

德国物理学家欧姆（1787—1854 年）在试验中发现，电阻中电流的大小与加在电阻两端的电压成正比，而与其电阻值成反比。图形符号如图 1-14（a）所示，在电压、电流的关联方向下，任何时刻其两端的电压与电流的关系服从欧姆定律，有

$$I = \frac{U}{R} \tag{1-12}$$

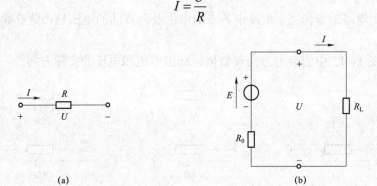

图 1-14 电阻元件

（a）关联参考方向下部分电路欧姆定律；（b）关联参考方向下全电路欧姆定律

令 $G = \frac{1}{R}$，定义为电阻元件的电导，则式（1-12）变成 $I = GU$。

电阻的单位为欧姆（Ω），简称欧；电导的单位为西门子（S）。电阻值和电导值都属于元件参数。电阻值较大时，用 kΩ（千欧）或 mΩ（兆欧）为单位。它们之间的关系为

$$1\ \text{kΩ} = 10^3\ \text{Ω};\ \ 1\ \text{MΩ} = 10^6\ \text{Ω}$$

如果电阻元件电压的参考方向与电流的参考方向相反，则欧姆定律应写为 $U = -IR$，或 $I = -GU$。所以，公式必须与参考方向配套使用。

在一定的温度下，电阻两端的电压与通过它的电流成正比，其伏安特性曲线为直线，这类电阻称为线性电阻，其电阻值为常数；反之，电阻两端的电压与通过它的电流不是线性关系，称为非线性电阻，其电阻值不是常数。一般常温下金属导体的电阻是线性电阻，在其额定功率内，其伏安特性曲线为直线。例如，热敏电阻、光敏电阻等，在不同的电压、电流情况下，电阻值不同，伏安特性曲线为非线性。

线性电阻的伏安特性是一条经过原点的直线（各点的切线斜率相等，即电阻值为定值），如图 1-15 所示。由线性元件组成的电路称为线性电路。

2）全电路欧姆定律

在图 1-14（b）所示的闭合电路中，分析电动势、电压、

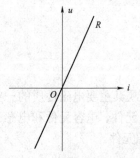

图 1-15 线性电阻的伏安特性

电流和电阻之间的关系。图中 R_L 是负载电阻，R_0 是电源的内电阻。根据电压平衡方程式可得

$$I = \frac{E}{R_L + R_0} \tag{1-13}$$

式（1-13）就是全电路欧姆定律。其意义是：电路中流过的电流，其大小与电动势成正比，而与电路的全部电阻值成反比。

如果在一个无分支电阻电路中含有 2 个及 2 个以上的电动势（如蓄电池的充电）和外电阻，则电路中的电流 I 与整个回路电动势的代数和 $\sum E$ 成正比，而与整个电路的电阻之和 $\sum R$ 成反比。用数学式表达为

$$I = \frac{\sum E}{\sum R}$$

电动势的正负号可以这样确定：与电流的参考方向一致者取正号；与电流的参考方向相反者取负号。

2．电阻元件的功率

在电压和电流的关联方向下，任何时刻线性电阻元件吸取的电功率为

$$P = \pm UI = RI^2 = \frac{U^2}{R} \tag{1-14}$$

电阻 R 是一个与电压 U、电流 I 无关的正实常数，故功率 P 恒为非负值。这说明线性电阻元件（$R>0$）不仅是无源元件，并且还是耗能元件。

3．电阻器

物体对电流的阻碍作用称为电阻，表示这种障碍性质的电子元件就是电阻器，它是电子电路中运用最广泛的元件之一。电阻器的主要应用是限流和分压。

常用的电阻器规格标识方法有直标法和色标法。直标法是将电阻器的类别、标称阻值、允许误差和额定功率等直接标在电阻器的外表面上。色标法是用标志在定值电阻器表面的色环来标识电阻的标称值和允许偏差。实用中有四道色环和五道色环两种标志方法，如图1-16所示。五道色环用于允许误差为±2%、±1%或更精密的电阻。不同颜色的色环所代表的意义见表1-3。

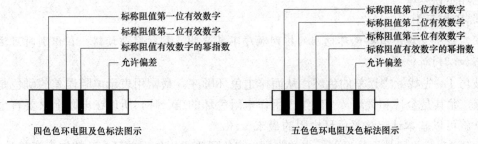

图1-16 色环电阻

11

表 1-3　色环对照表

色环颜色	有效数字	乘数	允许误差/%
棕	1	10^1	±1
红	2	10^2	±2
橙	3	10^3	
黄	4	10^4	
绿	5	10^5	±0.5
蓝	6	10^6	±0.25
紫	7	10^7	±0.1
灰	8	10^8	
白	9	10^9	
黑	0	10^0	
金		10^{-1}	±5
银		10^{-2}	±10
无色			±20

4 个色环电阻的识别：第一、二环分别代表两位有效数的阻值；第三环代表倍率；第四环代表误差。

例如，棕 红 红 金。

其阻值为 $12 \times 10^2 = 1.2$ kΩ，误差为 ±5%。

误差表示电阻数值，在标准值 1 200 上下波动（5%×1 200）都表示此电阻是可以接受的，即在 1 140～1 260 之间都是好的电阻。

5 个色环电阻的识别：第一、二、三环分别代表 3 位有效数的阻值；第四环代表倍率；第五环代表误差。

例如，红 红 黑 棕 金。

其电阻为 $220 \times 10^1 = 2.2$ kΩ，误差为 ±5%。

第一色环是百位数，第二色环是十位数，第三色环是个位数，第四色环是应乘数字次幂，第五色环是误差率。

【特别提示】

在实践中发现，有些色环电阻的排列顺序不甚分明，往往容易读错，在识别时可运用以下技巧加以判断。

技巧 1：先找标志误差的色环，从而排定色环顺序。最常用表示电阻误差的颜色是金、银、棕，尤其是金环和银环，一般绝少用作电阻色环的第一环，所以在电阻上只要有金环和银环，就可以基本认定这是色环电阻的最末一环。

技巧 2：棕色环是否是误差标志的判别。棕色环既常用作误差环，又常作为有效数字环，且常常在第一环和最末一环中同时出现，使人很难识别哪个是第一环。在实践中，可以按照色环之间的间隔加以判别。比如：对于一个五色环的电阻而言，第五环和第四环之间的间隔比第一环和第二环之间的间隔要宽些，据此可判定色环的排列顺序。

技巧3：在仅靠色环间距还无法判定色环顺序的情况下，还可以利用电阻的生产序列值来加以判别。比如：有一个电阻的色环读序是棕、黑、黑、黄、棕，其值为 $100×10\ 000=1\ \text{M}\Omega$，误差为 1%，属于正常的电阻系列值，若是反顺序读：棕、黄、黑、黑、棕，其值为 $140×1\ \Omega=140\ \Omega$，误差为 1%。显然，按照后一种排序所读出的电阻值，在电阻的生产系列中是没有的，故后一种色环顺序是不对的。

例 1.3 如果两个电阻器上的色环如图 1-17 所示：四道色环颜色是红、紫、橙、金；五道色环颜色是棕、紫、黄、金、绿。试列写出其阻值和允许偏差。

解 图 1-17（a）中的电阻器是四道色环，则第一道色环红色代表 2，第二道色环紫色代表 7，第三道色环橙色代表 10^3，即乘数是 10^3，第四道色环金色代表 ±5%，于是该阻值为

$$R = 27×10^3\ \Omega±5\% = 27\ \text{k}\Omega±5\%$$

图 1-17（b）中的电阻器是五道色环，则第一道色环棕色代表 1，第二道色环紫色代表 7，第三道色环黄色代表 4，第四道色环金色代表 0.1，第五道色环绿色代表 ±0.5%，于是该阻值为

$$R = 174×0.1\ \Omega±0.5\% = 17.4\ \Omega±0.5\%$$

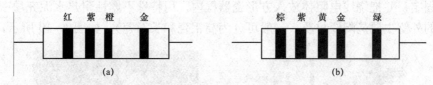

图 1-17 例 1.3 用图

4. 电阻温度系数

试验证明，一段导体的电阻与该导体的几何尺寸、材料及温度有关。在一定的温度下，某一导体的电阻与它的长度成正比，与它的横截面面积成反比，即

$$R = \rho\frac{L}{S} \tag{1-15}$$

式中　L——导体的长度，m；

　　　S——导体的横截面面积，m^2；

　　　ρ——导体的电阻率，Ωm。ρ 反映该导体的导电性能，ρ 值越小，表明该导体的导电性能越好。

电线内芯使用的铜或铝等物质，它们内部存在大量带负电荷的载流子——自由电子，导电能力强，称为导体。例如，导电材料中，广泛应用的铜和铝等材料。电线外皮所使用的橡胶或塑料等物质，内部几乎没有载流子，不易传导电流，称为绝缘体，如塑料、陶瓷及云母等都是绝缘材料。导电性能介于导体和绝缘体之间的材料称为半导体，如硅和锗等为半导体材料。

当金属导体的温度升高时，试验证明，其电阻随之增大。这是由于金属材料分子的热运动加剧，对自由电子定向移动的阻碍作用增大。要维持一定的电流，电场力必须做更多的功，导体两端也就必须加更大的电压。因此，导体的电阻与温度有关。温度每升高 1℃时，导体电阻的变化值与原电阻的比值称为导体的电阻温度系数。

$$R_2 = R_1[1 + \alpha(t_2 - t_1)] \qquad (1-16)$$

式中　α——温度系数。

锰铜和康铜的温度系数很小，它们的电阻几乎不随温度变化，常用于制作标准电阻。铂的温度系数较大，而半导体材料具有负的温度系数。还有一类材料，当温度下降到某一特定值（称为临界温度）时，它的直流电阻值突然变为零，这一现象称为超导现象。而这一温度称为超导转变温度（T_c）。人们把处于超导状态的导体称为"超导体"。超导体的直流电阻率在一定的低温下突然消失，被称为零电阻效应。导体没有了电阻，电流流经超导体时就不发生热损耗，电流可以毫无阻力地在导线中形成强大的电流，从而产生超强磁场。

5. 电阻的分类及其介绍

（1）固定电阻器。固定电阻器有多种类型，选择哪一种材料和结构的电阻器，应根据应用电路的具体要求而定。普通线绕电阻器常用于低频电路中的限流电阻器、分压电阻器、泄放电阻器及大功率管的偏压电阻器。精度较高的线绕电阻器多用于固定衰减器、电阻箱、计算机及各种精密电子仪器中，如图 1-18 所示。

（2）水泥电阻。这是将电阻线绕在无碱性耐热瓷件上，外面加上耐热、耐湿及耐腐蚀的材料保护固定，并把绕线电阻体放入方形瓷器框内，用特殊不燃性耐热水泥充填密封而成。水泥电阻的外侧主要是陶瓷材质（一般可分为高铝瓷和长石瓷），如图 1-19 所示。

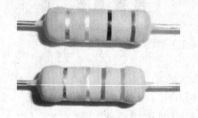

图 1-18　固定电阻器

图 1-19　水泥电阻

（3）熔断电阻器。这是一种具有电阻器和熔断器双重作用的特殊元件。它在电路中用字母"RF"或"R"表示，如图 1-20 所示。

（4）电位器。电位器是具有 3 个引出端、阻值可按某种变化规律调节的电阻元件。电位器通常由电阻体和可移动电刷组成。当电刷沿电阻体移动时，在输出端即获得与位移量成一定关系的电阻值或电压，如图 1-21 所示。

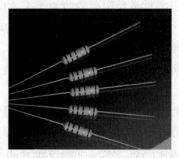

图 1-20　熔断电阻器

图 1-21　电位器

（5）热敏电阻。热敏电阻器是敏感元件的一类，按照温度系数不同可分为正温度系数热敏电阻器（PTC）和负温度系数热敏电阻器（NTC）。热敏电阻器的典型特点是对温度敏感，不同的温度下表现出不同的电阻值。正温度系数热敏电阻器（PTC）在温度越高时电阻值越大，负温度系数热敏电阻器（NTC）在温度越高时电阻值越低，它们同属于半导体器件，如图 1-22 所示。

图 1-22　热敏电阻

（6）压敏电阻。压敏电阻是一种具有非线性伏安特性的电阻器件，主要用于在电路承受过压时进行电压钳位，吸收多余的电流以保护敏感器件，如图 1-23 所示。

（7）光敏电阻。光敏电阻是电导率随着光量力的变化而变化的电子元件，当某种物质受到光照时，载流子的浓度增加，从而增加了电导率，这就是光电导效应，如图 1-24 所示。

图 1-23　压敏电阻

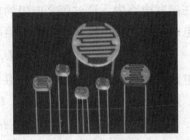

图 1-24　光敏电阻

1.3.2　电阻连接

1. 等效网络

只有两个端钮与其他电路相连接的电路称为二端网络，也叫单口网络，如图 1-25 所示。若 3 个端钮与其他电路相连接的电路称为三端网络，以此类推。同时，外伸端子数不小于 3 的网络，称为多端网络。

电阻元件的连接

二端网络端钮间的电压称为端口电压，流过端钮的电流称为端口电流。

二端网络内含有电源的称为有源二端网络，不含电源的称为无源二端网络。

当一个二端网络与另一个二端网络的端口电压和端口电流的伏安关系完全相同时，这两个二端网络在电路分析中对于外电路的作用是相同的，则称它们是等效网络。例如，二端网络 A［图 1-25（a）］和二端网络 B［图 1-25（b）］是等效网络；反之亦然。两个等效电路的内部可以完全不同，但对外电路而言，它们的作用完全相同，即等效是对外等效。

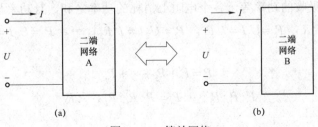

图 1-25　等效网络

2．电阻的串联

1）串联形式

将多个电阻逐个顺次首尾相连，组成中间无分支的电路，这种连接方式称为电阻的串联，如图 1-26 所示。

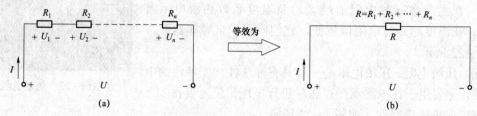

图 1-26　电阻的串联

2）串联特点

（1）在串联电路中，流过每个电阻的电流相同。

（2）电路两端的总电压等于各个电阻两端的分电压之和，串联电阻具有分压作用。

$$U = U_1 + U_2 + \cdots + U_n \tag{1-17}$$

（3）电路的等效电阻 R 等于各个串联电阻之和。

根据欧姆定律，将 $U = IR$、$U_1 = IR_1$、$U_2 = IR_2$、$\cdots$、$U_n = IR_n$ 代入式（1-17），得

$$U = U_1 + U_2 + \cdots + U_n = IR_1 + IR_2 + \cdots + IR_n = I(R_1 + R_2 + \cdots + R_n) = IR$$

则

$$R = R_1 + R_2 + \cdots + R_n \tag{1-18}$$

（4）电路中各个电阻两端的电压与它的阻值成正比。

根据欧姆定律：$U = IR$，$U_1 = IR_1$，$U_2 = IR_2$，$\cdots$，$U_n = IR_n$

则

$$U : U_1 : U_2 : \cdots : U_n = R : R_1 : R_2 : \cdots : R_n \tag{1-19}$$

可得出，n 个电阻串联的分压公式为

$$U_1 = \frac{R_1}{R} U \qquad U_2 = \frac{R_2}{R} U \cdots U_n = \frac{R_n}{R} U \tag{1-20}$$

串联电路可以作为一个分压器，在电子技术中，使用分压器可以将输入的电压分成更多的不同数值的电压。收音机和电视机的音量控制就是分压器的应用。声音的响度取决于和音频信号相关电压的高低，因此，可以通过一个可调电位器（收音机上的音量控制旋钮）来增大或减小音量。

（5）等效电阻吸收的功率等于各个电阻上消耗的功率之和，且功率与阻值成正比。

根据 $P = UI = I^2R$，$P_1 = U_1I = I^2R_1$，$P_2 = U_2I = I^2R_2$，$\cdots$，$P_n = U_nI = I^2R_n$

则

$$P = P_1 + P_2 + \cdots + P_n \tag{1-21}$$

$$P : P_1 : P_2 : \cdots : P_n = R : R_1 : R_2 : \cdots : R_n \tag{1-22}$$

3. 电阻的并联

1）并联形式

将两个或两个以上的电阻首与首相连、尾与尾相连，接在电路中两个节点之间，使每个电阻两端的电压都相等，这种连接方式称为电阻的并联，如图 1-27 所示。

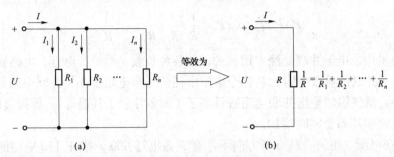

图 1-27　电阻的并联

2）并联特点

（1）在并联电路中，每个电阻的端电压相同。

（2）电路两端的总电流等于流过各个电阻的分电流之和，并联电阻具有分流作用。

$$I = I_1 + I_2 + \cdots + I_n \tag{1-23}$$

（3）电路的等效电阻的倒数等于各个并联电阻的倒数之和，即等效电阻的电导等于并联各个电阻的电导之和。

根据欧姆定律，将 $I = \dfrac{1}{R}U$ ，$I_1 = \dfrac{1}{R_1}U$ ，$I_2 = \dfrac{1}{R_2}U$ ，$\cdots$ ，$I_n = \dfrac{1}{R_n}U$ 代入式（1-23）得

$$\frac{1}{R}U = \frac{1}{R_1}U + \frac{1}{R_2}U + \cdots + \frac{1}{R_n}U \tag{1-24}$$

则

$$\frac{1}{R} = \frac{1}{R_1} + \frac{1}{R_2} + \cdots + \frac{1}{R_n} \tag{1-25}$$

电导表示为

$$G = G_1 + G_2 + \cdots + G_n \tag{1-26}$$

（4）电路中通过各支路的电流与支路的电阻成反比，与电导正比，即

$$I : I_1 : I_2 : \cdots : I_n = \frac{1}{R} : \frac{1}{R_1} : \frac{1}{R_2} : \cdots : \frac{1}{R_n} \tag{1-27}$$

$$I : I_1 : I_2 : \cdots : I_n = G : G_1 : G_2 : \cdots : G_n \tag{1-28}$$

两个电阻并联的分流和等效电阻 R 公式为

$$\begin{cases} I_1 = \dfrac{R_2}{R_1 + R_2}I \\[2mm] I_2 = \dfrac{R_1}{R_1 + R_2}I \end{cases} \qquad R = \frac{R_1 R_2}{R_1 + R_2} \tag{1-29}$$

（5）电路的总功率等于各电阻上消耗的功率之和，且功率与电阻成反比。

根据 $P = \dfrac{U^2}{R}$，得

$$P = P_1 + P_2 + \cdots + P_n \tag{1-30}$$

$$P : P_1 : P_2 : \cdots : P_n = \frac{1}{R} : \frac{1}{R_1} : \frac{1}{R_2} : \cdots : \frac{1}{R_n} \tag{1-31}$$

在电工技术中，电阻并联是经常用到的，如各种负载（电炉、电灯、电烙铁等）都是并联在电网上的。并联的等效电阻比其各个电阻中任何一个电阻都小，并联电阻数目越多，其等效电阻越小。负载增加是指并联电阻数目多了（如多并联了几盏灯），等效负载电阻减小，电源供给的电流和功率会同时增加。

例 1.4 在电压、电流关联参考方向下，有 3 盏电灯并联，接在 110 V 电源上，其额定值分别 110 V、100 W；110 V、60 W；110 V、40 W。试求总功率 P、总电流 I、通过各灯泡的电流、等效电阻、各灯泡电阻。

解 ① 因外接电源电压符合各个灯泡额定值，各灯泡正常发光，故总功率为

$$P = P_1 + P_2 + P_3 = 100 + 60 + 40 = 200\,(\text{W})$$

② 总电流与各灯泡电流为

$$I = \frac{P}{U} = \frac{200}{110} = 1.82\,(\text{A})$$

$$I_1 = \frac{P_1}{U} = \frac{100}{110} = 0.909\,(\text{A})$$

$$I_2 = \frac{P_2}{U} = \frac{60}{110} = 0.545\,(\text{A})$$

$$I_3 = \frac{P_3}{U} = \frac{40}{110} = 0.364\,(\text{A})$$

验证
$$I_1 + I_2 + I_3 = 0.909 + 0.545 + 0.364 = 1.82\,(\text{A}) = I$$

③ 等效电阻与各个灯泡电阻为

$$R = \frac{U^2}{P} = \frac{110^2}{200} = 60.5\,(\Omega)$$

$$R_1 = \frac{U^2}{P_1} = \frac{110^2}{100} = 121\,(\Omega)$$

$$R_2 = \frac{U^2}{P_2} = \frac{110^2}{60} = 202\,(\Omega)$$

$$R_3 = \frac{U^2}{P_3} = \frac{110^2}{40} = 302.5\,(\Omega)$$

验证
$$\frac{1}{R_1} + \frac{1}{R_2} + \frac{1}{R_3} = \frac{1}{121} + \frac{1}{202} + \frac{1}{302.5} = \frac{1}{R}$$

此题可以按照题目要求的顺序解，也可以先求各电阻值，再求各灯泡电流等。读者可自行分析，以求对基本概念的熟练掌握。

4. 电阻的混联

在实际电路中更会遇到的是许多电阻组合在一起，既有串联又有并联，这种电路称为混联电路。一般情况下，电阻混联电路组成的无源二端网络，总可分别将串联、并联部分用上述等效概念逐步化简，最后简化为一个等效电阻。凡是能用串并联办法逐步化简的电路，无论有多少电阻、结构有多么复杂，一般仍称为简单电路。

例 1.5　用滑线变阻器接成的分压器如图 1-28 所示。已知电源电压 $U_S=9$ V，负载电阻 $R_L=30\ \Omega$，滑线变阻器的总阻值为 60 Ω。试计算变阻器的滑动触头滑至：① 变阻器中间位置；② 变阻器下端；③ 变阻器上端时，输出电压 U_2 及变阻器两端电阻中的电流 I_1 和 I_2。根据计算结果，变阻器的额定电流以多大为宜？

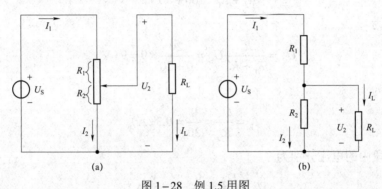

图 1-28　例 1.5 用图

解　本例 R_2 和 R_L 并联后与 R_1 串联。

① 滑动触头滑至变阻器的中间位置时，变阻器两端电阻 $R_1=R_2=30\ \Omega$ 并联部分的等效电阻为

$$R_2' = \frac{R_2 R_L}{R_2 + R_L} = \frac{30 \times 30}{30 + 30} = 15\,(\Omega)$$

输出电压为

$$U_2 = \frac{R_2'}{R_1 + R_2'} U_S = \frac{15}{30 + 15} \times 9 = 3\,(V)$$

变阻器两段中的电流分别为

$$I_2 = I_L = \frac{U_2}{R_L} = \frac{3}{30} = 0.1\,(A)$$

$$I_1 = I_2 + I_L = 0.1 + 0.1 = 0.2\,(A)$$

② 滑动触头滑至变阻器下端时，$R_1=60\ \Omega$，$R_2=0\ \Omega$，负载 R_L 被短路，并联部分的等效电阻为

$$R_2' = \frac{R_2 R_L}{R_2 + R_L} = \frac{0 \times 30}{0 + 30} = 0\,(\Omega)$$

输出电压为

$$U_2 = \frac{R_2'}{R_1 + R_2'} U_S = \frac{0}{60 + 0} \times 9 = 0\,(V)$$

负载电流为

$$I_L = \frac{U_2}{R_L} = 0 \text{ A}$$

变阻器两段中的电流分别为

$$I_1 = I_2 = \frac{U_S}{R_1 + R_2} = \frac{9}{30 + 30} = 0.15（A）$$

③ 滑动触头滑至变阻器上端时，$R_1 = 0 \ \Omega$，$R_2 = 60 \ \Omega$，并联部分的等效电阻为

$$R_2' = \frac{R_2 R_L}{R_2 + R_L} = \frac{60 \times 30}{60 + 30} = 20（\Omega）$$

输出电压为

$$U_2 = \frac{R_2'}{R_1 + R_2'} U_S = \frac{20}{0 + 20} \times 9 = 9（V）$$

负载电流为

$$I_L = \frac{U_2}{R_L} = \frac{9}{30} = 0.3（A）$$

变阻器两段中的电流分别为

$$I_2 = \frac{U_2}{R_2} = \frac{9}{60} = 0.15（A）$$

$$I_1 = I_2 + I_L = 0.15 + 0.3 = 0.45（A）$$

滑动触头接近上端时，变阻器上段电阻中通过的电流接近 0.45 A，故变阻器的额定电流不得小于 0.45 A；否则，上端电阻丝有被烧断的可能。

但实际电路中的节点受某些因素的制约，往往并非只是一个连接点，而是分散在各处但用导线连接起来的若干个连接点。图 1-29（a）所示的电路就是这样的例子。遇到这种情况，电路中各元件的连接关系不一定能一目了然，因而使计算无从下手。为弄清电路的结构，可以采取对节点逐一编号的方法。如果这样还不能看清电路的结构，可以进一步把电路图整理成规范的形式，把编号相同的各连接点集中画成一个节点。整理电路时，对连接导线可以任意进行伸长、缩短（至一个点）、拉直、弯曲等处理；各支路在电路图中的位置也可以任意调整，只要它两端连接点的编号没有变化，其位置的调整就是允许的。最后，对于整理好的电路图，如图 1-29（b）所示，需要检查各电阻的两个标号和原图是否相同。经过整理以后的电路，并没有改变原来的结构，只是使电路中各元件的连接关系能看得更清楚，便于计算。

图 1-29（a）所示为无源二端网络。第一步：先将每个电阻标在两个标号之间，注意有两个"c"点，这是因为它们之间是导线连接，必须标相同的标号；第二步：从标号"a"出发，经过 R_1 和 R_2 都到达"c"点，因此两个电阻的末端相连接在一起；接着从标号"c"开始，经过 R_6 到达标号"b"，经过 R_3 和 R_4 连接在标号"e"，再经过 R_5 也到达标号"b"。即把图 1-29（a）调整成图 1-29（b）和图 1-29（c），则各电阻的串并联关系便非常明显了。

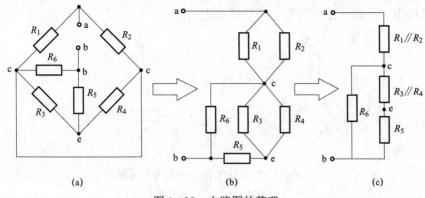

图1-29 电路图的整理

于是有

$$R_{ab} = R_1 // R_2 + (R_3 // R_4 + R_5) // R_6$$

【特别提示】

导线上各点是等电位点，标号必须相同。如图1-29中的c点所示。

5. 电阻三角形与星形连接的等效变换

问题：电路如图1-30（a）所示，试计算a、b端的等效电阻R_{ab}。

从图1-30（a）中可以看出，电路中的所有电阻，既没有串联的也没有并联的。因此，用电阻的串、并联公式无法计算其等效电阻。

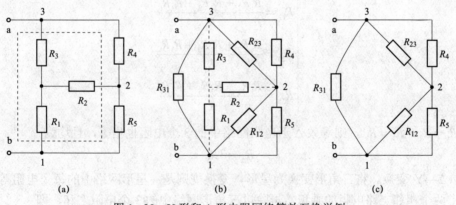

图1-30 Y形和△形电阻网络等效互换举例

1）电阻的Y形连接和△形连接

图1-31（a）中R_1、R_2、R_3这3个电阻的一端连接在一起，剩余一端分别与外电路相连，见图1-31（a）中的端钮1、2和3。这种连接方式称为Y形连接，也称T形连接。

图1-31（b）中R_{12}、R_{23}、R_{31}这3个电阻依次连接成一个闭合回路，然后3个连接点再分别与外电路相连，见图1-31（b）中的端钮1、2和3。这种连接方式称为△形连接，也称Ⅱ形连接。

2）Y形和△形电阻网络等效互换

在图1-30（a）中，虚线框中的R_1、R_2、R_3这3个电阻Y形连接，如能用图1-30（b）所示三角形（△形）连接的R_{12}、R_{23}、R_{31}代替原虚线连接的Y形连接，变为图1-30（c）

后，便可以用串、并联方法化简为一个等效电阻，即

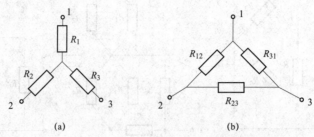

图 1-31 电阻的 Y 形连接和 Δ 形连接

（a）星形连接；（b）三角形连接

$$R_{ab} = R_{31} // [(R_{23} // R_4) + (R_{12} // R_5)]$$

因此，如果 Y 形和 Δ 形电阻网络等效互换，依图 1-31（a）就能确定其等效电阻 R_{ab}。

Y 形和 Δ 形电阻网络是三端网络，它们通过 3 个端钮与外电路相连。在保证 Y 形和 Δ 形网络对应端钮间的电压和电流关系完全相同情况下，二者为等效网络。根据这个道理，分别写出 Y 形和 Δ 形电阻网络各对端钮的伏安关系，并令它们对应一致，可以推导出 Y 形和 Δ 形电阻网络等效互换的公式（本书不做推导）。

（1）Y→Δ 变换。将星形变换为三角形，变换规则是：三角形网络中的每个电阻等于星形网络中所有可能的两个电阻乘积之和，再除以相对的星形网络的电阻，即

$$\begin{cases} R_{12} = \dfrac{R_1 R_2 + R_2 R_3 + R_3 R_1}{R_3} \\[2mm] R_{23} = \dfrac{R_1 R_2 + R_2 R_3 + R_3 R_1}{R_1} \\[2mm] R_{31} = \dfrac{R_1 R_2 + R_2 R_3 + R_3 R_1}{R_2} \end{cases} \quad (1-32)$$

若 $R_1 = R_2 = R_3 = R_Y$，则等效 Δ 形电阻网络中的 3 个电阻也相等，且均为

$$R_\Delta = 3R_Y \quad (1-33)$$

（2）Δ→Y 变换。将三角形变换为星形，变换规则是：星形网络中的每个电阻等于三角形网络中两个相邻支路电阻的乘积，再除以三角形网络中的 3 个电阻之和，即

$$\begin{cases} R_1 = \dfrac{R_{12} R_{31}}{R_{12} + R_{23} + R_{31}} \\[2mm] R_2 = \dfrac{R_{23} R_{12}}{R_{12} + R_{23} + R_{31}} \\[2mm] R_3 = \dfrac{R_{31} R_{23}}{R_{12} + R_{23} + R_{31}} \end{cases} \quad (1-34)$$

若 $R_{12} = R_{23} = R_{31} = R_\Delta$，则等效 Y 形电阻网络中的 3 个电阻也相等，且均为

$$R_Y = \frac{1}{3} R_\Delta \quad (1-35)$$

例 1.6 如图 1-32（a）所示电路，已知 $R_1 = 2\,\Omega$，$R_2 = 6\,\Omega$，$R_3 = 2\,\Omega$，$R_4 = 2\,\Omega$，$R_5 = 6\,\Omega$，$U_S = 3.3\,V$，计算电流 I。

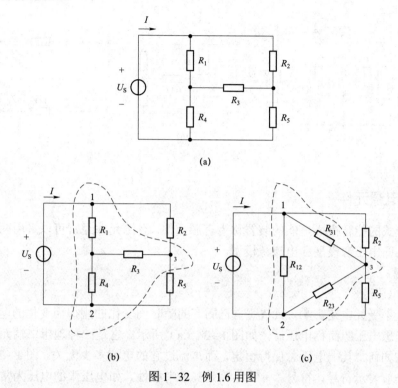

图 1-32 例 1.6 用图

解 计算电流 I，首先要计算电路总的等效电阻。电阻 R_1、R_2、R_3 这 3 个电阻为 Y 形连接，标注端钮为 1、2、3，如图 1-32（b）所示，将电阻 Y 转换为 Δ，如图 1-32（c）所示。则

$$R_{12} = \frac{R_1 R_2 + R_2 R_3 + R_3 R_1}{R_3} = \frac{2 \times 2 + 2 \times 2 + 2 \times 2}{2} = 6\,(\Omega)$$

$$R_{23} = \frac{R_1 R_2 + R_2 R_3 + R_3 R_1}{R_1} = \frac{2 \times 2 + 2 \times 2 + 2 \times 2}{2} = 6\,(\Omega)$$

$$R_{31} = \frac{R_1 R_2 + R_2 R_3 + R_3 R_1}{R_2} = \frac{2 \times 2 + 2 \times 2 + 2 \times 2}{2} = 6\,(\Omega)$$

总的等效电阻
$$R = R_{12}\,/\!/\,[(R_{31}\,/\!/\,R_2) + (R_{23}\,/\!/\,R_5)] = 6\,/\!/\,[(6\,/\!/\,6) + (6\,/\!/\,6)] = 3\,(\Omega)$$

总电流
$$I = \frac{U_S}{R} = \frac{3.3}{3} = 1.1\,(A)$$

思考题

（1）今有额定值为 110 V、60 W 与 110 V、100 W 的两只灯泡串联在 220 V 电源上，求各自实际承受的电压、消耗的功率，问能否这样使用？

（2）有 $R_1 = 10\,\Omega$，$R_2 = 20\,\Omega$，$R_3 = 5\,\Omega$，问 3 只电阻能配成几种电阻值？

（3）求图 1-33（a）所示电路中 I_1、I_2、I_3、I_4 和图 1-33（a）～（c）两端钮的等效电阻 R_{ab}。

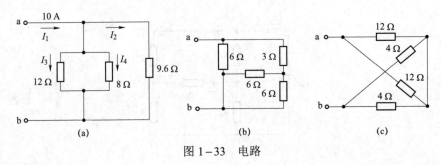

图 1-33　电路

1.3.3　电源元件

电源元件

把其他形式的能转换成电能的装置称为有源元件，有源元件经常可以采用两种模型表示，即电压源模型和电流源模型。

1. 电压源

1）理想电压源

输出电压不受外电路影响，只依照自己固有的随时间变化的规律而变化的电源，称为理想电压源。理想电压源简称电压源，如图 1-34（a）所示。它是一种理想二端元件，即不管外部电路状态如何，其端电压总保持恒定，而与流过它的电流多少无关。图 1-34（b）是理想电压源的一般表示符号，符号"＋""－"是其参考极性。如电压源的电压为常数，就称为直流电压源，其电压一般用 U_S 来表示，理想直流电压源伏安特性曲线如图 1-34（c）所示，它是一条平行于横轴的直线，表明其端电压与电流的大小及方向无关。

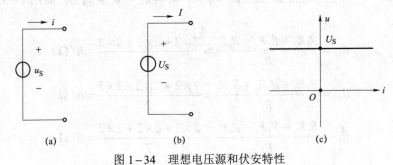

图 1-34　理想电压源和伏安特性

（a）理想交流电压源；（b）理想直流电压源；（c）理想直流电压源伏安特性

理想电压源具有以下几个性质。

① 理想电压源的端电压是常数 U_S，或是时间的函数 $u(t)$，与输出电流无关。

② 理想电压源的输出电流和输出功率取决于与它连接的外电路。

图 1-35 所示为同一个电压源接于不同外电路，图 1-35（a）表示电压源没有接外电路，电流 $I=0$，这种情况称为"开路"，而图 1-35（b）、图 1-35（c）的两个外电路 1、2 是不同的，因此这两种情况下的电流 I_1 和 I_2 也将是不同的。

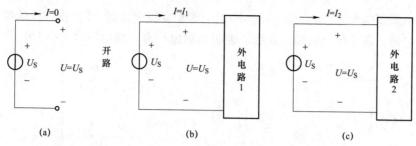

图1-35　同一个电压源接于不同外电路

　　根据所连接的外电路，电压源中电流的实际方向既可以从电压的高电位处流向低电位处，也可以从低电位处流至高电位处。如果电压源中的电流从电压源的低电位处流向高电位处，那么电压源释放能量，这是因为正电荷逆着电场方向由低电位处移至高电位处，非静电力必须对正电荷做功，将其他形式能转化成电能的缘故。这时，电压源起电源的作用，发出功率；反之，若电压源中的电流从电压源的高电位处流向低电位处，电压源吸收功率，这时电压源将作为负载出现。

　　2）实际电压源

　　理想电压源是从实际电源中抽象出来的理想化元件，在实际中是不存在的。像发电机、干电池等实际电源，由于电源内部存在损耗，其端电压都随着电流变化而变化。例如，当电池接上负载后，其电压就会降低，这是由于电池内部有电阻的缘故。所以，可以采用图1-36所示的方法来表示这种实际的电压源，即可以用一个理想电压源和一个电阻串联来模拟，此模型称为实际电压源模型，如图1-36所示。

　　电阻r_S和R_S叫做电压源的内阻，有时又称为输出电阻。实际直流电压源的端电压为（实际交流电压源类似）

$$U = U_S - IR_S \qquad (1-36)$$

图1-37是实际直流电压源伏安特性曲线。

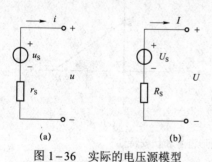

图1-36　实际的电压源模型

（a）实际交流电压源；（b）实际直流电压源

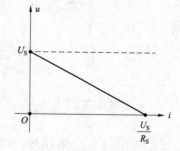

图1-37　实际直流电压源的伏安特性曲线

2. 电流源

1）理想电流源

　　理想电流源也是一个理想二端元件。与电压源相反，通过理想电流源的电流与电压无关，不受外电路影响，只依照自己固有的随时间变化的规律而变化，这样的电源称为理想电流源。图1-38（a）和图1-38（b）是理想电流源的一般表示符号，其中i_S表示电流源的电流，箭头表示理想电流源的参考方向。图 1-38（b）表示理想直流电流源，其伏安特性曲线如图 1-38（c）所示，它是一条平行于纵轴的直线，表明其输出电流与端电压的大小无关。

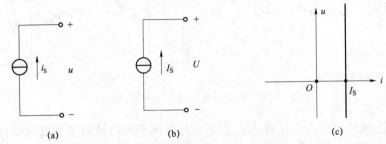

图 1-38　理想电流源的图形符号和伏安特性

（a）理想交流电流源；（b）理想直流电流源；（c）理想直流电流源伏安特性

理想电流源具有以下几个性质。

① 理想电流源的输出电流是常数 I_S，或是时间的函数 $i(t)$，不会因为所连接外电路的不同而改变，与理想电流源的端电压无关。

② 理想电流源的端电压和输出功率取决于它所连接的外电路。

2）实际电流源模型

理想电流源是从实际电源中抽象出来的理想化元件，在实际中也是不存在的。像光电池这类实际电源，由于其内部存在损耗，接通负载后输出电流降低。这样的实际电源，可以用一个理想电流源和一个电阻并联来模拟，此模型称为实际电流源模型，如图 1-39（a）和图 1-39（b）所示。图 1-39（b）是实际直流电流源模型。电阻 r_0'（或 R_0'）叫做电源的内阻，有时也称为输出电阻。实际直流电流源输出电流为

$$I = I_S - \frac{U}{R_S'} \tag{1-37}$$

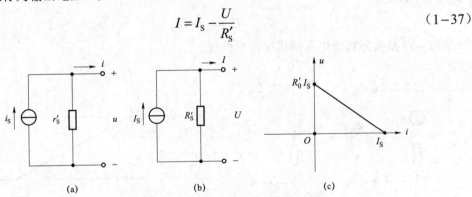

图 1-39　实际电流源的图形符号和伏安特性

（a）实际交流电流源；（b）实际直流电流源；（c）实际直流电流源伏安特性

例 1.7　试求图 1-40（a）所示电压源的电流与图 1-40（b）中电流源的电压。

解　图 1-40（a）中流过电压源的电流也是流过 5 Ω 电阻的电流，所以流过电压源的电流为

$$I = \frac{U_S}{R} = \frac{10}{5} = 2\,(\text{A})$$

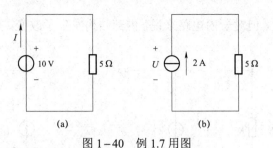

图 1-40　例 1.7 用图

图 1-40（b）中电流源两端的电压也是加在 5 Ω 电阻两端的电压，所以电流源的电压为

$$U = I_S R = 2 \times 5 = 10\,(\text{V})$$

电流源中，电流是给定的，但电压的实际极性和大小与外电路有关。如果电压的实际方向与电流实际方向相反，正电荷从电流源的低电位处流至高电位处。这时，电流源发出功率，起到电源的作用。如果电压的实际方向与电流的实际方向一致，电流源吸收功率，这时电流源便将作为负载。

3. 电压源、电流源的串联和并联

当 n 个电压源串联时，可以用一个电压源等效替代。这个等效的电压源的电压为［图 1-41（a）］

$$U_S = U_{S1} + U_{S2} + \cdots + U_{Sn} = \sum_{k=1}^{n} U_{Sk} \qquad (1-38)$$

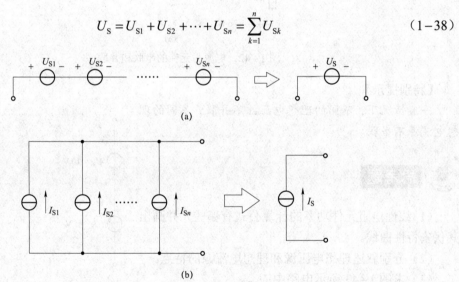

图 1-41　电压源的串联和电流源的并联

当 n 个电流源并联时，则可以用一个电流源等效替代。这个等效的电流源的电流为（图 1-41（b））。

$$I_S = I_{S1} + I_{S2} + \cdots + I_{Sn} = \sum_{k=1}^{n} I_{Sk} \qquad (1-39)$$

凡是与任何一个元件与理想电压源 U_S 并联后，若不进行分析，可视为多余元件，可以去掉，用一个理想电压源 U_S 替代来简化电路。同理，任何一个元件与理想电流源 I_S 串联后，若不进行分析，也可视为多余元件，可以去掉，用一个理想电流源 I_S 替代来简化电路。这种替代对外电路是等效的，但对于内电路来说，内部结构发生了改变，是不等效的，如图1-42所示。

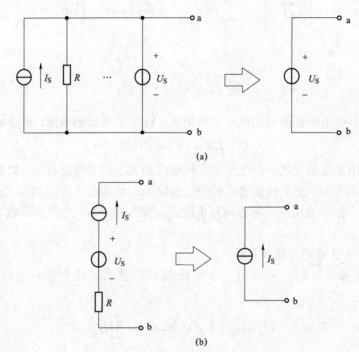

图1-42　电源与元件的串联和并联

【特别提示】

一般情况下，不同的理想电压源不并联，不同的理想电流源不串联。

 思考题

（1）线性电阻元件功率的计算公式有哪些？并画出其伏安特性曲线。

（2）分别叙述理想电压源和理想电流源的特点。

（3）求图1-43所示电路中 U_{AB}。

（4）求图1-44所示电路中 I。

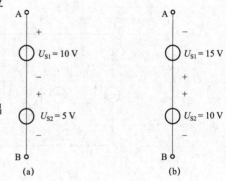

图1-43　电路

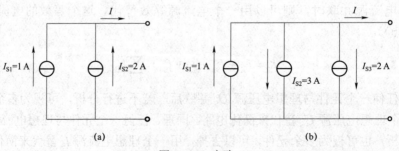

图1-44　电路

1.4 电路的 3 种状态及电气设备的额定值

1.4.1 电路的 3 种状态

实际用电过程中，根据不同的需要和不同的负载情况，电路可分为 3 种不同的状态。了解并掌握使电路处于不同状态的条件和特点，是正确用电和安全用电的前提。

1. 开路状态

开路又称为断路，是电源和负载未接通时的工作状态。典型的开路状态如图 1-45（a）所示，当开关 S 断开时，电源与负载断开（外电路的电阻无穷大），未构成闭合回路，电路中无电流，电源不能输出电能，电路的功率等于零。

开路状态有两种情况。一种是正常开路，如检修电源或负载不用电的情况；另一种是故障开路，如电路中的熔断器等保护设备断开的情况，应尽量避免故障开路。

大多数情况下，电路开路是允许的，但也有些电路不允许开路。例如，测量大电流的电流互感器，它的副边线圈绝对不允许开路；否则将产生过电压，危及人身设备的安全。

电路开路时的特征如下。

（1）电路中的电流 $I=0$。

（2）电源两端的开路电压 $U_{OC}=E$，负载两端的电压 $U=0$。

（3）电源产生的功率与负载转换的功率均为零，即 $P_S=P=0$，这种电路状态又称为电源的空载状态。

2. 短路状态

电路中任何一部分负载被短接，使该两端电压降为零，这种情况称为电路处于短路状态。图 1-45（b）所示电路是电源被短接的情况，其等效电路如图 1-45（c）所示。

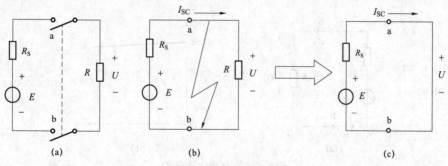

图 1-45 电源被短路

短路状态有两种情况。一种是将电路的某一部分或某一元件的两端用导线连接，称为局部短路。有些局部短路是允许的，称为工作短路，常称为"短接"，如电焊机工作时焊条与工件的短接及电流表完成测量时的短接等。另一种短路是故障短路，如电源被短路或一部分负载被短路。最严重的情况是电源被短路，其短路电流用 I_{SC} 表示。因为电源内阻很小，I_{SC} 很大，是正常工作电流的很多倍。

电源短路状态的特征如下。

（1）$I = I_{SC} = \dfrac{E}{R_S}$。

（2）电源的端电压 $U=0$。

（3）电源发出及负载转换的功率均为零，即 $P=0$；电源产生的功率全消耗在内阻上，即 $P_S = I^2 R_S$。

当 $R_S = 0$ 时，$I_{SC} = \infty$，将烧毁电源，因此短路是一种严重的事故状态，它会使电源或其他电气设备因为严重发热而烧毁，用电操作中应注意避免。电压源不允许短路。

造成电源短路的原因主要是绝缘损坏或接线不当。因此，工作中要经常检查电气设备和线路的绝缘情况，正常连接电路。

电源短路的保护措施是，在电源侧接入熔断器和自动断路器，当发生短路时，能迅速切断故障电路，防止电气设备的进一步损坏。

3. 有载工作状态

在图 1-46（a）所示电路中，开关 S 闭合后，电源与负载接通构成回路，电路中产生了电流，并向负载输出电功率，即电路中开始了正常的功率转换，电路的这种工作状态称为有载工作状态。

电路有载工作状态的特征如下。

（1）电路中的电流：$I = \dfrac{E}{R + R_S}$。

（2）负载端电压：$U = IR = E - IR_S$，当 $R \gg R_S$ 时，$U \approx E$。

电源的外特性曲线如图 1-46（b）所示。

（3）功率平衡关系：$P = P_S - \Delta P$。

电源输出的功率：$P = UI = I^2 R_S$。

电源产生的功率：$P_S = EI$。

内阻消耗的功率：$\Delta P = I^2 R_S$。

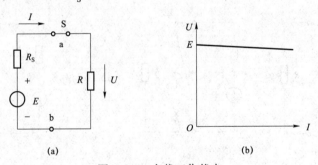

图 1-46 有载工作状态

（a）有载工作状态；（b）电源的外特性曲线

1.4.2 电气设备的额定值

任何电气元件或设备所能承受的电压或电流都有一定的限额。当电流过大时，将使导体发热、温升过高，导致烧坏导体。当电压过高时，可能超过设备内部绝缘强度，影响设备寿命，甚至发生击穿现象，造成设备及人身安全事故。为了使电气设备能长期安全、可靠地运行，必须给它规定一些必要的数值。

1. 额定值

电气设备在给定的工作条件下正常运行而规定的允许值称为额定值。电气设备的额定值一般包括额定电压 U_N、额定电流 I_N 和额定功率 P_N（对电源而言称为额定容量 S_N）。

（1）额定电流：电气设备在一定的环境温度条件下长期、连续工作所允许通过的最佳安全电流。

（2）额定电压：电气设备正常工作时的端电压。

（3）额定功率：电气设备正常工作时的输出功率或输入功率。

电阻类负载的额定值因为与电阻 R 之间有确定的关系，一般给出其中的两个即可。

电气设备的额定值一般都标注在设备的铭牌上或列入产品说明书中。电气设备实际运行时应严格遵守额定值的规定。电源输出的功率和电流由负载决定。

2. 额定工作状态

若电气设备正好在额定值下运行，这种在额定情况下的有载工作状态称为额定状态。这是一种使设备得到充分利用的经济、合理的工作状态。

如一盏电灯上标注的电压是 220 V，功率 100 W。若电压低于 220 V，则电灯的功率达不到 100 W，这也就不是额定功率。若电压高于 220 V，则电灯的功率会超过 100 W，如果超出最大功率，则电灯就会烧坏。所以，对于电气设备来说，电压、电流过高都会使设备烧坏，而电压、电流过低，设备无法发挥自己的能力。最合理的使用电气设备的方法，就是让其保持在额定工作状态。

例 1.8　有一只额定值为 5 W、500 Ω 的电阻，求其额定电压和额定电流。

解　由 $P_N = U_N I_N = I_N^2 R$，得

$$I_N = \sqrt{\frac{P_N}{R}} = \sqrt{\frac{5}{500}} = 0.1\,(\text{A})$$

$$U_N = I_N R = 0.1 \times 500 = 50\,(\text{V})$$

电气设备工作在非额定状态时有以下两种情况。

（1）欠载。若电气设备在低于额定值的状态下运行，称为欠载。这种状态下设备不能被充分利用，还有可能使设备工作不正常甚至损坏设备。

（2）过载。电气设备在高于额定值（超负荷）下运行，称为过载。若超过额定值不多，且持续时间不长，一般不会造成明显的事故；若电气设备长期过载运行，必将影响设备的使用寿命甚至损坏设备，造成电火灾等事故。一般不允许电气设备长时间过载工作。

例如，一般导线最高允许工作温度为 65℃，如果导线流过的电流超过了安全电流，就叫导线过载。此时，过高的温度会使绝缘迅速老化甚至使线路燃烧。

发生过载的主要原因有导线截面选择不当，实际负载已经超过了导线的安全电流；还有"小马拉大车"现象，即在线路中接入了大功率设备，超过了配电线路的负载能力。例如，公共建筑物或者居住场所的照明线路中，有可能出现导线或者电缆线长时间处于过载状态，这些线路中都应采取过载保护。

 思考题

（1）电路有几种工作状态？

（2）为什么要求用电器工作在额定工作状态？

 【技能训练】

常用电子元器件检测方法与经验

元器件的检测是家电维修的一项基本功，如何准确、有效地检测元器件的相关参数，从而判断元器件是否正常，必须根据不同的元器件采用不同的方法。特别对初学者来说，熟练掌握常用元器件的检测方法和经验很有必要。下面对电阻元件的检测经验和方法进行介绍，仅供参考。

（1）固定电阻器的检测。

① 将两表笔（不分正负）分别与电阻的两端引脚相接即可测出实际电阻值。为了提高测量精度，应根据被测电阻标称值的大小来选择量程。由于欧姆挡刻度的非线性关系，它的中间一段分度较为精细，因此应使指针指示值尽可能落到刻度的中段位置，即全刻度起始的20%～80%弧度范围内，以使测量更准确。根据电阻误差等级不同，读数与标称阻值之间分别允许有±5%、±10%或±20%的误差。如不相符，超出误差范围，则说明该电阻值变值了。

② 注意：测试时，特别是在测几十千欧以上阻值的电阻时，手不要触及表笔和电阻的导电部分；被检测的电阻从电路中焊下来，至少要焊开一个头，以免电路中的其他元件对测试产生影响，造成测量误差；色环电阻的阻值虽然能以色环标志来确定，但在使用时最好还是用万用表测试一下其实际阻值。

（2）水泥电阻的检测。检测水泥电阻的方法及注意事项与检测普通固定电阻完全相同。

（3）熔断电阻的检测。在电路中，当熔断电阻器熔断开路后，可根据经验做出判断：若发现熔断电阻器表面发黑或烧焦，可断定是其负荷过重，通过它的电流超过额定值很多倍所致；如果其表面无任何痕迹而开路，则表明流过的电流刚好等于或稍大于其额定熔断值。对于表面无任何痕迹的熔断电阻器好坏的判断，可借助万用表 $R×1$ 挡来测量，为保证测量准确，应将熔断电阻器一端从电路上取下。若测得的阻值为无穷大，则说明此熔断电阻器已失效开路，若测得的阻值与标称值相差甚远，表明电阻变值，也不宜再使用。在维修实践中发现，也有少数熔断电阻器在电路中被击穿短路的现象，检测时也应予以注意。

（4）电位器的检测。检查电位器时，首先要转动旋柄，看看旋柄转动是否平滑、开关是否灵活，开关通、断时，"喀哒"声是否清脆，并听一听电位器内部接触点和电阻体摩擦的声音，如有"沙沙"声，说明质量不好。用万用表测试时，先根据被测电位器阻值的大小，选择好万用表的合适电阻挡位，然后可按下述方法进行检测。

①用万用表的欧姆挡测"1""2"两端，其读数应为电位器的标称阻值，如万用表的指针不动或阻值相差很多，则表明该电位器已损坏。

②检测电位器的活动臂与电阻片的接触是否良好。用万用表的欧姆挡测"1""2"（或"2""3"）两端，将电位器的转轴按逆时针方向旋至接近"关"的位置，这时电阻值越小越好。再沿顺时针方向慢慢旋转轴柄，电阻值应逐渐增大，表头中的指针应平稳移动。当轴柄旋至极

端位置"3"时，阻值应接近电位器的标称值。如万用表的指针在电位器的轴柄转动过程中有跳动现象，说明活动触点有接触不良的故障。

（5）正温度系数热敏电阻（PTC）的检测。检测时，用万用表 $R \times 1$ 挡，具体可分以下两步操作。

① 常温检测（室内温度接近 25℃）。将两表笔接触 PTC 热敏电阻的两引脚，测出其实际阻值，并与标称阻值相对比，二者相差在 $\pm 2\Omega$ 内即为正常。实际阻值若与标称阻值相差过大，则说明其性能不良或已损坏。

② 加温检测。在常温测试正常的基础上，即可进行第二步测试——加温检测，将一热源（如电烙铁）靠近 PTC 热敏电阻对其加热，同时用万用表监测其电阻值是否随温度的升高而增大，如是，说明热敏电阻正常，若阻值无变化，说明其性能变劣，不能继续使用。注意不要使热源与 PTC 热敏电阻靠得过近或直接接触热敏电阻，以防止将其烫坏。

（6）负温度系数热敏电阻（NTC）的检测。

① 测量标称电阻值 R_t。用万用表测量 NTC 热敏电阻的方法与测量普通固定电阻的方法相同，即根据 NTC 热敏电阻的标称阻值选择合适的电阻挡可直接测出 R_t 的实际值。但因 NTC 热敏电阻对温度很敏感，故测试时应注意以下几点。

a. R_t 是生产厂家在环境温度为 25℃时所测得的，所以用万用表测量 R_t 时，也应在环境温度接近 25℃时进行，以保证测试的可信度。

b. 测量功率不得超过规定值，以免电流热效应引起测量误差。

c. 注意正确操作。测试时，不要用手捏住热敏电阻体，以防止人体温度对测试产生影响。

② 估测温度系数 α_t。先在室温 t_1 下测得电阻值 R_{t1}，再用电烙铁作热源，靠近热敏电阻 R_t，测出电阻值 R_{t2}，同时用温度计测出此时热敏电阻 R_{t2} 表面的温度 t_2 再进行计算。

（7）压敏电阻的检测。用万用表的 $R \times 1K$ 挡测量压敏电阻两引脚之间的正、反向绝缘电阻，均为无穷大；否则，说明漏电流大。若所测电阻很小，说明压敏电阻已损坏，不能使用。

（8）光敏电阻的检测。

① 用一黑纸片将光敏电阻的透光窗口遮住，此时万用表的指针基本保持不动，阻值接近无穷大。此值越大说明光敏电阻性能越好。若此值很小或接近为零，说明光敏电阻已烧穿损坏，不能再继续使用。

② 将一光源对准光敏电阻的透光窗口，此时万用表的指针应有较大幅度的摆动，阻值明显减小。此值越小说明光敏电阻性能越好。若此值很大甚至无穷大，表明光敏电阻内部开路损坏，也不能再继续使用。

③ 将光敏电阻透光窗口对准入射光线，用小黑纸片在光敏电阻的遮光窗上部晃动，使其间断受光，此时万用表指针应随黑纸片的晃动而左右摆动。如果万用表指针始终停在某一位置不随纸片晃动而摆动，说明光敏电阻的光敏材料已经损坏。

 【知识拓展】

电工测量的基本知识

1. 电工测量的主要对象

电工测量就是借助测量设备，把未知的电量或磁量与作为测量单位的同类标准电量或标准磁量进行比较，从而确定这个未知电量或磁量（包括数值和单位）的过程。

电工测量的主要对象是反映电和磁特征的物理量，如电流 I、电压 U、电功率 P、电能 W 以及磁感应强度 B 等；反映电路特征的物理量，如电阻 R、电容 C、电感 L 等；反映电和磁变化规律的非电量，如频率 f、相位 φ、功率因数 $\cos\varphi$ 等。

2. 电工测量的特点

电工测量是以电工测量仪器和设备为手段，以电量或非电量（可转化为电量）为对象的一种测量技术。电工测量的特点如下。

（1）测量仪器的准确度、灵敏度更高，测量范围更宽。电工测量的量值范围很宽。例如，一只普通万用表的测量范围为几伏至几百伏，约 2 个数量级，而毫伏表的测量范围可从毫伏至几百伏，达 5 个数量级；数字电压表可达 7 个数量级。

（2）应用了电子技术、电工测量技术，向着快速测量、小型化、数字化、多功能、高准确度、高灵敏度、高可靠性等方面发展。

电工测量的精度与测量方法、测试技术及所选用的仪器等因素有关。单就电工仪器的精度而言，目前已经可达到相当高的水平。

（3）实现了遥测遥控、连续测量、自动检测及非电量的电测等。

3. 电工测量方法

在电工测量中，由于不同的场合、不同的仪器仪表、不同的测量精度要求等因素的影响，因而出现了多种测量方法。测量方法是获得测量结果的手段或途径，测量方法可分为以下 3 类。

1）直接测量法

从测量仪器上直接得到被测量值的测量方法叫做直接测量法。此法简单、方便，测量目的与测量对象一致，如用欧姆表测量电阻、电压表测量电压和用电流表测量电流等都属于直接测量。

由于仪表接入电路后，会使电路工作状态发生变化，所以测量的精度受到一定影响。

2）间接测量法

间接测量时根据被测量和其他量的函数关系，先测得其他量的值，然后按函数式把被测量计算出来的方法叫做间接测量法。例如，测量导体的电阻系数时，可以通过直接测出该导体的电阻 R、长度 L 和截面 S 的值，然后按电阻与长度、截面的关系式 $R = \rho \dfrac{l}{S}$ 求出电阻率 ρ。

3）比较测量法

将被测量与同种类标准量进行比较后才能得出被测量的数值，这样的测量方法称为比较测量法。常用的比较测量法分为以下 3 种。

（1）零值法。在测量过程中，通过改变标准量使它和被测量相等，当两者差值为零时，确定出被测量数值的测量方法叫做零值法。例如，电桥测量电阻采用的就是零值法。用电桥测量电阻时，调节已知电阻值使电桥平衡，得到待测电阻值。

（2）差值法。在测量过程中，通过测出被测量与已知量的差值，从而确定被测量数值的测量方法叫做差值法，如用不平衡电桥测量电阻。

（3）替代法。在测量过程中，通过测出被测量与已知的标准量分别接入同一测量装置，若维持仪表读数不变，这时被测量即等于已知标准量。这种测量方法叫做替代法。

比较测量法的测量准确度高，但也存在测量设备复杂、操作麻烦的特点，一般只用于对精度要求较高的测量。

采用什么样的测量方法，要根据测量条件、被测量的特性及对准确度的要求等进行选择，目的是得到合乎要求的、科学可靠的试验结果。

4. 测量误差及消除

在实际测量中，总会受到各种因素的影响，使得测量结果不可能是被测量的真值，只能是其近似值。由于被测量的真值通常是难以获得的，所以在测量技术中常常把标准仪表的读数当作真值，而把测得的实际值称为测量结果，被测量的测量结果与真值之间的差值叫做测量误差。

1）测量误差的分类

不论用什么测量方法，也不论怎样进行测量，测量的结果与被测量的实际数值总存在差别，测量结果与被测量真值之差称为测量误差。

根据误差的性质，测量误差分为3类，即系统误差、偶然误差和疏失误差。

（1）系统误差。

在相同的测量条件下，多次测量同一个量时，测量结果向一个方向偏离，其数值恒定或按一定规律变化，这种误差称为系统误差。它的来源有以下4个。

① 仪器误差：这是由于仪器本身的缺陷造成的误差。

② 附加误差：没有按规定条件使用仪器造成的误差。

③ 理论（方法）误差：由于测量方法、测量所依据的理论公式的近似，或试验条件不能达到理论公式所规定的要求等而引起的误差。

④ 个人误差：由于测试人员的自身生理或心理特点造成的误差。

（2）偶然误差。

由于人的感官灵敏度和仪器精密度有限，周围环境的干扰以及随测量而来的其他不可预测的偶然因素造成的误差。

（3）疏失误差。

疏失误差由测量中的疏失所引起，是一种明显歪曲测量结果的误差。

2）测量误差的消除方法

（1）系统误差的消除。

① 对测量仪器仪表进行修正。

② 采用合理的测量方法和配置适当的测量仪表，改善仪表安装质量和配线方式。

③ 采用特殊的测量方法。

a. 正负消去法。正负消去法就是对同一量反复测量2次，如果其中一次误差为正，另一次误差为负，求取它们的平均值，就可以消除这种系统误差。

b. 替代法。将被测量用已知量代替，替代时使用仪表的工作状态不变。这样，仪表本身的不完善和外界因素的影响对测量结果不发生作用，从而消除了系统误差。

（2）偶然误差的消除。通常采用增加重复测量次数的方法来消除偶然误差对测量结果的影响。测量次数越多，其算术平均值就越接近实际值。

（3）疏失误差的消除。

疏失误差严重歪曲了测量结果，因此包含疏失误差的测量结果应该抛弃。

项 目 小 结

（1）电路模型是由理想元件构成的电路。在电路理论分析中，采用电路模型来代替实际电路进行分析和研究。本章主要介绍了电阻、电压源和电流源等基本的理想元件模型。

（2）在实际电路中常常用到电流、电压、电位、功率等物理量。在电路分析中，对于元件电流、电压首先要表明其参考方向，对于没有标明参考方向的电路，计算出的正、负值没有意义。

在电路中功率也有正、负之分，若功率为正，表明该元件吸收功率；若功率为负，表明该元件发出功率。

（3）等效化简和整理电路。

① 伏安特性完全一致的两个二端网络互为等效网络，等效网络对任一外电路的作用彼此相同。分析电路时为使问题简化，用一个结构简单的等效网络替代原来结构复杂的网络，称为等效化简。

② 电路中凡是用理想导线相连接起的各个连接点，属于同一个节点。为使电路中各元件的连接关系一目了然，称为整理电路。

（4）运用各种等效关系化简二端网络。

① 电阻的连接。电阻串联时流过每个电阻的电流相同。串联时的等效电阻 R 等于各个电阻之和。串联各电阻的电压与其电阻值成正比。

电阻并联时流过各电阻的端电压相同。并联时的等效电导 G 等于各个电导之和。并联各电导的电流与其电导成正比。

两电阻并联时，等效电阻及分流的计算公式常用以下公式，即

$$R = \frac{R_1 R_2}{R_1 + R_2}, \quad I_1 = \frac{R_2}{R_1 + R_2} I, \quad I_2 = \frac{R_1}{R_1 + R_2} I$$

② Y 形和 Δ 形电阻网络的等效变换。

Y→Δ 变换，有

$$R_{mn} = \frac{Y形电阻两两乘积之和}{与 R_{mn} 相对端钮所接的电阻}$$

Δ→Y 变换，有

$$R_k = \frac{k端所接两电阻之积}{Δ形 3 个电阻之和}$$

（5）电路分析中常用到两种电源：一种是电压源；另一种是电流源。

① 理想电压源的主要特点。

a. 端电压是恒定值或一个确定的时间函数。

b. 流过理想电压源的电流由外部电路决定。

c. 电压源不可短路。

② 理想电流源的特点。

a. 电流源的电流是恒定值或是一个确定的时间函数。

b. 理想电流源的端电压由外部电路决定。

c. 电流源不可开路。

（6）电路中工作状态有 3 种，即开路、短路、有载，在实际生活中要防止电路发生故障短路的现象。

每个电器元件都有额定值，在工作时要保持元器件工作在额定状态。

（7）在电路计算中常常用到电位的概念。在计算电位时，需要注意标明参考点，参考点一旦确定，电位也随之确定；若参考点发生改变，则电位也随之发生变化，但两点之间的电压之差却不随参考点变化而变化。

项 目 测 试

（1）根据图 1-47 所示各元件上电压电流参数，计算各元件功率。

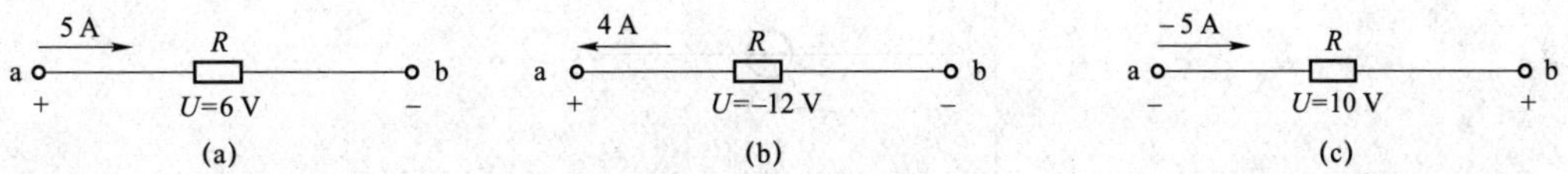

图 1-47　电路

（2）图 1-48 所示为各元件上电压电流参数，已知元件 A 吸收功率 20 W，元件 B 发出功率 40 W。试求未知电压 U_A 及电流 I_B。

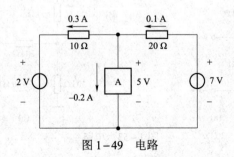

图 1-48　电路

（3）电路如图 1-49 所示，求电路中元件 A 的功率，说明该元件是电源还是负载，并验证电路功率平衡。

图 1-49　电路

（4）电路如图 1-50 所示，确定 U_{ab}。

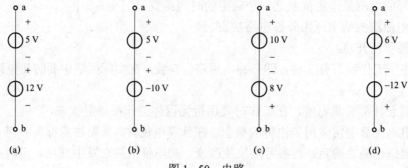

图 1-50　电路

（5）电路如图 1-51 所示，以 O 为参考点，确定各点电位；若以 b 点为参考点，确定各点电位。

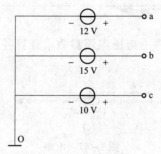

图 1-51　电路

（6）求图 1-52 所示电路中的电压 U_{ab}。

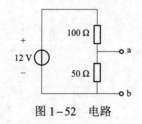

图 1-52　电路

（7）在图 1-53 所示电路中，求 a、b 点电位。

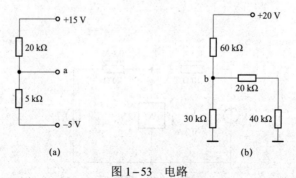

图 1-53　电路

（8）一只 220 V、40 W 的白炽灯，每天用电 5 h，该灯一天的耗电是多少度电？

（9）一只白炽灯的额定值是 220 V、60 W，求它的额定电流是多少？若将这只白炽灯接在 110 V 电路中，它的实际功率是多少？

（10）求图 1-54 所示电路的等效电阻 R_{ab}。

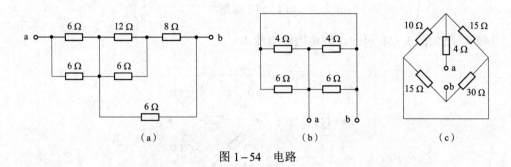

图 1-54 电路

（11）求图 1-55 所示电路中的等效电阻 R_{ab}。

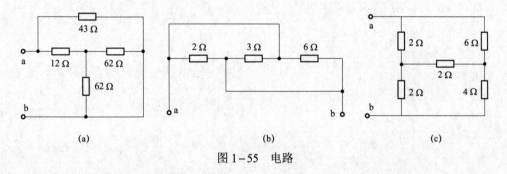

图 1-55 电路

（12）图 1-56 所示电路为磁电式微安表和电阻串联组成的多量程电压表。已知满偏电流 $I_g = 50\ \mu A$，内阻 $R_g = 2\ k\Omega$ 的表头，通过串联分压电阻制成 2.5 V、10 V、50 V、250 V、500 V 等 5 量程的电压表，计算串联的各个电阻 R_1、R_2、R_3、R_4、R_5。

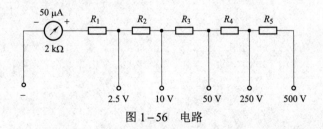

图 1-56 电路

（13）在图 1-57 所示电路中，R 为可变电阻，设其阻值的变化范围为 0～∞。试分别计算① $R = 200\ \Omega$、② $R = 0$、③ $R \to \infty$ 这 3 种情况下电路中的电流 I，并指出 3 种情况下对应的电路状态（开路、短路、有载）。

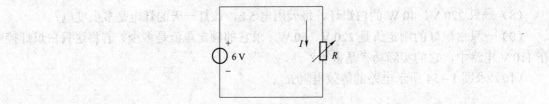

图 1-57   电路

（14）电路如图 1-58 所示，确定电路电流 I。

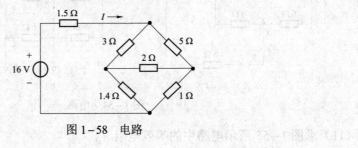

图 1-58   电路

项 目 **2**

惠斯通电桥

  【项目描述】

惠斯通电桥(单臂电桥)是一种可以精确测量电阻的仪器，是比较式电工仪表，如图2-1所示。

图中：R_1 为被测电阻，也可以表示为 R_x；R_2、R_3、R_4 为可调电阻；G 为检流计，R_g 为检流计的内阻；U_S 为干电池。当 G 无电流通过时，电桥达到平衡。平衡时，4 个臂的阻值满足 $R_x = R_1 = \dfrac{R_3}{R_4} \times R_2$，利用该公式就可以确定待测电阻阻值。

本项目从惠斯通电桥电路的组成入手，介绍直流电阻电路的基本分析方法。由线性电阻和直流电源组成的直流线性电阻电路，其基本分析方法有两类：一类是等效法；另一类是方程求解法，通过求解电路方程来获取电压、电流和功率值。本项目所研究电路的基本概念和定理，不但适用于直流线性电阻电路，以后还可以推广应用到交流电路的分析中，因此本项目是电路分析的基础。

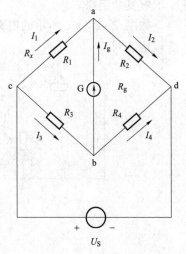

图2-1　惠斯通电桥原理

  【知识目标】

（1）掌握基尔霍夫定律及其应用。

（2）掌握用支路电流法分析复杂电路的方法。

（3）掌握用网孔电流法分析复杂电路的方法。

（4）掌握用节点电压法分析复杂电路的方法。

（5）掌握两种电源互换分析复杂电路的方法。

（6）掌握将多个独立源共同作用的线性电路，转化成单个独立源作用电路的分析方法。

学习将复杂问题分解成简单问题进行处理的方法，理解叠加定理的重要性。

（7）掌握戴维南定理及其应用。通过最大功率传输，加深理解戴维南定理的重要性。

（8）掌握含有受控源电路的分析方法。

【技能目标】

（1）能够熟练掌握万用表、电压和电流测量仪表的使用。

（2）能够熟练分析计算电路中各支路电流、节点的电压。

2.1　基尔霍夫定律

对于电路中的某一元件来说，其元件上的电压、电流由元件本身的特性确定，如电阻元件上的端电压和电流关系需遵循欧姆定律。若把元件按一定的连接方式连接起来构成电路的整体时，电路中的电压和电流就要遵循元件由于连接而形成的约束关系，这种关系就是基尔霍夫定律：电流约束即基尔霍夫电流定律（KCL），电压约束即基尔霍夫电压定律（KVL）。该定律是由电路的连接方式决定的，因此与电路中的元件无关。基尔霍夫定律反映的是电荷守恒和能量守恒，因此是电路理论中最基本的定律之一，不仅适用于求解简单电路，也适用于求解复杂电路。

如图 2-2（a）所示的电路，分析各支路电流时，根据欧姆定律，通过电阻的串并联方法确定，即

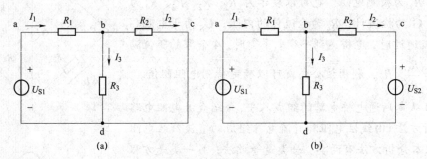

图 2-2　电路名词说明

$$I_1 = \frac{U_{S1}}{R_1 + \dfrac{R_2 \cdot R_3}{R_2 + R_3}}$$

$$I_2 = \frac{R_3}{R_2 + R_3} \cdot I_1$$

$$I_3 = \frac{R_2}{R_2 + R_3} \cdot I_1$$

若图 2-2（a）中 I_2 支路上多了一个电压源 U_{S2}，得到图 2-2（b），如何分析电路电流呢？

下面介绍的基尔霍夫定律就可以解决这个问题。在学习基尔霍夫定律之前，为了便于理解，就图 2-2（b）所示的电路，介绍几个名词。

（1）支路。至少有一个元件或以上，且无分支的电路称为支路。在图 2-2（b）所示电路中，bad、bR_3d 和 bcd 都是支路，其中支路 bad、bcd 中有电源，称为有源支路；支路 bR_3d 中没有电源，则称为无源支路。

（2）节点。电路中 3 条及 3 条以上支路的连接点称为节点。在图 2-2（b）所示的电路中只有两个节点，即节点 b 和节点 d。

（3）回路。由若干支路组成的任一闭合路径。其中每个节点只经过一次，这条闭合路径称为回路，图 2-2（b）中 abR_3dU_{S1}、bcU_{S2}dR_3 和 abcda 都是回路，共有 3 个回路。

（4）网孔。网孔是回路的一种。将电路画在平面上，在回路内部不含有其他支路，称为网孔。在图 2-2（b）中，abR_3dU_{S1}、bcU_{S2}dR_3 是网孔；abcda 回路内部含有其他支路 bR_3d，因而不是网孔，所以这个电路共有两个网孔。

2.1.1　基尔霍夫电流定律（KCL）

电荷守恒是指电荷既不能创造也不能消灭。由此可得基尔霍夫电流定律，简称 KCL。其基本内容是：任何时刻，对于集总电路中的任一节点，流入该节点的电流之和等于流出该节点的电流之和。其数学表达式为

$$\sum I_入 = \sum I_出 \tag{2-1}$$

例如，图 2-2（b）所示节点 b，有

$$I_1 = I_2 + I_3$$

对于上式适当移项，图 2-2（b）所示节点 b 的表达式可写为

$$I_1 - I_2 - I_3 = 0$$

所以 KCL 又可以陈述为：任一时刻，对于集总电路中的任一节点，连接该节点所有支路电流的代数和恒等于零。其数学表达式为

$$\sum I = 0 \tag{2-2}$$

式（2-2）中，若流入节点的电流前面取"+"号，则流出节点的电流前面取"-"号。

这里，首先应当指出，KCL 中电流的流向本来是指它们的实际方向，但由于采用了参考方向，所以式（2-2）中是按电流的参考方向来判断电流是流出节点还是流入节点的。其次，式中的正、负号仅由电流是流出节点还是流入节点来决定的，与电流本身的正、负无关。

KCL 用来确定电路中连接在同一个节点上的各条支路电流间的关系，通常用于节点。但对包围几个节点的封闭面也是适用的。在图 2-3 所示的电路中，封闭面 S 内有 3 个节点（A、B、C），在这些节点处分别有（电流的方向都是参考方向）

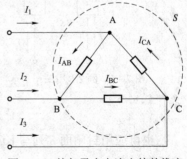

图 2-3　基尔霍夫电流定律的推广

$$I_1 = I_{AB} - I_{CA}$$
$$I_2 = I_{BC} - I_{AB}$$
$$I_3 = I_{CA} - I_{BC}$$

将上面 3 个式子相加，便得

$$I_1 + I_2 + I_3 = 0$$

或

$$\sum I = 0 \qquad\qquad (2-3)$$

可见，在任一时刻，通过任一封闭面的电流的代数和也总是等于零，或者说，流出封闭面的电流等于流入该封闭面的电流。

因此可以把节点视为封闭面趋于无限小的极限情况，这样基尔霍夫电流定律可以用更普遍的形式陈述为：任何时刻，对于集总电路中的任一封闭面，流入该封闭面的电流之和等于流出该封闭面的电流之和。

如果两部分电路之间仅有两条导线（或支路）相连，如图 2-4（a）所示，如果将电路 B 看成一个封闭面，流入的电流为 I_1，流出的电流为 I_2。根据 KCL，流入封闭面的电流和等于流出封闭面的电流和。因此，$I_1=I_2$，即这两条导线（或支路）中的电流必相等；如果两部分电路之间只有一条导线（或支路）相连，或电路中只有一点接地，如图 2-4（b）所示，对于电路 A，流入的电流为零，流出的电流为 I，根据 KCL，得 $I=0$，则该导线的电流必为零，自然电路 B 与大地的连接导线中的电流也为零。

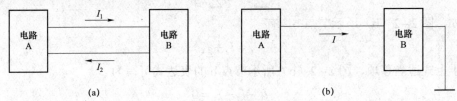

图 2-4 KCL 定律的推广

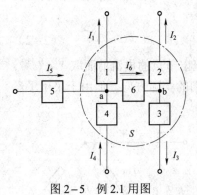

图 2-5 例 2.1 用图

例 2.1 在图 2-5 所示电路中，已知 $I_1=3\,\text{A}$、$I_2=8\,\text{A}$、$I_3=-3\,\text{A}$、$I_4=6\,\text{A}$，求电流 I_5、I_6。

解 对于节点 b 列 KCL 方程，有

$$I_6 = I_2 + I_3$$

则

$$I_6 = 8 + (-3) = 5\,(\text{A})$$

对于节点 a 列 KCL 方程，有

$$I_5 + I_4 = I_1 + I_6$$

则

$$I_5 = I_1 + I_6 - I_4 = 3 + 5 - 6 = 2\,(\text{A})$$

也可应用封闭面 S 列写 KCL 方程，有

$$I_5 + I_4 = I_1 + I_2 + I_3$$

则

$$I_5 = I_1 + I_2 + I_3 - I_4 = 3 + 8 + (-3) - 6 = 2\,(\text{A})$$

2.1.2　基尔霍夫电压定律（KVL）

基尔霍夫电流定律是对电路中任意节点而言的，反映的是电荷守恒；基尔霍夫电压定律是对电路中任意回路而言的，反映的是能量守恒。

基尔霍夫电压定律简称 KVL，反映了回路中各部分电压之间的关系。基本内容是：任何时刻，沿任一回路绕行一周，所有支路或元件电压的代数和恒等于零，即

$$\sum U = 0 \tag{2-4}$$

在写式（2-4）时，首先需要指定一个回路绕行的方向。凡电压的参考方向与回路绕行方向一致，在式中该电压前面取"+"号；电压参考方向与回路绕行方向相反者，则该电压前面取"－"号。

同理，KVL 中电压的方向本应指它的实际方向，但由于采用了参考方向，所以式（2-4）中的代数和是按电压的参考方向来判断的。

以图 2-6 所示的电路为例，沿回路 A 和回路 B 绕行一周。

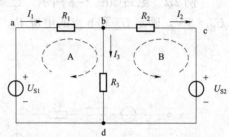

图 2-6　基尔霍夫电压定律示意图

对于回路 A，有

$$I_1R_1 + I_3R_3 - U_{S1} = 0 \text{ 或 } I_1R_1 + I_3R_3 = U_{S1}$$

对于回路 B，有

$$-I_2R_2 + I_3R_3 - U_{S2} = 0 \text{ 或 } -I_2R_2 + I_3R_3 = U_{S2}$$

即 KVL 也可以写为

$$\sum R_K I_K = \sum U_{SK} \tag{2-5}$$

式（2-5）指出，沿任一回路绕行一圈，电阻上电压的代数和等于电压源电压的代数和。其中，在关联参考方向下，电流参考方向与回路绕行方向一致者，$R_K I_K$ 前取"+"号；否则，$R_K I_K$ 前取"－"号。电压源电压 U_{SK} 的参考极性与回路绕行方向一致者，U_{SK} 前取"－"号；否则，U_{SK} 前取"+"号。

通过回路 A，可得

$$U_{bd} = I_3R_3 = -I_1R_1 + U_{S1}$$

通过回路 B，可得

$$U_{bd} = I_3R_3 = I_2R_2 + U_{S2}$$

所以，b→d 的电压 U_{bd} 只与起、终点有关，而与所选的路径无关。基尔霍夫电压定律实质上是电压与路径无关性质的反映。

应用基尔霍夫定律所遵循的步骤如下。

（1）确定各元件（或各支路）电压的参考方向。若是电阻元件，先标出电流的参考方向，并按照关联参考方向确定电阻上电压的方向。

（2）确定回路绕行方向，凡电压参考极性和回路绕行方向一致者取"+"号；否则取"－"号。

（3）根据基尔霍夫电压定律写电压方程。

KVL 通常用于闭合回路，但也可推广应用到任一不闭合的电路上。图 2-7 虽然不是闭合回路，但当假设开口处的电压为 U_{ab} 时，可以将电路想象成一个虚拟的回路，用 KVL 列写方程为

$$U_{ab} + U_{S3} + I_3R_3 - I_2R_2 - U_{S2} - I_1R_1 - U_{S1} = 0$$

KCL 规定了电路中任一节点处电流必须服从的约束关系，而 KVL 则规定了电路中任一回路内电压必须服从的约束关系。这两个定律仅与元件的连接有关，而与元件本身无关。不论元件是线性的还是非线性的，是时变的还是非时变的，KCL 和 KVL 总是成立的。

例 2.2 电路如图 2-8 所示。已知 $R_1 = 3\ \Omega$，$R_2 = 2\ \Omega$，$R_3 = 5\ \Omega$，$U_{S1} = -4\ \text{V}$，$U_{S2} = 6\ \text{V}$，$U_{S3} = 5\ \text{V}$。确定 U_{ac} 和 b 点的电位 V_b。

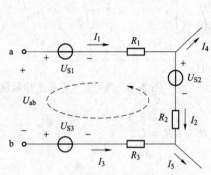

图 2-7 基尔霍夫电压定律的推广

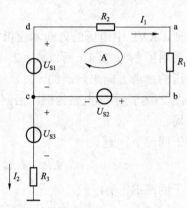

图 2-8 例 2.2 用图

解 设 I_1、I_2 参考方向和回路绕行方向如图 2-8 所示。

根据 KCL 可知

$$I_2 = 0$$

故回路 A 各元件上流经的是同一电流 I_1，根据 KVL 列写方程，有

$$I_1R_2 + I_1R_1 + U_{S2} - U_{S1} = 0$$

代入已知数据，得

$$2I_1 + 3I_1 + 6 - (-4) = 0$$

$$I_1 = -2\ \text{A}$$

所以

$$U_{ac} = I_1R_1 + U_{S2} = -2 \times 2 + 6 = 2\ (\text{V})$$

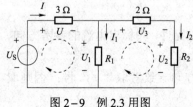

图 2-9 例 2.3 用图

b 点的电位为

$$V_b = U_{S2} + U_{S3} + I_2R_3 = 6 + 5 + 0 \times R_3 = 11\ (\text{V})$$

例 2.3 如图 2-9 所示电路，已知 $U_1 = 5\ \text{V}$，$U_3 = 3\ \text{V}$，$I = 2\ \text{A}$，求 U_2、I_2、R_1、R_2 和 U_S。

解 （1）已知 2 Ω 电阻两端电压 $U_3 = 3\ \text{V}$

$$故 I_2 = \frac{U_3}{2} = \frac{3}{2} = 1.5（\text{A}）$$

（2）在由 R_1、2 Ω 和 R_2 电阻组成的闭合回路中，根据 KVL 得

$$U_3 + U_2 - U_1 = 0$$

即

$$U_2 = U_1 - U_3 = 5 - 3 = 2（\text{V}）$$

（3）由欧姆定律得

$$R_2 = \frac{U_2}{I_2} = \frac{2}{1.5} = 1.33（\Omega）$$

由 KCL 得

$$I_1 = I - I_2 = 2 - 1.5 = 0.5（\text{A}）$$

$$R_1 = \frac{U_1}{I_1} = \frac{5}{0.5} = 10（\Omega）$$

（4）在由 U_S、R_1 和 3 Ω 电阻组成的闭合回路中，根据 KVL 得

$$U_\text{S} = U + U_1 = 2 \times 3 + 5 = 11（\text{V}）$$

例 2.4　图 2-10 所示电路，已知 $U_{\text{S1}} = 12\,\text{V}$，$U_{\text{S2}} = 3\,\text{V}$，$R_1 = 3\,\Omega$，$R_2 = 9\,\Omega$，$R_3 = 10\,\Omega$，求开路电压 U_{ab}。

解　（1）因为 ab 端口断开，所以

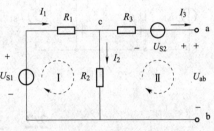

图 2-10　例 2.4 用图

$$I_3 = 0$$

由 KCL 得

$$I_1 = I_2 + I_3 = I_2 + 0 = I_2$$

由 KVL 在回路 I 中有

$$I_1 R_1 + I_2 R_2 = U_{\text{S1}}$$

得

$$I_1 = I_2 = \frac{U_{\text{S1}}}{R_1 + R_2} = \frac{12}{3 + 9} = 1（\text{A}）$$

（2）在回路 II 中，根据 KVL 得

$$U_{\text{ab}} - I_2 R_2 + I_3 R_3 - U_{\text{S2}} = 0$$

$$U_{\text{ab}} = I_2 R_2 - I_3 R_3 + U_{\text{S2}} = 1 \times 9 - 0 \times 10 + 3 = 12（\text{V}）$$

思考题

（1）电路中两点间的电压是确定的，与计算电压时所选的路径是否有关？

（2）确定图 2-11 所示各电路中的电流 I。

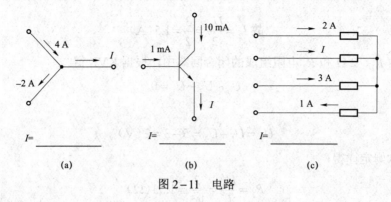

图 2-11　电路

（3）根据电路图 2-12，完成下列填空。

该电路的有_____条支路；_____个节点；_____个网孔。

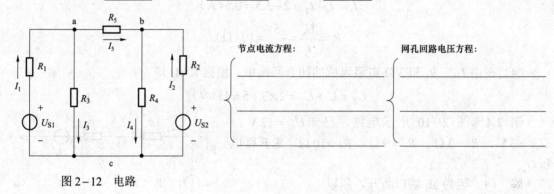

图 2-12　电路

节点电流方程：

网孔回路电压方程：

2.2　支路电流法及其应用

电路分析的任务，就是在已知电路结构和电路中各元件参数的条件下，分析计算电路中的各种电路变量，如电压、电流和功率等。分析线性电路的一般方法是网络方程分析法。网络方程分析法的思路是不改变电路的结构参数，先选择电路变量，再建立以这些变量为未知量的电路方程，从而求解电路。支路电流法就是其中最基本的一种方法。其中，支路电流为基本变量，求出支路电流，其他变量就很容易求出。

2.2.1　支路电流法

支路电流法是以电路中各支路电流设为求解的未知量，通过列写电路的 KCL

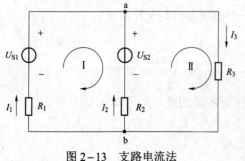

图 2-13　支路电流法

和 KVL 方程，求解这些未知量的方法，称为支路电流法。

需要注意的是，若电路有 b 条支路，有 b 个未知电流时，支路电流法必须列写出 b 个独立方程联立求解。

下面通过求解图 2-13 所示电路中各支路电流，对支路电流法加以说明。此电路支路 $b=3$，它有 3 个未知的支路电流 I_1、I_2、I_3，需要建立 3 个独

支路电流法

立方程来求解。列方程前假设各支路电流的参考方向如图 2-13 所示。

首先，电路节点数 $n=2$。根据 KCL，每个节点可以列出一个节点电流方程，按 $\sum I_\lambda = \sum I_出$，对节点 a、b 分别列写方程。

对于节点 a，有

$$I_1 + I_2 = I_3 \qquad ①$$

对于节点 b，有

$$I_3 = I_1 + I_2 \qquad ②$$

方程①和方程②一样，因此 2 个节点，只有 1 个独立方程。故而，节点数为 n 的电路中，只能列写出 $n-1$ 个独立的 KCL 方程。节点选择无要求，根据 KCL 可以任选 $n-1$ 个节点列写独立的 KCL 方程。

为什么不能列写 n 个独立的 KCL 方程？这是因为每个支路连接两个节点，每个支路电流在 n 个节点电流方程中各出现两次；又因为同一支路电流对这个节点流入，对另一节点必定流出。将列写的 $n-1$ 个 KCL 方程加起来，必然是第 n 个 KCL 方程。

其次，选择独立回路，应用 KVL 列写出其余 $b-(n-1)$ 个回路电压方程。每次列写的 KVL 方程，与已经列写过的 KVL 方程必须相互独立。在取闭合回路时，如果含一条为其他已取的回路所没有包含的支路，则这些回路称为独立回路。因为每个网孔都是一个独立回路，为了简单起见，支路电流法一般采用网孔作为独立回路列写电压方程，即 $m=b-(n-1)$ 个网孔，列写 m 个独立的 KVL 电压方程。

需要注意的是，选择独立回路时，应该绕开含有电流源的回路。这是因为电流源的电压不知道。如果选择了含有电流源的回路，则需把电流源两端的电压假设出来，并追加相应数目的方程。

图 2-13 有 $m=2$ 个网孔，按顺时针方向绕行。

回路 I 的 KVL 方程为

$$R_1 I_1 - U_{S1} + U_{S2} - R_2 I_2 = 0$$

回路 II 的 KVL 方程为

$$R_3 I_3 + R_2 I_2 - U_{S2} = 0$$

应用 KCL 和 KVL 共可列出 $(n-1)+[b-(n-1)]=b$ 个独立方程，它们都是以支路电流为变量的方程。因此，可以解出 b 个支路电流。

2.2.2 支路电流法应用

综上所述，支路电流法分析电路步骤如下。

(1) 观察电路，确定电路 b 个支路电流及其参考方向。

(2) 若电路有 n 个节点，任取其中 $n-1$ 个节点列写 KCL 方程。

(3) m 个网孔，确定绕行方向，列写 m 个 KVL 方程。

(4) 满足支路数 $b=m+(n-1)$。联立求解所列方程，求出各支路电流。

(5) 如果某支路含有电流源，则该支路电流始终等于电流源电流，可减少对应的 KVL 方程个数，且绕开含有电流源的独立回路列写 KVL 方程。

若选择的回路中含有电流源时，则需在列写 KVL 方程时，将电流源两端电压列入，同时追加关于电流源的方程。

（6）用功率平衡原理校验计算结果。

例 2.5 在图 2–13 所示电路中，$U_{S1}=6$ V，$U_{S2}=9$ V。已知 $R_1=6\ \Omega$，$R_2=3\ \Omega$，$R_3=2\ \Omega$。试求各支路电流和各元件功率。

解 电路中各支路电流如图 2–13 所示，应用 KCL、KVL 列写方程

$$\begin{cases} I_1 + I_2 = I_3 \\ 6I_1 - 6 + 9 - 3I_2 = 0 \\ 3I_2 - 9 + 2I_3 = 0 \end{cases}$$

联立求解得：$I_1 = \dfrac{1}{3}$ A，$I_2 = \dfrac{5}{3}$ A，$I_3 = 2$ A。

U_{S1} 的功率为

$$P_{U_{S1}} = -U_{S1}I_1 = -6 \times \frac{1}{3} = -2（\text{W}）$$

U_{S2} 的功率为

$$P_{U_{S2}} = -U_{S2}I_2 = -9 \times \frac{5}{3} = -15（\text{W}）$$

各电阻的功率为

$$P_1 = I_1^2 R_1 = \left(\frac{1}{3}\right)^2 \times 6 = \frac{2}{3}（\text{W}）$$

$$P_2 = I_2^2 R_2 = \left(\frac{5}{3}\right)^2 \times 3 = \frac{25}{3}（\text{W}）$$

$$P_3 = I_3^2 R_3 = (2)^2 \times 2 = 8（\text{W}）$$

电路的总功率 $\sum P = -2 - 15 + \dfrac{2}{3} + \dfrac{25}{3} + 8 = 0$，功率平衡，表明计算正确。

仔细观察电路图 2–2（b）与电路图 2–13，实际上就是中间支路和右边支路交换位置而已。两电路图实际一样，若电路参数相同，则也求解出电路图 2–2（b）各支路电流。中间支路和右边支路互换位置，只影响了回路电压方程的表达式，但对计算结果不产生任何影响。在电路参数相同情况下，大家可以试着用支路电流法再列方程求解，看结果是否相同？

例 2.6 电路如图 2–14 所示，用支路电流法求各支路电流和理想电流源电压 U_{bc}。

解 选取各支路电流的参考方向如图 2–14 所示，因为中间支路有一个电流源，所以中间支路电流为已知，$I_4 = 8$ A，故只需求 4 条支路的电流，

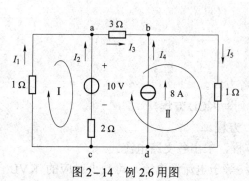

图 2–14 例 2.6 用图

列写 4 个方程即可。根据指定的支路电流的参考方向和选取的独立回路的绕行方向，应用 KCL、KVL 列写方程，即

$$\begin{cases} I_1 + I_2 = I_3 \\ I_4 = 8 \\ I_3 + I_4 = I_5 \\ I_1 + 10 - 2I_2 = 0 \\ 2I_2 - 10 + 3I_3 + I_5 = 0 \end{cases}$$

联立求解得

$$\begin{cases} I_1 = -4 \text{ A} \\ I_2 = 3 \text{ A} \\ I_3 = -1 \text{ A} \\ I_4 = 8 \text{ A} \\ I_5 = 7 \text{ A} \end{cases}$$

理想电流源电压本身不能确定，由外电路确定。对于本电路，理想电流源是和 1 Ω 电阻并联，因此理想电流源电压为

$$U_{bc} = 1 \times I_5 = 1 \times 7 = 7 \text{(V)}$$

支路电流法的优点是可以直接求出电路中全部支路电流，既适应于线性电路，也适应于非线性电路。但是，当支路数目较多时，求解支路电流所需的方程数目也多，分析计算比较麻烦，手工处理很少采用。

思考题

（1）怎样选择独立回路？在列写回路方程时，绕行方向的选择是否会影响计算结果？

（2）已知电路如图 2-15 所示，试根据图中选定的电流参考方向和回路绕行方向，列出对应的支路电流法方程组。

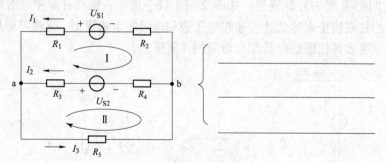

图 2-15　电路

（3）已知电路如图 2-16 所示，试根据图中选定的电流参考方向，列出对应的支路电流法方程组。

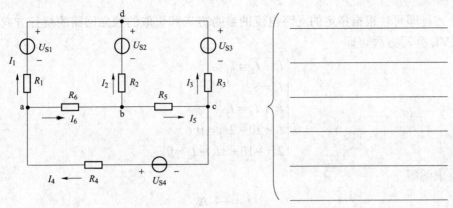

图 2-16 电路

（4）在图 2-17 所示电路中用支路电流法求解各支路电流和电流源电压。

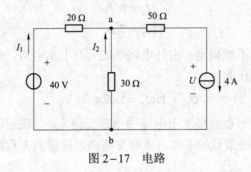

图 2-17 电路

2.3 实际电源模型的相互转换

2.3.1 实际电源的两种模型相互转换

实际电源有两种组合模式：理想电压源 U_S 与电阻 R_S 的串联模型，如图 2-18（a）所示；理想电流源 I_S 与电阻 R_S' 的并联模型，如图 2-18（b）所示。电路计算中，有时要求用理想电流源和电阻的并联模型来等效替代理想电压源和电阻的串联模型，或者用理想电压源和电阻的串联模型来等效替代理想电流源和电阻的并联模型。

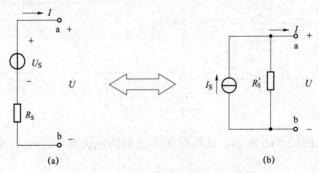

图 2-18 电压源与电流源的等效变换

（a）串联模型；（b）并联模型

图 2–18 所示的这两种组合，如果它们等效，就要求当与外部相连的端钮 a、b 之间具有相同的电压 U 时，端钮上的电流必须相等。

在电压源电阻串联组合中，有

$$I = \frac{U_S - U}{R_S} = \frac{U_S}{R_S} - \frac{U}{R_S}$$

而在电流源电阻并联组合中，有

$$I = I_S - \frac{U}{R'_S}$$

根据等效变换的要求，上面两个式子中对应项应该相等，于是得

$$\begin{cases} I_S = \dfrac{U_S}{R_S} \\ R'_S = R_S \end{cases} \tag{2-6}$$

和

$$\begin{cases} U_S = I_S R'_S \\ R_S = R'_S \end{cases} \tag{2-7}$$

这就是这两种电源等效变换时所必须满足的条件。

利用本节中的等效变换知识，就可以求解由电压源、电流源和电阻所组成的串并联电路。在进行电源等效变换时应注意以下几个问题。

① 应用上式时 U_S 和 I_S 的参考方向应当如图 2–19 所示，即 I_S 的参考方向必须指向 U_S 的正极；否则，U_S 和 I_S 的计算公式必须加 "–" 号。

② 这两种等效的组合，其内部功率情况并不相同，只是对外部来说，它们吸收或放出的功率总是一样的，所以，等效变换只适用于外电路，对内电路不等效。

③ 恒压源和恒流源不能等效互换。

【特别提示】

用电源等效变换法分析电路时，待求支路保持不变。

2.3.2 实际电源的两种模型相互转换的应用

例 2.7 将图 2–19（a）所示的实际电压源等效为实际电流源，计算等效前后负载 R_L 的电压、电流以及实际电源内阻消耗的功率。

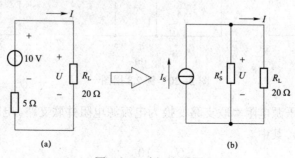

图 2–19 例 2.7 用图

解　据式（2-6）得：由于图 2-19（a）电压源 U_S 极性上"+"，此时图 2-19（b）所示电流源 I_S 方向向上，则并联模型为

$$\begin{cases} I_S = \dfrac{U_S}{R_S} = \dfrac{10}{5} = 2\,(\text{A}) \\[2mm] R_S' = R_S = 5\ \Omega \end{cases}$$

根据分压公式，串联模型中负载 R_L 的电压为

$$U = \frac{20}{20+5} \times 10 = 8\,(\text{V})$$

根据欧姆定律，负载 R_L 的电流为

$$I = \frac{8}{20} = 0.4\,(\text{A})$$

内阻 R_S 消耗的功率为

$$P = I^2 R_S = 0.4^2 \times 5 = 0.8\,(\text{W})$$

根据分流公式，并联模型中负载 R_L 的电流为

$$I = \frac{5}{20+5} \times 2 = 0.4\,(\text{A})$$

根据欧姆定律，负载 R_L 的电压为

$$U = IR = 0.4 \times 20 = 8\,(\text{V})$$

内阻 R_S' 消耗的功率为

$$P = \frac{U^2}{R_S'} = \frac{8^2}{20} = 3.2\,(\text{W}) \neq 0.8\ (\text{W})$$

从上面例 2.7 可以看出，电源等效前后，其外电路特性（端电压和流过负载的电流）完全一致。但对电源的内部却不等效，反映出来的是内阻消耗的功率不同。一般情况下，这两种等效模型内部的功率情况并不相同，但对外部而言，它们吸收或供出的功率总是一样的。

例 2.8　求图 2-20（a）所示电路中 R 支路的电流。已知 $U_{S1} = 10\ \text{V}$，$U_{S2} = 6\ \text{V}$，$R_1 = 1\ \Omega$，$R_2 = 3\ \Omega$，$R = 6\ \Omega$。

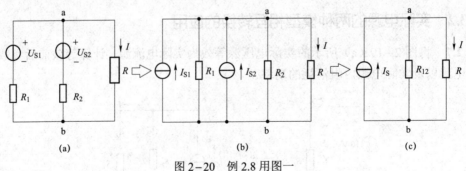

图 2-20　例 2.8 用图一

解　先把每个电压源电阻串联支路变换为电流源电阻并联支路。电路变换从图 2-20（a）到图 2-20（b）所示，其中

$$I_{S1} = \frac{U_{S1}}{R_1} = \frac{10}{1} = 10\,(\text{A})$$

$$I_{S2} = \frac{U_{S2}}{R_2} = \frac{6}{3} = 2\,(\text{A})$$

图2-20（b）中两个并联电流源可以用一个电流源代替，其中

$$I_S = I_{S1} + I_{S2} = 10 + 2 = 12\,(\text{A})$$

并联R_1、R_2的等效电阻，有

$$R_{12} = \frac{R_1 R_2}{R_1 + R_2} = \frac{1 \times 3}{1 + 3} = \frac{3}{4}\,(\Omega)$$

电路简化如图2-20（c）所示。

方法一：对图2-20（c）所示电路，根据分流关系求得R的电流I为

$$I = \frac{R_{12}}{R_{12} + R} \times I_S = \frac{\frac{3}{4}}{\frac{3}{4} + 6} \times 12 = \frac{4}{3} = 1.333\,(\text{A})$$

方法二：还可以将图2-20（c）继续变换为2-21图。

电压源为

$$U_S = I_S \times R_{12} = 12 \times \frac{3}{4} = 9\,(\text{V})$$

则待求支路电流为

$$I = \frac{U_S}{R_{12} + R} = \frac{4}{3} = 1.333\,(\text{A})$$

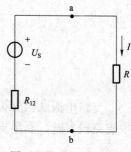

图2-21 例2.8用图二

 思考题

（1）将图2-22所示各电路转换成电流源与电阻的并联组合（并联模型）。

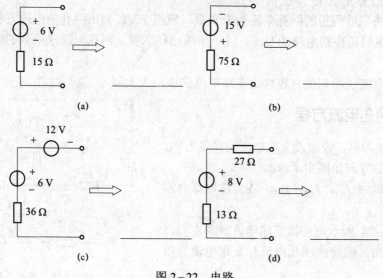

图2-22 电路

（2）将图 2-23 所示各电路转换成电压源与电阻的串联组合（串联模型）。

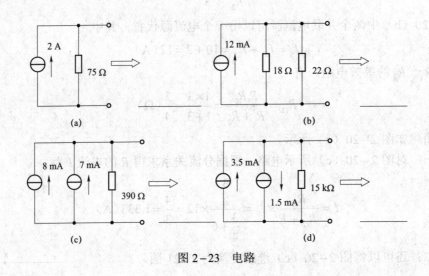

图 2-23　电路

※2.4　网孔电流法

支路电流法虽然可以用来求解电路，但是由于独立方程数目等于电路的支路数，当电路中支路较多时，利用支路电流法求解比较烦琐。这里介绍一种网孔电流法。

2.4.1　网孔电流法概念

在电路中确定网孔后，假设网孔中有一电流沿各元件流动，该电流就称为网孔电流。在图 2-24 中有网孔电流 I_{m1} 沿着 U_{S2}、R_2、R_6、R_1、U_{S1} 流动，I_{m2} 沿着 U_{S3}、R_3、R_5、R_2、U_{S2} 流动，I_{m3} 沿着 R_6、R_5、U_{S4}、R_4 流动。

网孔电流法是以假想的网孔电流为未知数，应用 KVL 列出网孔的电压方程，求解网孔电流的方法。然后再根据电路的要求，进一步求出待求量。网孔电流法所列的方程数等于网孔数。

应用网孔电流法所列的方程数比支路电流法少，大大减小了解方程的工作量。

2.4.2　网孔电流方程

以图 2-24 为例，分别设支路电流的参考方向，选取网孔电流的方向如图中所示。

设网孔电流为 I_{m1}、I_{m2}、I_{m3}，各支路电流分别为 I_1、I_2、I_3、I_4、I_5、I_6。

选定图 2-24 所示电路的支路电流参考方向，再观察电路可知，假想的网孔电流与支路电流有以下关系，即

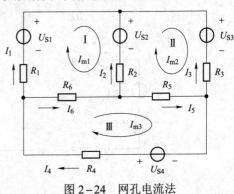

图 2-24　网孔电流法

$$\begin{cases} I_1 = I_{m1} \\ I_2 = I_{m2} - I_{m1} \\ I_3 = -I_{m2} \\ I_4 = I_{m3} \\ I_5 = I_{m3} - I_{m2} \\ I_6 = I_{m3} - I_{m1} \end{cases}$$

用网孔电流替代支路电流列写网孔电压方程。

对于网孔 I，有

$$I_{m1}R_1 - R_2(I_{m2} - I_{m1}) - R_6(I_{m3} - I_{m1}) - U_{S1} + U_{S2} = 0$$

对于网孔 II，有

$$R_2(I_{m2} - I_{m1}) - R_3(-I_{m2}) - R_5(I_{m3} - I_{m2}) - U_{S2} + U_{S3} = 0$$

对于网孔 III，有

$$R_6(I_{m3} - I_{m1}) + R_5(I_{m3} - I_{m2}) + R_4 I_{m3} - U_{S4} = 0$$

将网孔电压方程整理，得以下方程。

对于网孔 I，有

$$I_{m1}(R_1 + R_2 + R_6) - I_{m2}R_2 - I_{m3}R_6 = U_{S1} - U_{S2}$$

对于网孔 II，有

$$-I_{m1}R_2 + I_{m2}(R_2 + R_3 + R_5) - I_{m3}R_5 = U_{S2} - U_{S3}$$

对于网孔 III，有

$$-I_{m1}R_6 - I_{m2}R_5 + I_{m3}(R_4 + R_5 + R_6) = U_{S4}$$

依上式可写出网孔电流法的一般形式为

$$\begin{cases} I_{m1}R_{11} + I_{m2}R_{12} + I_{m3}R_{13} = U_{S11} \\ I_{m1}R_{21} + I_{m2}R_{22} + I_{m3}R_{23} = U_{S22} \\ I_{m1}R_{31} + I_{m2}R_{32} + I_{m3}R_{33} = U_{S33} \end{cases} \tag{2-8}$$

式中 R_{11}，R_{22}，R_{33} ——该网孔的自电阻，$R_{11} = R_1 + R_2 + R_6$，$R_{22} = R_2 + R_3 + R_5$，$R_{33} = R_4 + R_5 + R_6$，分别代表网孔 I、II、III 中所有电阻的总和。

R_{12}，R_{21} ——I、II 相邻网孔的**互电阻**，为网孔 I 和网孔 II 公共支路电阻的负值（各网孔电流绕向方向一致），$R_{12} = R_{21} = -R_2$；同样，$R_{13} = R_{31} = -R_6$ 和 $R_{23} = R_{32} = -R_5$ 分别为 I 和 III、II 和 III 相邻网孔的**互电阻**（各网孔电流绕向方向一致）。

U_{S11}，U_{S22}，U_{S33} ——I、II 和 III 所含各电压源电位升的代数和，沿网孔电流的方向（指参考极性）电位升高者取 "+" 号，降低者取 "-" 号。

2.4.3 网孔电流法应用

网孔电流法分析电路步骤如下。

（1）选定网孔，并确定其绕行方向。

（2）以网孔电流为未知量，按照网孔电流方程的一般形式列网孔电流方程。m 个网孔，列写 m 个网孔电流方程。

若网孔中含有电流源，将电流源两端的电压作为求解变量列入方程。同时，由于电流源所在的支路电流已知，故增加网孔电流与该电流源电流之间的补充方程。

（3）联立求解所列方程，得到网孔电流。根据网孔电流，选择各支路电流的参考方向，进一步计算各支路电流。

（4）用功率平衡原理校验计算结果。

【特别提示】

列网孔电流方程时，自电阻始终取正值，互电阻可正可负，互电阻前的符号由通过互电阻上的两个网孔电流的流向而定：两个网孔电流的绕向相同，则互电阻取"−"号；两个网孔电流的绕向相反，则互电阻取"+"号。等效电压源是理想电压源的代数和，沿网孔电流的方向（指参考极性），电位升高者取"+"号，降低者取"−"号。

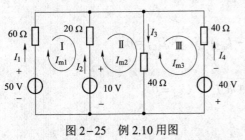

图 2−25　例 2.10 用图

例 2.9　用网孔电流法计算图 2−25 所示电路中各支路电流。

解　设网孔电流分别为 I_{m1}、I_{m2}、I_{m3}。

据式（2−8）列写网孔电流方程为

$$\begin{cases} I_{m1}(60+20) - I_{m2}20 = 50 - 10 \\ -I_{m1}20 + I_{m2}(20+40) - I_{m3}40 = 10 \\ -I_{m2}40 + I_{m3}(40+40) = 40 \end{cases}$$

联立求解得

$$\begin{cases} I_{m1} = 0.786 \text{ A} \\ I_{m2} = 1.143 \text{ A} \\ I_{m3} = 1.071 \text{ A} \end{cases}$$

则各支路电流为

$$\begin{cases} I_1 = I_{m1} = 0.786 \text{ A} \\ I_2 = -I_{m1} + I_{m2} = -0.786 + 1.143 = 0.357 \text{ A} \\ I_3 = I_{m2} - I_{m3} = 1.143 - 1.071 = 0.072 \text{ A} \\ I_4 = -I_{m3} = -1.071 \text{ A} \end{cases}$$

例 2.10　用网孔电流法计算图 2−26 所示电路中各支路电流。

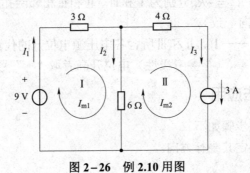

图 2−26　例 2.10 用图

解 设网孔电流分别为 I_{m1}、I_{m2}。选取各支路电流的参考方向如图 2-26 所示，因为右支路有一个电流源，所以右支路电流为已知，且只有 I_{m2} 流过，故 $I_{m2} = 3$ A，需求 I_{m1} 网孔电流。据式（2-8）列写网孔电流方程为

$$\begin{cases} I_{m1}(3+6) - 6I_{m2} = 9 \\ I_{m2} = 3 \end{cases}$$

得

$$I_{m1} = 3 \text{ A}$$

则各支路电流为

$$\begin{cases} I_1 = I_{m1} = 3 \text{ A} \\ I_2 = I_{m1} - I_{m2} = 3 - 3 = 0 \text{ A} \\ I_3 = I_{m2} = 3 \text{ A} \end{cases}$$

从例 2.8 可以看出，当网孔中含有电流源时，本网孔的网孔电流为已知量，而不需要再列网孔 KVL 方程，从而简化电路的计算。

思考题

（1）网孔电流是否真实存在？求出网孔电流后如何求得支路电流？

（2）当电流源在网孔的边界支路时此网孔电流如何？此网孔还需要列写方程吗？

（3）如图 2-27 所示，试根据图中选定的网孔电流方向，列出对应的网孔电流法方程组和支路电流。

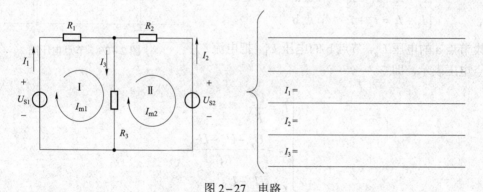

$$I_1 =$$

$$I_2 =$$

$$I_3 =$$

图 2-27 电路

（4）如图 2-28 所示，利用网孔电流法求 I_1、I_2、I_3。

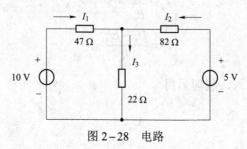

图 2-28 电路

※2.5 节点电压法

2.5.1 节点电压法概念

在电路中任意选择一个节点作为非独立节点，称此节点为参考点。其他独立节点与参考点之间的电压，称为该节点的节点电压。

节点电压法是以节点电压为未知量，结合欧姆定律，根据 KCL 对 $n-1$ 个独立节点列写电流方程组，联立求解独立节点电压的方法，然后进一步确定各待求量。

节点电压法适用于结构复杂、非平面电路、独立回路选择麻烦以及节点少、回路多的电路分析求解。而且比较适宜对网络的计算机辅助分析，所以得到普遍应用。

对于 n 个节点、m 条支路的电路，节点电压法仅需 $n-1$ 个独立方程，比支路电流法少 $m-(n-1)$ 个方程。

2.5.2 节点电压方程

图 2-29 所示电路为具有 3 个节点的电路，下面以图 2-29 为例列写节点电压方程，了解该方法的应用和求解步骤。

首先选择参考点 O 后，则有两个独立节点 a 和 b。列写两个 KCL 方程为

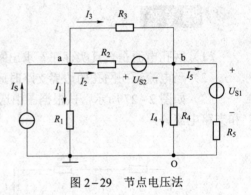

图 2-29 节点电压法

$$\begin{cases} I_1 + I_2 + I_3 = I_S & \text{节点 a} \\ I_2 + I_3 = I_4 + I_5 & \text{节点 b} \end{cases}$$

设节点 a 的电压 U_a，节点 b 的电压 U_b，把电流用节点电压表示，即

$$\begin{cases} I_1 = \dfrac{U_a}{R_1} \\[2mm] I_2 = \dfrac{U_a - U_b - U_{S2}}{R_2} \\[2mm] I_3 = \dfrac{U_a - U_b}{R_3} \\[2mm] I_4 = \dfrac{U_b}{R_4} \\[2mm] I_5 = \dfrac{U_b - U_{S1}}{R_5} \end{cases}$$

将上面各支路电流代入，整理后得

$$\begin{cases} U_a\left(\dfrac{1}{R_1}+\dfrac{1}{R_2}+\dfrac{1}{R_3}\right)-U_b\left(\dfrac{1}{R_2}+\dfrac{1}{R_3}\right)=I_S+\dfrac{U_{S2}}{R_2} \\[3mm] -U_a\left(\dfrac{1}{R_2}+\dfrac{1}{R_3}\right)+U_b\left(\dfrac{1}{R_2}+\dfrac{1}{R_3}+\dfrac{1}{R_4}+\dfrac{1}{R_5}\right)=\dfrac{U_{S1}}{R_5}-\dfrac{U_{S2}}{R_2} \end{cases}$$

依上式可写出节点电压方程的一般形式为

$$\begin{cases} G_{aa}U_a+G_{ab}U_b=I_{S11} \\ G_{ba}U_a+G_{bb}U_b=I_{S22} \end{cases} \tag{2-9}$$

式中　G_{aa}，G_{bb}——该节点的**自电导**，分别为各节点连接的各电阻元件的电导之和，

$$G_{aa}=\frac{1}{R_1}+\frac{1}{R_2}+\frac{1}{R_3}，\quad G_{bb}=\frac{1}{R_2}+\frac{1}{R_3}+\frac{1}{R_4}+\frac{1}{R_5}。$$

G_{ab}，G_{ba}——节点 a、b 的**互电导**，为连接节点 a、b 之间的各电阻元件的电导之和的

负值，$G_{ab}=G_{ba}=-\left(\dfrac{1}{R_2}+\dfrac{1}{R_3}\right)$。

I_{S11}、I_{S22}——流入节点 a、b 的各已知电流源电流的代数和（如果是电压源与电阻串联
支路，则可看作等效变换成电流源与电阻的并联），流入者取正号，流出
者取负号。

2.5.3　节点电压法应用

节点电压法分析电路步骤如下。

（1）选定参考节点，设 $n-1$ 个独立节点电压。

（2）按照节点电压方程的一般形式，根据实际电路直接列写各节点的电压方程。n 个节
点可以列写 $n-1$ 个节点电压方程。

（3）联立求解所列方程组，解出各节点电压。

（4）根据节点电压，再求其他待求量。

（5）用功率平衡原理校验计算结果。

【特别提示】

列写第 k 个节点的电压方程时，与 k 节点相连接的支路上各电阻元件的电导之和（**自电
导**）一律取"+"号，与 k 节点相关联的支路电阻元件的电导之和（**互电导**）一律取"−"号。
流入 k 节点的电流源取"+"号；流出 k 节点的则取"−"号。

节点电压法和网孔电流法一样，方程数较少，
计算方便，而且规律性很强，容易按照一定规则列
出 $n-1$ 个方程，在极其复杂的网络中，还便于编
制程序，借助计算机辅助计算。

例 2.11　利用节点电压法求图 2-30 所示电路
的各支路电流。

解　设节点电压 U_a、U_b，根据节点电压法列
写节点电压方程为

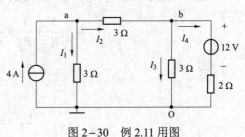

图 2-30　例 2.11 用图

$$\begin{cases} \left(\dfrac{1}{3}+\dfrac{1}{3}\right)U_{\mathrm{a}}-\dfrac{1}{3}U_{\mathrm{b}}=4 \\ -\dfrac{1}{3}U_{\mathrm{a}}+\left(\dfrac{1}{3}+\dfrac{1}{3}+\dfrac{1}{2}\right)U_{\mathrm{b}}=\dfrac{12}{2} \end{cases}$$

联立求解得

$$\begin{cases} U_{\mathrm{a}}=10\ \mathrm{V} \\ U_{\mathrm{b}}=8\ \mathrm{V} \end{cases}$$

各支路电流为

$$\begin{cases} I_1=\dfrac{U_{\mathrm{a}}}{3}=3.33\ \mathrm{A} \\ I_2=\dfrac{U_{\mathrm{a}}-U_{\mathrm{b}}}{3}=\dfrac{10-8}{3}=0.67\ (\mathrm{A}) \\ I_3=\dfrac{U_{\mathrm{b}}}{3}=2.67\ \mathrm{A} \\ I_4=\dfrac{U_{\mathrm{b}}-12}{2}=\dfrac{8-12}{2}=-2\ (\mathrm{A}) \end{cases}$$

2.5.4　弥尔曼定理及其应用

对于只有一个独立节点的电路，如图 2-31（a）所示，可用节点电压法直接求出独立节点的电压。先把图 2-31（a）中电压源与电阻的串联模型化为电流源与电阻的并联模型，如图 2-31（b）所示。

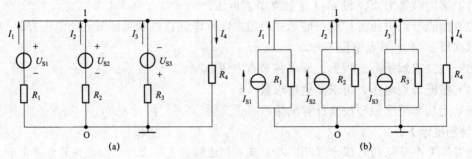

图 2-31　弥尔曼定理

选择节点 b 为参考点，则节点 a 的电压方程为

$$U_{\mathrm{a}}\left(\frac{1}{R_1}+\frac{1}{R_2}+\frac{1}{R_3}+\frac{1}{R_4}\right)=\frac{U_{\mathrm{S1}}}{R_1}+\frac{U_{\mathrm{S2}}}{R_2}-\frac{U_{\mathrm{S3}}}{R_3}$$

即

$$U_{\mathrm{a}}=\frac{\dfrac{U_{\mathrm{S1}}}{R_1}+\dfrac{U_{\mathrm{S2}}}{R_2}-\dfrac{U_{\mathrm{S3}}}{R_3}}{\dfrac{1}{R_1}+\dfrac{1}{R_2}+\dfrac{1}{R_3}+\dfrac{1}{R_4}}$$

若各电阻元件均以其电导值表示，则上式可写成

$$U_\mathrm{a} = \frac{G_1 U_\mathrm{S1} + G_2 U_\mathrm{S2} - G_3 U_\mathrm{S3}}{G_1 + G_2 + G_3 + G_4}$$

上式可写成一般形式，即

$$U_\mathrm{a} = \frac{\sum G_k U_{\mathrm{S}k}}{\sum G_k} \qquad (2\text{--}10)$$

这一结论称为弥尔曼定理。

式中 $\sum G_k U_{\mathrm{S}k}$ ——当电压源的正极性端接到节点"1"时，$G_k U_{\mathrm{S}k}$ 前取"+"号，反之取"−"号；

$\sum G_k$ ——各支路电导之和。

【特别提示】

对于只有两个节点的电路，用弥尔曼定理更为简便。

例 2.12 应用弥尔曼定理求图 2-32 所示电路中各支路电流。

解 由弥尔曼定理可得

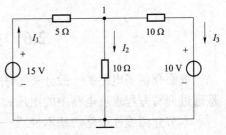

图 2-32 例 2.12 用图

$$U_1 = \frac{\dfrac{15}{5} + \dfrac{10}{10}}{\dfrac{1}{5} + \dfrac{1}{10} + \dfrac{1}{10}} = 10\,(\mathrm{V})$$

各支路电流为

$$\begin{cases} I_1 = -\dfrac{U_1 - 15}{5} = -\dfrac{10 - 15}{5} = 1\,(\mathrm{A}) \\[2mm] I_2 = \dfrac{U_1}{10} = \dfrac{10}{10} = 1\,(\mathrm{A}) \\[2mm] I_3 = \dfrac{U_1 - 10}{10} = \dfrac{10 - 10}{10} = 0\,(\mathrm{A}) \end{cases}$$

思考题

（1）列出图 2-33 所示电路中节点电压方程和各支路电流。

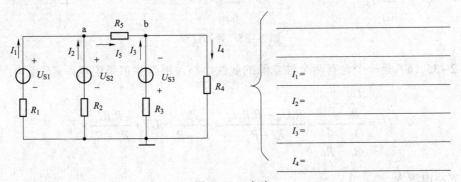

$I_1 =$

$I_2 =$

$I_3 =$

$I_4 =$

图 2-33 电路

（2）用弥尔曼定理确定图 2-34 所示电路中各支路电流。

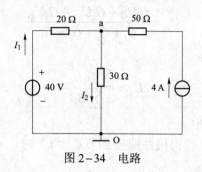

图 2-34　电路

2.6　叠加定理及其应用

前面介绍了电路的一般分析方法，包括支路电流法、网孔电流法和节点电压法，它们都是通过列写方程求解电路中的电压和电流。

本节介绍线性电路的基本性质——叠加性，叠加定理是线性电路的一个重要定理。

2.6.1　叠加定理

叠加定理

电路中的电压和电流都是在电源的作用下产生的，因此，电源又称为激励源，简称激励。由于激励而在电路中产生的电压和电流，称为响应。根据激励与响应的因果关系，把激励称为输入，响应称为输出。

叠加定理可表述如下：在线性电路中，当有两个或两个以上独立源作用时，则任一支路的总响应（电压和电流）都等于各个激励单独作用时，在该支路产生的分响应（各电压分量或电流分量）的代数和。下面以图 2-35（a）中支路电流 I 为例介绍叠加定理。

叠加定理
仿真实验

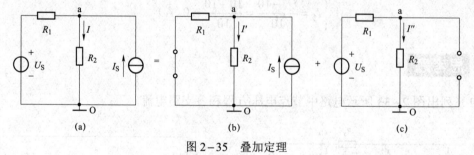

（a）　　　　　（b）　　　　　（c）

图 2-35　叠加定理

图 2-35（a）是一个含有两个独立源的线性电路，根据弥尔曼定理，a 节点电压为

$$U_{\mathrm{a}}=\frac{\dfrac{U_{\mathrm{S}}}{R_1}+I_{\mathrm{S}}}{\dfrac{1}{R_1}+\dfrac{1}{R_2}}=\frac{R_2 U_{\mathrm{S}}+R_1 R_2 I_{\mathrm{S}}}{R_1+R_2}=\frac{R_2}{R_1+R_2}\times U_{\mathrm{S}}+\frac{R_1 R_2}{R_1+R_2}\times I_{\mathrm{S}}$$

则支路电流为

$$I = \frac{U_{\mathrm{a}}}{R_2} = \frac{U_{\mathrm{S}}}{R_1 + R_2} + \frac{R_1}{R_1 + R_2} I_{\mathrm{S}}$$

图 2–35（b）是电流源 I_{S} 单独作用下的情况。此情况下，$U_{\mathrm{S}} = 0$，即将电压源用短路代替，此时支路电流为

$$I' = \frac{R_1}{R_1 + R_2} I_{\mathrm{S}}$$

图 2–35（c）是电压源 U_{S} 单独作用下的情况。此情况下，$I_{\mathrm{S}} = 0$，即将电流源用开路代替，此时支路电流为

$$I'' = \frac{U_{\mathrm{S}}}{R_1 + R_2}$$

求所有独立源单独作用下支路电流代数和，得

$$I' + I'' = \frac{R_1}{R_1 + R_2} I_{\mathrm{S}} + \frac{U_{\mathrm{S}}}{R_1 + R_2} = I$$

由此可以得到结论，电压源 U_{S} 和电流源 I_{S} 同时作用于电路，在电阻 R_2 上产生的电流等于两个电源单独作用时在电阻 R_2 上产生电流的代数和。因此，在具有几个电源的线性电路中，各支路的电流或电压等于各电源单独作用时所产生的电流分量或电压分量的代数和。

2.6.2　叠加定理应用

应用叠加定理分析电路时应注意以下几点。

（1）叠加定理仅适用于线性电路，不适用于非线性电路。

（2）当独立源单独作用电路时，将其他独立电源"置零"。

（3）应用叠加定理求解电压、电流是代数和的叠加，应特别注意各代数量前面的符号。若分量的参考方向与原电路的参考方向一致，则该分量前面取"＋"号，相反取"－"号。

（4）叠加定理不适用于功率的计算。因为功率和电流的平方成正比，即功率与电流是非线性关系。

【特别提示】

独立电源"置零"中，电压源的"置零"是指将该电压源用短路代替；电流源的"置零"是指将该电流源用开路代替。

例 2.13　在图 2–36（a）所示电路中，独立源 $U_{\mathrm{S1}} = 6 \mathrm{~V}$、$U_{\mathrm{S2}} = 7 \mathrm{~V}$ 激励电路，应用叠加定理求解各支路电流。

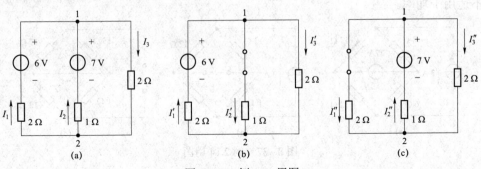

图 2–36　例 2.13 用图

解 （1）电压源$U_{S1}=6$ V 单独作用，如图 2-36（b）所示，有

$$I_1'=\frac{6}{\dfrac{1\times 2}{1+2}+2}=2.25（\text{A}）$$

$$I_2'=\frac{2}{1+2}\times 2.25=1.5（\text{A}）$$

$$I_3'=\frac{1}{1+2}\times 2.25=0.75（\text{A}）$$

（2）电压源$U_{S2}=7$ V 单独作用，如图 2-36（c）所示，有

$$I_2''=\frac{7}{\dfrac{2\times 2}{2+2}+1}=3.5（\text{A}）$$

因为分流电阻阻值相等，所以

$$I_1''=I_3''=\frac{I_2''}{2}=\frac{3.5}{2}=1.75（\text{A}）$$

根据叠加定理，各支路电流分别为

$$I_1=I_1'-I_1''=2.25-1.75=0.5（\text{A}）$$

$$I_2=-I_2'+I_2''=-1.5+3.5=2（\text{A}）$$

$$I_3=I_3'+I_3''=0.75+1.75=2.5（\text{A}）$$

【特别提示】

独立源单独激励电路时，电路中产生的电流分量（或电压分量）的参考方向，可根据分响应电路中独立源产生实际电流的流动方向进行设定，这样就可以直接套用分流公式和分压公式，无须考虑总响应的参考方向。若假设的电流分量（或电压分量）的参考方向与原电路的参考方向一致，则该分量前面取"+"号；否则需取"−"号。

例如，图 2-36（b）中的I_2'的参考方向设定时，根据 6 V 电源的参考方向上"+"下"−"，电路中实际电流的方向从电源的"+"极出发，经过外电路(1 Ω//2 Ω+2 Ω)，返回到 6 V 电源的"−"极。因此分响应中总电流I_1'由上向下经过分流电阻 1 Ω 和 2 Ω，因此就设定电流分量I_2'和I_3'参考方向也向下，就可以直接套用分流公式。若设定电流分量I_2'和I_3'参考方向向上，就需要在电流分量I_2'和I_3'分流公式前面加一个"−"号，这样会增加分析难度。

例 2.14 应用叠加定理计算图 2-37 所示电路中 12 Ω 电阻的电流和电压，并验证叠加定理不适用于功率。

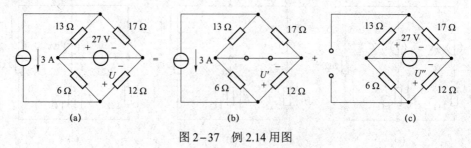

图 2-37 例 2.14 用图

解　（1）电流源 $I_S = 3$ A 单独作用，如图 2-37（b）所示，有

$$I' = \frac{6}{6+12} \times 3 = 1(\text{A})$$

$$U' = 12I' = 12 \times 1 = 12(\text{V})$$

$$P' = U'I' = 12 \times 1 = 12(\text{W})$$

（2）电压源 $U_S = 27$ V 单独作用，如图 2-37（c）所示，有

$$I'' = \frac{27}{6+12} = 1.5(\text{A})$$

$$U'' = 12 \times 1.5 = 18(\text{V})$$

$$P'' = U''I'' = 18 \times 1.5 = 27(\text{W})$$

故原电路中 12 Ω 电阻的电流和电压分别为

$$I = I' + I'' = 1 + 1.5 = 2.5(\text{A})$$

$$U = U' + U'' = 12 + 18 = 30(\text{V})$$

原电路中 12 Ω 电阻消耗的功率为

$$P = UI = 30 \times 2.5 = 75(\text{W})$$

由于

$$P' + P'' = 12 + 27 = 39(\text{W})$$

则

$$P \neq P' + P''$$

可见，叠加定理不适用于功率的计算。

由线性电路的性质得知，当电路中只有一个激励时，网络的响应与激励成正比。这个关系称为齐次定理。用齐次定理分析梯形电路比较方便。

例 2.15　如图 2-38 所示，$U = 6$ V，求梯形电路中的支路电流 I_4。

解　此电路可以利用电阻串并联的方法化简，求出总电流，再由分流、分压公式求出支路电流 I_4，但这样很烦琐。可利用齐次定理采用"倒推法"求解。

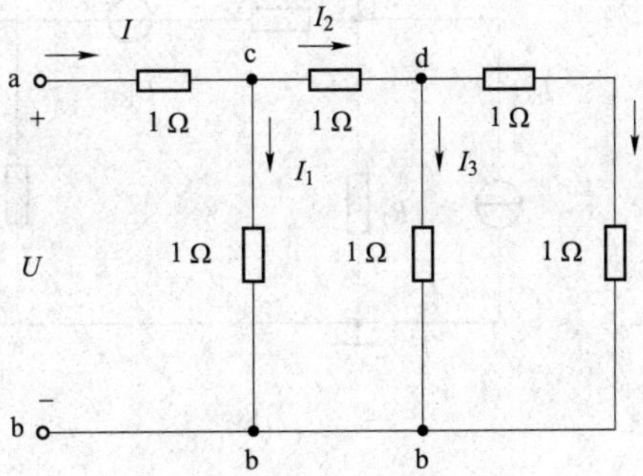

图 2-38　例 2.15 用图

先给支路电流 I_4 一个假定值，用 I_4' 表示。

设 $I_4' = 1$ A，则 $U_{de}' = 2$ V　$I_3' = \dfrac{U_{de}'}{1} = \dfrac{2}{1} = 2(\text{A})$　$I_2' = I_3' + I_4' = 2 + 1 = 3(\text{A})$

$$U_{cb}' = I_2' \times 1 + U_{db}' = 3 \times 1 + 2 = 5(\text{V})　I_1' = \frac{U_{cb}'}{1} = \frac{5}{1} = 5(\text{A})$$

$$I' = I_2' + I_1' = 3 + 5 = 8(\text{A})$$

$$U' = I' \times 1 + U_{cb}' = 8 \times 1 + 5 = 13(\text{V})$$

由于实际电压 $U = 6$ V，根据齐次定理 $\dfrac{U}{U'} = \dfrac{I_4}{I'_4}$，得

$$I_4 = I'_4 \times \frac{U}{U'} = 1 \times \frac{6}{13} = 0.46（\text{A}）$$

叠加定理是线性电路的重要定理，它有助于对线性电路性质的理解，可以用来推导其他定理，简化处理更复杂的电路。例如，非正弦周期电路等，就是根据叠加定理进行分析的。

同时，对于独立源单独激励电路时，电路中的响应就可以利用电阻的串并联进行分析，电路比较好分析，但计算比较烦琐。因此，除特殊情况外，一般不用叠加定理计算电路。叠加定理的重要性在于有助于对线性电路性质的理解，一般用它来推证一些分析计算电路的重要定理和方法，除了一些特殊电路（如梯形电路）外，用网孔电流法或节点电压法计算复杂电路，往往比用叠加定理更简便些。

 思考题

（1）说明叠加定理为什么不能用来计算功率。

（2）在用叠加定理分析电路时，对不发生作用的理想电压源和理想电流源是如何处理的？

（3）根据图 2-39（a）所示电路画出分响应图，即图 2-39（b）～（d）。

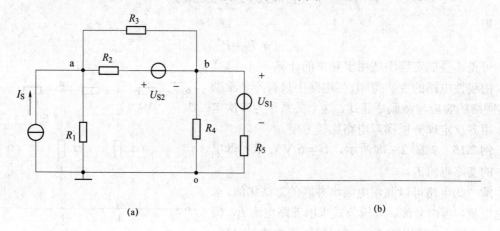

（a）

（b）

（c）

（d）

图 2-39 电路

（a）电路图；（b）电流源 I_S 单独作用；（c）电压源 U_{S1} 单独作用；（d）电压源 U_{S2} 单独作用

（4）根据图 2-40 所示电路填空。

① 画出各独立源单独作用的电路图。

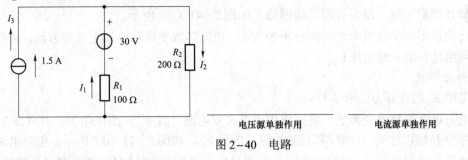

电压源单独作用　　　　　电流源单独作用

图 2-40　电路

② 电压源单独作用时，电流分响应 $I_1' =$ _____ A，$I_2' =$ _____ A，$I_3' =$ _____ A。

③ 电流源单独作用时，电流分响应 $I_1'' =$ _____ A，$I_2'' =$ _____ A，$I_3'' =$ _____ A。

④ 电压源和电流源共同作用时，电流总响应 $I_1 =$ _____ = _____ A，$I_2 =$ _____ = _____ A，$I_3 =$ _____ = _____ A。

2.7　戴维南定理及其应用

在工程实际中，常常碰到只需研究某一支路电流或电压的情况。这时，可以将需保留的支路外的其余部分的二端网络，等效变换为较简单的二端有源网络，可大大方便人们的分析和计算，戴维南定理正是给出了等效二端有源网络及其计算方法。

2.7.1　戴维南定理

戴维南定理：任何一个线性有源二端网络，对外电路来说，都可以用一个理想电压源和电阻串联的组合来等效代替，如图 2-41（a）和图 2-41（b）所示。其理想电压源的电压等于线性有源二端网络的开路电压 U_{OC}，如图 2-41（c）所示；电阻等于网络内部所有独立源"置零"情况下的等效电阻 R_O，如图 2-41（d）所示。用戴维南定理求出的二端网络的等效串联模型常称为戴维南等效电路。

戴维南定理

戴维南定理
仿真实验

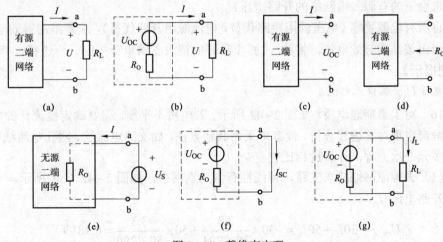

| (a) | (b) | (c) | (d) |

| (e) | (f) | (g) |

图 2-41　戴维南定理

戴维南等效电路需要确定两个参数，即开路电压 U_{OC} 和等效电阻 R_O。

1. 开路电压 U_{OC}

（1）断开待求支路，得到有源二端网络，如图 2-41（c）所示。

（2）适当选用所学的电阻性网络分析的方法、电源等效变换和叠加定理等方法，求得该有源二端网络端口的开路电压 U_{OC}。

2. 等效电阻 R_O

等效电阻 R_O 的计算方法有 3 种。

（1）电阻电路的等效变换法。将网络内所有独立电源"置零"，用电阻串、并联或 Y 形与 Δ 形网络变换加以化简，计算端口 ab 的等效电阻 R_O，如图 2-41（d）所示。电阻电路的等效变换法是最常用的方法，但它仅适用于有源二端网络内不含受控源。若电路中含受控源，则采用以下两种方法，即外施电源法和开路短路法。

（2）外施电源法。将网络内所有独立电源"置零"，若含有受控源要保留，在此二端网络端口 ab 处外加电源，其电压为 U_S，计算或测量输入端口的电流 I，如图 2-41（e）所示，则等效电阻 $R_O = \dfrac{U_S}{I}$。

（3）开路短路法。求出或测量出有源二端网络的开路电压 U_{OC} 后，将有源二端网络的端口短路，求出或测量出短路电流 I_{SC}，如图 2-41（f）所示，则等效电阻 $R_O = \dfrac{U_{OC}}{I_{SC}}$。

如果该二端网络不允许短路，可在短路线上串联一个限流电阻 R_L，测量出限流电阻电流 I_L，则等效电阻 $R_O = \dfrac{U_{OC}}{I_L} - R_L$，如图 2-41（g）所示。

2.7.2 戴维南定理应用

应用戴维南定理可以化简一个有源二端网络，这在分析电路时非常重要。对外电路负载而言，用戴维南等效电路去代替原有源二端网络，外部负载的电压和电流并未有任何改变，但是电路得到了简化。运用戴维南定理分析电路的具体步骤如下。

（1）将待求支路从原电路中移开。

（2）求余下的有源二端网络的开路电压 U_{OC}。

（3）将所有电源置零（电压源用短路代替，电流源用开路代替），求戴维南等效电阻 R_O。

（4）画出戴维南等效电路，将第（1）步移开的待求支路重新接回，再进行计算。

【特别提示】

开路电压 U_{OC} 端口无电流。

例 2.16 对于惠斯通电桥，如图 2-42 所示。若电桥不平衡，需要确定检流计的电流 I_g，现采用戴维南定理对其进行分析。读者可采用其他方法，如支路电流法、网孔电流法等分析，都需要解多元一次方程，计算过程比较复杂。

解 （1）去掉原网络待求支路，得线性有源二端网络，如图 2-42（b）所示。

（2）开路电压 U_{OC}

$$U_{OC} = -30I_1 + 50I_3 = -30 \times \frac{3.3}{30 + 294} + 50 \times \frac{3.3}{50 + 290} = 0.18\,(\text{V})$$

（3）等效电阻 R_O

将 3.3 V 电压源用短路线代替，如图 2–42（c）所示。

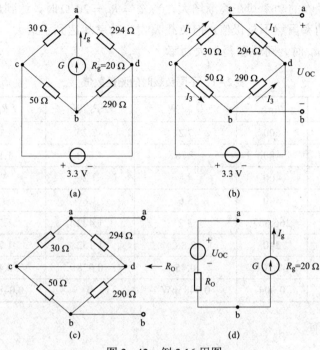

图 2–42　例 2.16 用图

$$R_O = (50//290) + (30//294) = 70\,(\Omega)$$

图 2–42（a）所示的电路可化为图 2–42（d）所示的等效电路，因此可求得

$$I_g = -\frac{U_{OC}}{R_O + R_g} = -\frac{0.18}{70 + 20} = -0.002\,(A)$$

2.7.3　最大功率传输

电路如图 2–43 所示。电源 $U_S = 12$ V，$R_S = 20$ Ω 是电源的内阻，XWM1 和 XWM2 分别是测量电源和负载的功率表。改变负载 R_L 参数，测量并分析计算电路物理量。

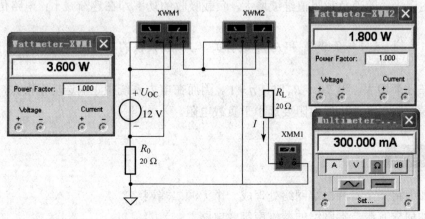

图 2–43　仿真分析最大功率

由表 2-1 可以得出，在电源不变的情况下，负载 R_L 由 $0 \rightarrow \infty$ 变化时，电路中电流在逐渐减小；电压源发出的功率不是一个稳定值，也是在逐渐减小；电压源发出的功率在逐渐减小的过程中，负载吸收的功率却在逐渐增大，当 $R_L = R_O = 20\ \Omega$ 时，达到最大 $P_{L\max} = 1.8$ W，这时电压源发出的功率虽然不是极值，但负载吸收的功率却达到了最大。因此，当外接负载 R_L 等于电压源内阻 R_O 时，可以获得最大功率。

表 2-1　不同负载时的测量数值

序号	R_L/Ω	I/mA	$U_{OC}I/\text{W}$	I^2R_O/W	I^2R_L/W	η
1	0	600	7.2	7.2	0	0
2	5	480	5.76	4.608	1.152	0.2
3	10	400	4.8	3.2	1.6	0.33
4	20	300	3.6	1.8	1.8	0.5
5	25	266.667	3.2	1.422	1.778	0.56
6	30	240	2.88	1.152	1.728	0.6
7	300	37.501	0.45	0.028	0.422	0.94
8	3 000 000	0.004	0.048 mW	0	0.048 mW	1

即　$R_L = R_O$，有

$$P_{L\max} = \frac{U_{OC}^2}{4R_O} \tag{2-11}$$

对于任何一个线性的有源二端网络，都可以用一个电压源和一个电阻串联组合来等效代替。可以把串联电阻看作电压源的内阻，在负载可调的情况下，当外接电阻 R_L 等于电源内阻，也就是等于戴维南等效电阻 R_O 时，外接电阻 R_L 可以获得最大功率。满足 $R_L = R_O$，称为负载与电源匹配。在电子工程中，由于信号微弱，通常要求从信号源处获得最大功率，因而必须满足匹配条件。

但此时，内阻与外接电阻相同，消耗与外接负载相同的功率，因而效率只有 $\eta = 50\%$（表 2-1 第 4 行），由此可见，负载吸收的功率最大时，电路功率传输的效率却不高，有一半能量消耗在内阻上。随着负载阻值继续增大，负载吸收的功率却在逐渐减小；电路传输的效率

$\eta = \dfrac{I^2R_L}{U_{OC}I} = \dfrac{R_L}{R_L + R_O}$ 只与负载 R_L 和 R_O 参数有关，与负载吸收的功率无关。效率随着负载 R_L 的

增大一直在逐渐增大，当 $R_L \gg R_O$ 时，$\eta = 1$。因而在电力系统中，输送功率很大，效率非常重要，电源内阻以及输电线内阻要远小于负载电阻。

思考题

（1）如何将一个有源二端网络处理成一个无源二端网络？

（2）如何求有源二端网络的戴维南等效电路？

（3）求图 2-44 所示有源二端网络的戴维南等效电路。

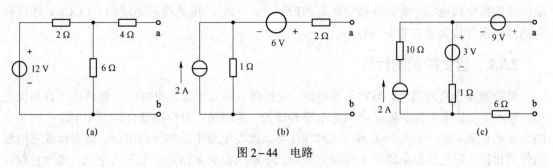

图 2-44　电路

※2.8　受　控　源

2.8.1　受控源

受控源是又一类理想电路元件。受控源有 4 个端钮：一对输入端，一对输出端，所以是双端口元件。受控源可用来模拟电路中一条支路的电压或电流受另一条支路的电压或电流控制的现象。根据控制量（输入端的电压和电流）和被控制量（输出端的电压和电流），受控源分 4 种。分别是：电压控制电压源（VCVS）[图 2-45（a）]；电压控制电流源（VCCS）[图 2-45（b）]；电流控制电压源（CCVS）[图 2-45（c）]；电流控制电流源（CCCS）[图 2-45（d）]。

图 2-45 中的 μ、g、γ、β 是控制系数，对于线性受控源它们都是常数。受控源用菱形符号来表示，以便与电压源和电流源的符号相区别。相对于受控源，电压源和电流源称为独立源。

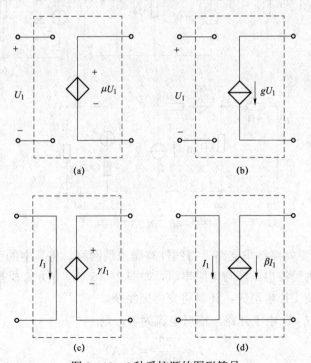

图 2-45　4 种受控源的图形符号

（a）VCVS；（b）VCCS；（c）CCVS；（d）CCCS

受控源可以构成晶体三极管、场效应管等电子器件的模型。例如，在三极管放大状态下：晶体管的集电极电流 i_c 受到基极电流 i_b 的控制，$i_c = \beta i_b$，电流控制电流源（CCCS）即可作为晶体三极管放大状态的电路模型。

2.8.2 含受控源的计算

受控源属于有源器件，但它不是电源。受控源与独立电源在电路中所起的作用有相似之处，但本质上完全不同。独立电源是电路的输入，是激励。而受控源只是表征电路中两条支路电压和电流间的一种控制关系，它的存在可以改变电路中的电压和电流，这点和独立电源的作用相似。但是假如电路中不含独立源，就不能为控制支路提供电压或电流，则受控源以及整个电阻电路的电压和电流将全部为零，这一点受控源和独立电源有质的区别。例如，收音机关了电源，其电路中的晶体管是不可能代替电源让电路继续工作的。

【特别提示】

用叠加定理分析含受控源的电路时，应注意独立源"单独作用"，是指独立源，不包含受控源。各独立源单独作用时，受控源和电阻一样，都应保留在电路中。

用戴维南定理求含受控源二端网络的等效电阻时，对应的无源二端网络也应当保留受控源。此时，该无源二端网络的等效电阻应采用开路短路法或外施电源法。下面举例说明。

例 2.17 电路如图 2-46（a）所示，用戴维南定理求电流 I，已知电阻 $R_L = 3.2\ \Omega$。

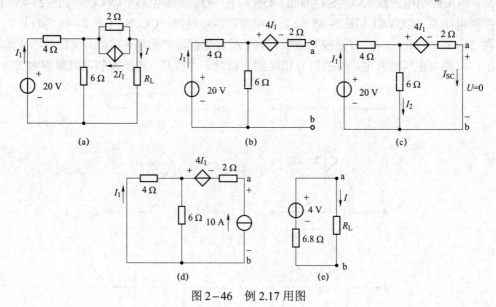

图 2-46 例 2.17 用图

解 （1）去掉原网络待求支路，得线性有源二端网络，将其中的受控电流源与电阻的并联部分等效变化为受控电压源与电阻串联，如图 2-46（b）所示。受控量 I_1 所在支路不得做等效变换；否则使受控量消失，计算将变得更复杂。

（2）开路电压 U_{OC}。由于开路，端口电流为零，则

$$I_1 = \frac{20}{4+6} = 2\ (\text{A})$$

$$U_{OC} = -4I_1 + 6I_1 = 2I_1 = 4\ (\text{V})$$

（3）等效电阻 R_O。

① 开路、短路法。将图 2-46（b）所示电路中的 ab 端短接，如图 2-46（c）所示。列支路电流方程得

$$\begin{cases} I_1 = I_2 + I_{SC} \\ 4I_1 + 6I_2 - 20 = 0 \\ 4I_1 + 2I_{SC} - 6I_2 = 0 \end{cases}$$

方程联立求解，得

$$\begin{cases} I_1 = \dfrac{40}{17}\ \text{A} \\[2mm] I_2 = \dfrac{30}{17}\ \text{A} \\[2mm] I_{SC} = \dfrac{10}{17}\ \text{A} \end{cases}$$

进一步求得输出电阻为

$$R_O = \frac{U_{OC}}{I_{SC}} = \frac{4}{10/17} = 6.8\,(\Omega)$$

② 外施电源法。将图 2-46（b）所示电路中的电压源用短路代替，得相应的无源二端网络；对该无源二端网络外施 10 A 电流源作用，如图 2-46（d）所示。利用分流公式，得

$$I_1 = -\frac{6}{4+6} \times 10 = -6\,(\text{A})$$

所以 ab 端的电压为

$$U_{ab} = 2 \times 10 - 4I_1 - 4I_1 = 20 - 8 \times (-6) = 68\,(\text{V})$$

输出电阻等于端口电压与电流之比，即

$$R_O = \frac{U_{ab}}{10} = \frac{68}{10} = 6.8\,(\Omega)$$

（4）画出戴维南等效电路，并接上电阻 R_L，如图 2-46（e）所示，得

$$I = \frac{4}{6.8 + 3.2} = 0.4\,(\text{A})$$

例 2.18　求图 2-47（a）所示电路的电流 I 和电压 U。

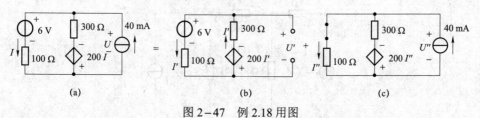

图 2-47　例 2.18 用图

解　应注意：独立源"单独作用"，不是指受控源。

（1）6 V 电压源单独作用，如图 2-47（b）所示。根据 KVL，有

$$6 + 100I' + 200I' + 300I' = 0$$

$$I' = -0.01 \text{ A}$$
$$U' = 6 + 100I' = 6 + 100 \times (-0.01) = 5（\text{V}）$$

（2）40 mA 电流源单独作用，图 2-47（c）所示。

$$U'' = 100I'' = 300(0.04 - I'') - 200I''$$

求出

$$I'' = 0.02 \text{ A}$$
$$U'' = 2 \text{ V}$$

故原电路中电流 I 和电压 U 分别为

$$I = I' + I'' = 0.01 \text{ A}$$
$$U = U' + U'' = 7 \text{ V}$$

 思考题

（1）受控源和独立电源有什么区别？

（2）求图 2-48 所示等效电路的等效电阻。

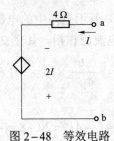

图 2-48　等效电路

【综合训练】

本项目介绍复杂直流电路分析的 6 种方法，下面以一道例题为例，将用所学的各种方法一一分析计算此电路。

电路如图 2-49 所示，求解支路电流 I。

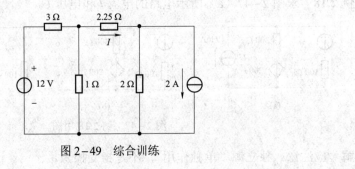

图 2-49　综合训练

解

（1）支路电流法。

如图 2–50 所示，4 条支路电流未知 I、I_1、I_2 和 I_3，列写 4 个方程；因为 3 个节点，列写 3–1=2 个 KCL 方程；还差 2 个 KVL 方程，选择没有电流源的网孔 A 和 B 列写 KVL 方程。

$$\begin{cases} I_1 = I_2 + I \\ I = I_3 + 2 \\ 3I_1 + I_2 - 12 = 0 \\ 2.25I + 2I_3 - I_2 = 0 \end{cases}$$

方程联立求解得：$I = 1.4\ \text{A}$。

（2）网孔电流法。

如图 2–51 所示，3 个网孔，设 3 个网孔电流 I_{m1}、I_{m2}、I_{m3}。

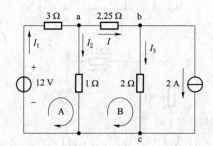

图 2–50　综合训练——支路电流法

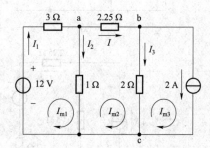

图 2–51　综合训练——网孔电流法

$$\begin{cases} I_{m1}(3+1) - I_{m2} = 12 \\ I_{m2}(1 + 2.25 + 2) - I_{m1} - 2I_{m3} = 0 \\ I_{m3} = 2 \end{cases}$$

方程联立求解得

$$I_{m2} = 1.4\ \text{A}$$

则

$$I = I_{m2} = 1.4\ \text{A}$$

（3）节点电压法。

如图 2–52 所示，3 个节点，设节点 c 为参考点，列写 U_a、U_b 的节点电压方程。

$$\begin{cases} U_a\left(\dfrac{1}{3} + 1 + \dfrac{1}{2.25}\right) - \dfrac{1}{2.25}U_b = \dfrac{12}{3} \\ U_b\left(\dfrac{1}{2.25} + \dfrac{1}{2}\right) - \dfrac{1}{2.25}U_a = -2 \end{cases}$$

方程联立求解得

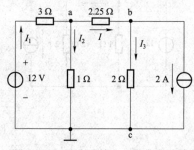

图 2–52　综合训练——节点电压法

$$\begin{cases} U_a = 1.95 \text{ V} \\ U_b = -1.2 \text{ V} \end{cases}$$

则

$$I = \frac{U_a - U_b}{2.25} = \frac{1.95 - (-1.2)}{2.25} = 1.4 \text{（A）}$$

（4）电源等效变换。

如图 2-53 所示，通过电源等效变换（a）→（b）→（c）→（d）

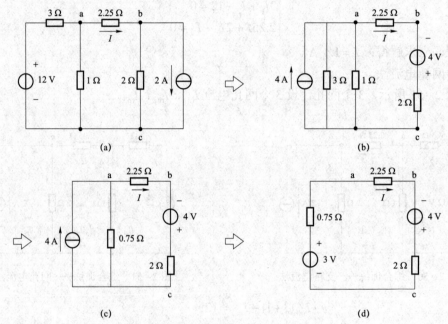

图 2-53　综合训练——电源等效变换

则

$$I = \frac{3 + 4}{0.75 + 2.25 + 2} = 1.4 \text{（A）}$$

（5）叠加定理。如图 2-54 所示。

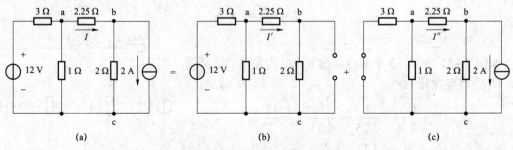

图 2-54　综合训练——叠加定理

① $U_S = 12$ V 单独作用时，如图 2-54（b）所示。

$$I' = \frac{12}{3 + 1//(2.25 + 2)} \times \frac{1}{1 + (2.25 + 2)} = \frac{12}{3 + \dfrac{1 \times (2.25 + 2)}{1 + 2.25 + 2}} \times \frac{1}{1 + 2.25 + 2} = 0.6\,(\text{A})$$

② $I_\text{S} = 2$ A 单独作用时，如图 2-54（c）所示。

$$I'' = \frac{2}{(3//1 + 2.25) + 2} \times 2 = \frac{2}{\left(\dfrac{3 \times 1}{3 + 1} + 2.25\right) + 2} \times 2 = 0.8\,(\text{A})$$

则待求支路电流

$$I = I' + I'' = 0.6 + 0.8 = 1.4\,(\text{A})$$

（6）戴维南定理。

（1）去掉待求支路，如图 2-55（b）所示，确定开路电压 U_OC，即

$$U_\text{OC} = \frac{1}{3 + 1} \times 12 + 2 \times 2 = 7\,(\text{V})$$

（2）确定等效电阻 R_O，如图 2-55（c）所示。

$$R_\text{O} = 3//1 + 2 = \frac{3 \times 1}{3 + 1} + 2 = 2.75\,(\Omega)$$

（3）图 2-55（a）所示的电路可化为图 2-55（d）所示的等效电路，因而可求得

$$I = \frac{U_\text{OC}}{R_\text{O} + 2.25} = \frac{7}{2.75 + 2.25} = 1.4\,(\text{A})$$

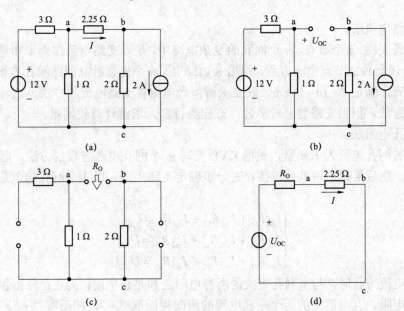

图 2-55 综合训练——戴维南定理

通过以上 6 种分析方法，均求得待求支路电流 $I = 1.4$ A。此 6 种方法各有其特点。

① 支路电流法适合任意电路，此方法最容易理解和掌握，适合支路数少的电路分析。

② 网孔电流法适合任意电路且网孔少的电路分析。

③ 节点电压法适合任意电路且节点少的电路分析。

④ 电源等效变换和戴维南定理适用于线性电路，特别适用于求解电路中某支路的电压和电流。

⑤ 叠加定理仅适用于线性电路，是分析线性电路的基础，线性电路的许多定理可从叠加定理导出。

项 目 小 结

1. 基尔霍夫定律

基尔霍夫定律中包含基尔霍夫电流定律和基尔霍夫电压定律。

（1）基尔霍夫电流定律$\left(\sum I_{\text{入}} = \sum I_{\text{出}}\right)$。

它描述了电路中节点处支路电流的约束关系，不仅适用于电路中的具体节点，而且适用于任意一个广义节点。

（2）基尔霍夫电压定律$\left(\sum U = 0\right)$。

它描述了电路回路中各元件电压降的约束关系，不仅适用于电路中任一闭合回路，还可应用于广义回路。

在列 KVL 方程时，应先选定各元件电压的参考方向和回路的绕行方向。

2. 网络分析法

网络方程的分析方法是在不改变电路结构和参数的前提下，通过一组方程来求解电路变量的方法。

（1）支路电流法。

具有 b 条支路、n 个节点、m 个网孔的复杂电路中，是以支路电流作为未知量，根据 KCL 列写 $n-1$ 个任意独立节点电流方程，根据 KVL 列出 m 个任意独立回路网孔方程，正好求解 b 条支路电流，满足 $b=(n-1)+m$，联立求解得到电路各支路电流的方法。这种方法是分析电路的基本方法，但当支路数目较多时，方程数目多，求解计算较困难。

（2）网孔电流法。

以假想的网孔电流为未知量，根据 KVL 列写 m 个网孔电流方程的方法，联立方程求解出网孔电流。然后根据电路具体连接，进一步确定支路电流。以 3 个网孔的电路为例，方程的一般形式为

$$\begin{cases} I_{m1}R_{11} + I_{m2}R_{12} + I_{m3}R_{13} = U_{S11} \\ I_{m1}R_{21} + I_{m2}R_{22} + I_{m3}R_{23} = U_{S22} \\ I_{m1}R_{31} + I_{m2}R_{32} + I_{m3}R_{33} = U_{S33} \end{cases}$$

列网孔电流方程时，与本网孔有关的所有电阻之和是自电阻，为正；与相邻网孔关联的电阻称为互电阻，互电阻上的两个网孔电流的流向相同取"－"，相反取"＋"。

（3）节点电压法。

节点电压法是以独立节点电压为变量，根据 KCL 列写 $n-1$ 个任意独立节点电流方程的方法。先求出节点电压，进而求出各支路电流的方法。这种方法的优点是方程数目较少，列写方程的规律性强，尤其是对于支路数多而节点数少的电路，应用节点电压法更加方便。以两个节点的电路为例。方程的一般形式为

$$\begin{cases} G_{aa}U_a + G_{ab}U_b = I_{S11} \\ G_{ba}U_a + G_{bb}U_b = I_{S22} \end{cases}$$

列写第 k 个节点电压方程时，自电导一律取"+"号，互电导一律取"−"号。流入 k 节点的电流源取"+"号；流出 k 节点的电流源则取"−"号。

3. 电源等效变换、叠加定理和戴维南定理

叠加定理和戴维南定理是线性电路的两个重要定理。

（1）电源等效变换。

电压源与电阻的串联模型和电流源与电阻的并联模型可以等效互换。利用它们之间的等效变换，可以进行有源支路的串并联化简，进而进行电路的分析与计算。应当注意的是，这种变换只是对外电路而言，对电源内部一般是不等效的。另外，电流源的参考方向指向电压源的"+"极。

（2）叠加定理。

叠加定理指出，任一线性电路，当有 2 个或 2 个以上独立源作用时，则任一支路的总响应（电压和电流）都等于各个激励单独作用时在该支路产生的分响应（各电压分量或电流分量）的代数和。各独立源单独作用时，其他电压源一律用短路代替，电流源一律用开路代替。

（3）戴维南定理。

戴维南定理指出，任一线性有源二端网络，对外电路来说，都可以用一个理想电压源和电阻串联的组合来等效代替。其理想电压源的电压等于线性有源二端网络端口的开路电压 U_{OC}，电阻等于网络内部所有独立源作用为零情况下的等效电阻 R_O。用戴维南定理化简二端网络对电路的连接方式没有限制，适用范围更广。

4. 受控源

受控源是一类四端电路元件，可用来模拟电路中某一电压或电流受另一条支路的电压或电流控制的现象。根据控制量（输入端的电压和电流）和被控制量（输出端的电压和电流），受控源分 4 种，分别是电压控制电压源（VCVS）、电压控制电流源（VCCS）、电流控制电压源（CCVS）及电流控制电流源（CCCS）。

分析含受控源的电路，有时从计算方法上可以把受控源看成独立源，如两种电源的等效变换也适用于受控源。但受控源在电路中的作用与独立源有本质的不同。独立源是电路中的激励，而受控源的输出只是响应。

用叠加定理分析含受控源的电路时，应注意独立源"单独作用（激励）"，不含受控源。

用戴维南定理求含受控源的有源二端网络的等效串联的模型时，对应的无源二端网络应保留受控源。但此时该无源二端网络并非单纯的电阻网络，因而不能用电阻的串、并联的方法计算其等效电阻，而必须用开路、短路法，或外施电源法进行分析求解。

项 目 测 试

（1）计算图 2-56 所示各电路的未知电流。

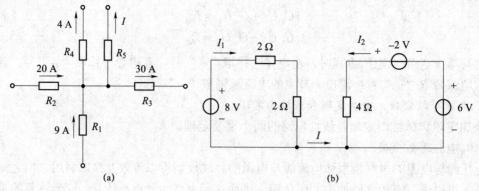

(a)   (b)

图 2-56　电路

（2）确定图 2-57 所示电路中的电流 I 和电压 U_{AB}。

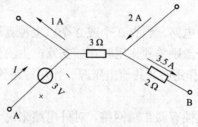

图 2-57　电路

（3）电路如图 2-58 所示，试确定电流 I。

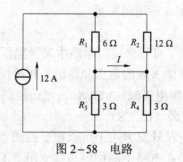

图 2-58　电路

（4）电路如图 2-59 所示，试确定电路有多少个节点、支路、回路和网孔。

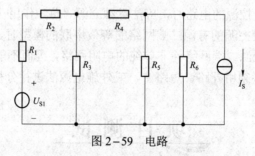

图 2-59　电路

（5）如图 2-60 所示，用支路电流法求电路的各支路电流。

（6）如图 2-61 所示，用支路电流法求电路的各支路电流。

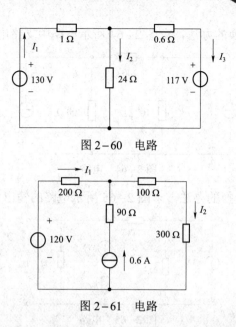

图 2-60 电路

图 2-61 电路

（7）一台直流发电机的端电压为 78 V，内阻很小，可以忽略不计。经过总电阻为 0.2 Ω 的导线供电给一组充电的蓄电池和一个电炉。如图 2-62 所示，蓄电池组开始充电时的电压为 60 V，内阻为 1 Ω，电炉的电阻为 4 Ω。试求：

① 蓄电池的充电电流、电炉的电流及电压；

② 求蓄电池、电炉、发电机的功率；

③ 如将电炉去掉，cd 间的电压变为多少？

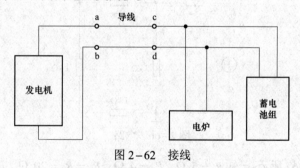

图 2-62 接线

（8）如图 2-63 所示，利用电源等效变换，求解支路电流 I_3。

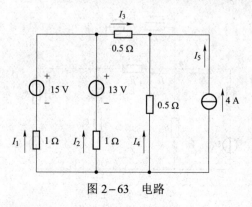

图 2-63 电路

（9）利用电源等效变换的办法，求图 2-64 所示电路中支路电流 I。

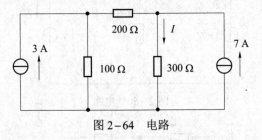

图 2-64　电路

（10）利用电源等效变换的办法，求图 2-65 所示电路的输出电压 U_O。

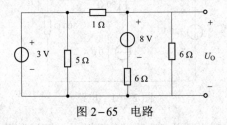

图 2-65　电路

（11）如图 2-63 所示，用网孔电流法求电路中各支路电流。

（12）如图 2-66 所示，用网孔电流法求电路中各支路电流。

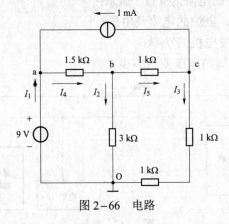

图 2-66　电路

（13）电路如图 2-67 所示。已知 $R_1 = 5\ \Omega$，$R_2 = 4\ \Omega$，$R_3 = R_5 = 20\ \Omega$，$R_4 = 2\ \Omega$，$R_6 = 10\ \Omega$，电源电压 $U_{S1} = 15\ V$，$U_{S2} = 10\ V$，$U_{S6} = 4\ V$，用节点电压法求 a、b 的节点电压及各支路电流。

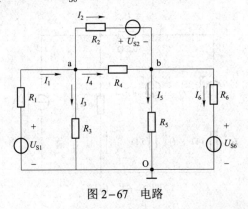

图 2-67　电路

（14）利用节点电压法确定图 2-66 所示电路中，a、b、c 的节点电压及各支路电流。

（15）用节点电压法求图 2-68 所示电路中 a、b、c 的节点电压及各支路电流。

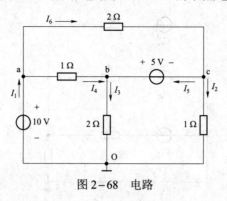

图 2-68　电路

（16）用弥尔曼定理求图 2-69 所示电路的电流 I。

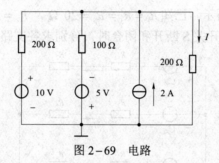

图 2-69　电路

（17）在图 2-70 所示电路中，试用叠加定理求电路中的 I_1、I_2、U。

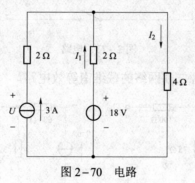

图 2-70　电路

（18）试用叠加定理求图 2-71 所示电路中的电流 I。

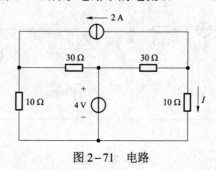

图 2-71　电路

（19）图2-72所示为计算机加法电路，利用叠加定理，试确定输出电压U_A与倍加电压之和$U_{S1}+U_{S2}+U_{S3}$之间的关系。

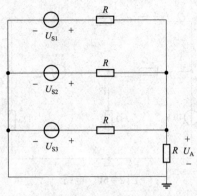

图2-72 加法电路

（20）电路如图2-73所示。已知$R_1=R_3=R_5=20\ \Omega$，$R_2=R_4=R_6=180\ \Omega$，电源电压$U_{S1}=U_{S2}=U_{S3}=110\ V$。当开关S断开和闭合时，分别求各支路电流。

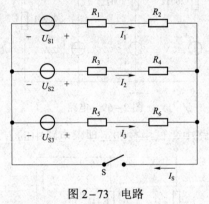

图2-73 电路

（21）求图2-74所示有源二端网络的戴维南等效电路。

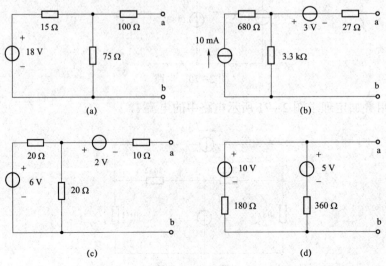

图2-74 电路

（22）用戴维南定理求图 2-75 所示电路中流过 10 Ω 电阻的电流 I。

（23）用戴维南定理求图 2-76 所示电路中 12 V 理想电压源的电流 I。

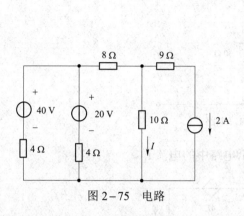

图 2-75　电路

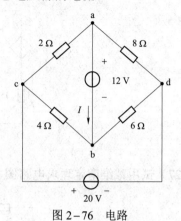

图 2-76　电路

（24）试求图 2-77 所示网络：

① 开路电压 U_{OC}；

② 等效电阻 R_O；

③ 短路电流 I_{SC}；

④ 开路电压和短路电流之比。

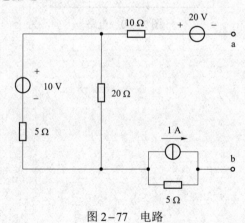

图 2-77　电路

（25）如图 2-78 所示电路，$R_L = 110\ \Omega$，求 R_L 上消耗的功率。当电阻 R_L 为多大时其获得的功率最大？

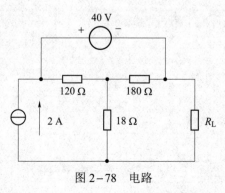

图 2-78　电路

（26）求图 2-79 所示电路的等效电阻 R_O。

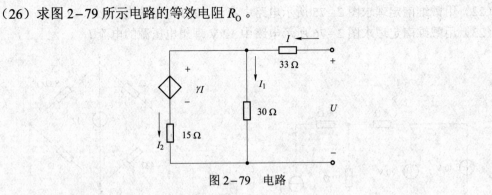

图 2-79　电路

（27）试用戴维南定理求电路图 2-80 所示电路中的电流 I_L。

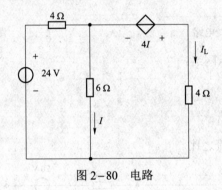

图 2-80　电路

延时照明电路的设计及仿真调试

【项目描述】

　　创建节约型社会，从节约用电开始，公共场所电灯延时照明就是一种很好的节电方式，延时照明电路是一种结合动态元件的特性，和继电器配合来实现照明延时这一功能的电路。动态元件电感 L、电容 C 和电阻元件 R，构成 RC 电路或 RL 电路。利用电容两端电压不会发生突变和电感电流不会发生突变这一特性，实现继电器衔铁吸合及释放的延时，以控制电路接通和断开。

　　本项目从延时照明电路入手，介绍动态元件的过渡过程、换路定则、RC 电路和 RL 电路的过渡过程、一阶线性电路暂态分析的三要素法，并利用项目技能训练——延时照明电路的设计及仿真调试来巩固和检测知识点的掌握情况。

【知识目标】

　　（1）掌握电容元件、电感元件的结构及其电压与电流的关系。

　　（2）了解电路稳态、过渡过程和换路定律。

　　（3）掌握换路定律。

　　（4）掌握一阶 RC、RL 电路响应分析。

　　（5）掌握一阶线性电路暂态分析的三要素法。

【技能目标】

　　（1）会用示波器对 RC 电路充电、放电现象进行观察和测试。

　　（2）会设计和仿真简单的 RC 延时电路，并能调试电路。

3.1 储 能 元 件

3.1.1 电容元件

电容器

1. 电容元件

1）电容器

任何两个互相靠近而又彼此绝缘的导体构成的电器称为电容器，如图 3-1 所示。两个导体为电容器的电极，或称极板；它们之间的绝缘物质叫做电介质。

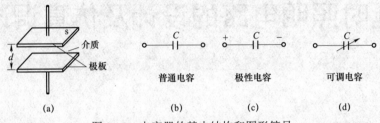

图 3-1　电容器的基本结构和图形符号

使电容器积聚电荷称为充电。把电容器的两个极板分别与电源的正负极相连，即可对电容器充电。充电后的电容器总是一个极板带正电，另一个极板带等量的负电。每个极板所带电量的绝对值，叫做电容器所带的电量。充电后撤去电源，由于两极所带的异性电荷相吸，又因电介质所隔而不能中和，所以，一段时间内电荷仍可聚集在电容器的极板上。

人工制造的电容器种类很多，按介质分，有纸质电容器、云母电容器、电解电容器等；按极板形状分，有平板电容器［图 3-1（a）］、柱形电容器等。

此外，还存在自然形成的电容器。两根架空输电线和其间的空气即构成一个电容器，如线圈的各匝之间、晶体管的各个极之间。这些自然形成的电容器对电路的影响有时是不可忽略的。

2）电容元件

电容元件是实际电容器的理想模型。实际电容器两极板之间不可能完全绝缘，有漏电流存在，因而存在一定的能量损耗。如果忽略电容器的能量损耗，只考虑电容器储存电荷，并且储存电场能量这一基本电磁性能，就可以用一个能代表其基本电磁性能的理想二端元件作为模型，就是电容元件。电容元件的电路符号如图 3-1（b）所示。

电容元件存储电荷能力的大小用电容量来表示，它是指单位电压接在电容元件两端时电容元件所带的电荷电量，用字母 C 表示，即

$$C = \frac{q}{u} \tag{3-1}$$

电容量 SI 单位为法［拉］，符号为 F，但在工程实践中，由于法这个单位太大，实际电容器的电容量往往比 1 F 小得多，所以电容量常用微法（μF）和皮法（pF）作为电容量的单位。它们的换算关系为

$$1 \ \mu F = 10^{-6} \ F \ , \ 1 \ pF = 10^{-12} \ F$$

如果电容元件的电容量不随它所带电量的变化而变化，而是一个常数，这样的电容元件称为线性电容元件。如无特别指出，都指的是线性电容元件。

电容元件或电容器和电容量都简称为电容。所以，电容一词，有时指电容元件（或电容器），有时则指电容元件（或电容器）的电容量。

3）影响电容器电容的因素

电容器的电容量，与电容器极板的形状、尺寸、相对位置及介质的种类都有关系。常见的为图 3-1 是关于电阻的所示的平板电容器，其电容器电容量的大小与电容器两个金属极板的相对面积成正比，与两个金属极板之间的距离成反比，与电介质的介电常数成正比，即

$$C = \frac{\varepsilon S}{d} \tag{3-2}$$

式中　S——两极板的正对面积；

　　　d——两极板距离；

　　　ε——与介质有关的系数，叫做介电常数。

2. 电容元件的 $u-i$ 关系

如果电容元件两端电压保持不变，电容的充放电就停止，电路就没有电荷的移动，也就没有电流，这时的电容相当于开路。只有当电容两端的电压不断变化，电容所带的电荷电量随之不断变化，即电容不断地进行充电和放电，这时电路中就会持续有电荷移动，也就会有持续的电流。

选择电容元件上的电压与电流的参考方向为关联参考方向，如图 3-2 所示。并假设在时间 dt 内，极板上电荷的变化量为 dq。显然，dq 是在时间 dt 内通过电容支路导线横截面的电量。因此，电容电流为

$$i = \frac{dq}{dt}$$

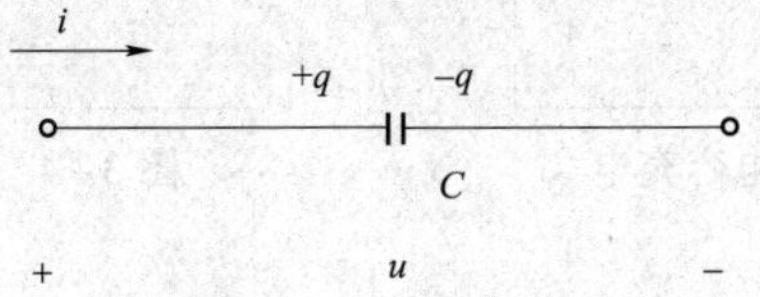

图 3-2　电容元件

据式（3-1）得 $q = Cu$，代入上式，得

$$i = C \frac{du}{dt} \tag{3-3}$$

这就是电容元件的电压与电流的关系。

式（3-3）表明，在任何时刻，电容元件的电流与该时刻电压的变化率成正比。

【特别提示】

只有当电容元件的电压发生变化，电容电路中才出现电流，电容两端电压变化得越快，电流就越大。因此，电容元件是动态元件。当电压不随时间变化时（如在直流电路中），电容电路的电流为零，这时电容元件相当于开路。故电容元件具有隔断直流、导通交流的作用。

3. 电容元件的能量

1）电容元件的充放电

当电容元件接在直流电路中时，如图 3-3 所示，在 S 闭合后，由于电容元件中间是绝缘物质，不会有电流通过（$i=0$），而上、下极板与电源正、负极分别相连，所以电容元件上电压 $U_C=U_S$，而电荷 $Q=CU_C$。

但在开关合上之前，电容元件是不带电的，$Q=0$，$U_C=0$；当开关合上的瞬间，电荷开始由电源向电容元件移动，使电容元件上的电荷逐渐由 0 增加到 Q 为止，电压由 0 上升到 $U_C=U_S$，这一现象称为电容元件的充电。充电是需要时间的，在这一过程中，电荷不断移动形成电流 $i=\dfrac{\mathrm{d}Q}{\mathrm{d}t}=\dfrac{U_S-u_C}{R}$，在开始，$u_C=0$，$i=U_S/R$ 最大；最后 $u_C=U_S$，$i=0$，这一过程称为充电过程。充电所需时间一般不长，与 R 和 C 有关。

用万用表电阻挡检测电容元件时，可以看到电表指针立刻到达某一数值，然后慢慢下降到零，就是充电电流的变化过程。

将充好电的电容元件从电路上断开后，电压 U_C 和 Q 保持不变，如电压很高时（如电视机内的高压电容），仍不能直接接触，必须进行放电。

放电是将带有电荷的电容元件与电阻 R 相连接，如图 3-4 所示，当开关接通后，正电荷将通过电阻与负极的负电荷中和。刚开始时因为电容元件上电荷量最大，电容电压 u_C 最大，$i=u_C/R$，所以放电电流最大；随着电容元件上电荷减少，电压 u_C 降低，电流也逐渐减小。最后电荷放完（$Q=0$），电压 $u_C=0$。电流为零，放电完毕。放电过程也要经历一段时间，与 R 和 C 有关。

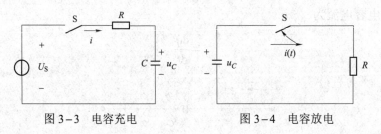

图 3-3　电容充电　　　　　　图 3-4　电容放电

2）电容元件的能量

电容元件放电过程中，电流流过电阻时将电能转换为热能，在电阻上消耗掉。这一能量是电容元件供给的，说明有能量储存在电容里，而充电过程，正是能量（由电源供给）储存的过程。

在充电过程中，$\mathrm{d}t$ 时间内，电容元件上电荷增加了 $\mathrm{d}Q$，则电源供给电容元件的能量为

$$\mathrm{d}W=u_C i\mathrm{d}t=u_C\mathrm{d}Q=Cu_C\mathrm{d}u_C \tag{3-4}$$

整个充电过程，电容元件储存电场能量的多少，与电容元件的电容大小和电容元件两极板间的电压有关，储存的能量为

$$W_\mathrm{E}=\int_0^{U_C}Cu_C\mathrm{d}u_C=\frac{1}{2}CU_C^2 \tag{3-5}$$

因此，电容元件是储能元件。

4. 电容元件的连接

1）电容元件的并联

图 3−5 所示为电容的并联电路。当电容以并联的方式连接时，由于增大了金属板的有效面积，所以总电容增大。

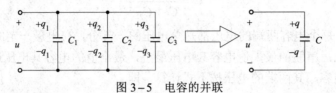

图 3−5　电容的并联

即并联电容的总电容为

$$C = C_1 + C_2 + C_3 \tag{3−6}$$

【特别提示】

① 等效电容是各个电容之和。当电路所需电容较大时，可以选用几只电容并联。

② 由于每个电容两端的电压相等，所以电容元件并联时外加工作电压不能超过并联电容中的最低耐压值。

例 3.1　在图 3−6 中，$U = 12$ V，$C_1 = 200$ μF，耐压 $U_{M1} = 100$ V，$C_2 = 50$ μF，耐压 $U_{M2} = 500$ V，求总电容和耐压各是多少？

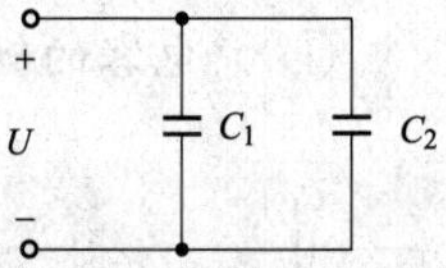

解　据式（3−6），总电容为

$$C = C_1 + C_2 = 200 + 50 = 250（\text{μF}）$$

图 3−6　例 3.1 用图

并联电容的耐压为

$$U_M = U_{M1} = 100 \text{ V}$$

2）电容元件的串联

图 3−7 所示为电容元件的串联电路。当电容以串联方式连接时，由于增大了金属板的有效距离，所以总电容小于串联电容中最小的电容值。电容串联时，每个电容所储存的电荷电量相等。

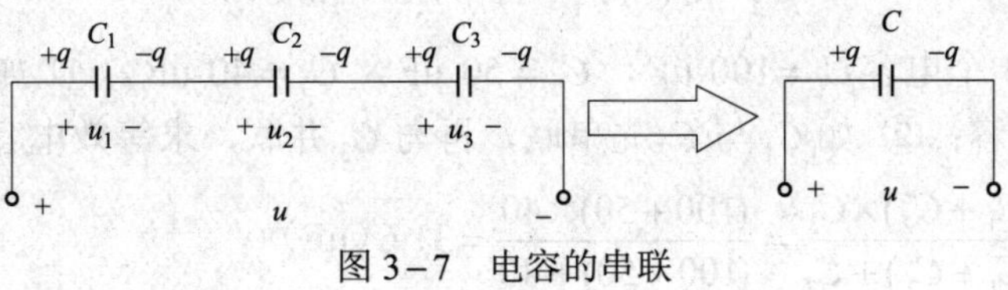

图 3−7　电容的串联

据式（3−1），有

$$u_1 = \frac{q}{C_1}, \quad u_2 = \frac{q}{C_2}, \quad u_3 = \frac{q}{C_3}$$

由于

$$u = u_1 + u_2 + u_3 = \frac{q}{C_1} + \frac{q}{C_2} + \frac{q}{C_3} = q\left(\frac{1}{C_1} + \frac{1}{C_2} + \frac{1}{C_3}\right)$$

即串联电容的总电容为

$$\frac{1}{C} = \frac{1}{C_1} + \frac{1}{C_2} + \frac{1}{C_3} \tag{3-7}$$

当只有两个电容串联时，总电容的计算公式为

$$C = \frac{C_1 C_2}{C_1 + C_2} \tag{3-8}$$

电容串联时，每个电容两端的电压都是总电压的一部分，在电量一定的情况下，电容电压与电容量成反比：串联的最大值电容其电压最小，最小值的电容其电压最大。

每个串联的电容，其两端的电压按下式计算，即

$$U_1 = \frac{C}{C_1}U, \quad U_2 = \frac{C}{C_2}U, \quad U_3 = \frac{C}{C_3}U \tag{3-9}$$

所以，串联电容整体的工作电压升高。如果电容的耐压值低于外加电压，可以采用电容串联的方法。但需要注意的是，电容串联以后，一方面总电容变小，另一方面，电容量越小的电容，承受的电压越高。所以，要考虑每个电容两端的电压是否大于电容的耐压值。

【特别提示】

由于每个电容的极板电荷相等，所以电容元件串联时，有以下几点。

① 总电容的倒数是各个电容的倒数之和。

② 注意总电容的耐压，考虑电容的最小额定电量。

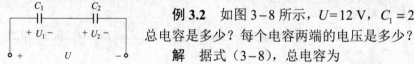

图 3-8　例 3.2 用图

例 3.2　如图 3-8 所示，$U = 12\ \text{V}$，$C_1 = 220\ \text{pF}$，$C_2 = 330\ \text{pF}$ 的总电容是多少？每个电容两端的电压是多少？

解　据式（3-8），总电容为

$$C = \frac{C_1 C_2}{C_1 + C_2} = \frac{220 \times 330}{220 + 330} = 132\,(\text{pF})$$

据式（3-9），各电容电压为

$$U_1 = \frac{C}{C_1} U_S = \frac{132}{220} \times 12 = 7.2\,(\text{V})$$

$$U_2 = U_S - U_1 = 12 - 7.2 = 4.8\,(\text{V})$$

例 3.3　已知 3 个电容 $C_1 = 100\ \mu\text{F}$，$C_2 = 50\ \mu\text{F}$，$C_3 = 40\ \mu\text{F}$。① 如 C_1 与 C_2 并联再与 C_3 串联，求等效电容；② 如 C_1 与 C_2 先串联，再与 C_3 并联，求等效电容。

解　①　$C = \dfrac{(C_1 + C_2) \times C_3}{(C_1 + C_2) + C_3} = \dfrac{(100 + 50) \times 40}{(100 + 50) + 40} = 31.6\,(\mu\text{F})$

②　$C = \dfrac{C_1 \times C_2}{C_1 + C_2} + C_3 = \dfrac{100 \times 50}{100 + 50} + 40 = 73.3\,(\mu\text{F})$

例 3.4　已知 3 个电容：$C_1 = 0.1\ \mu\text{F}$，耐压值 $U_{M1} = 25\ \text{V}$；$C_2 = 0.47\ \mu\text{F}$，耐压值 $U_{M2} = 6.3\ \text{V}$；$C_3 = 0.22\ \mu\text{F}$，耐压值 $U_{M3} = 10\ \text{V}$。若将 3 个电容串联，外加电压 25 V，试计算总电容以及每个电容两端的电压，问电路能否正常工作？外加电压增加到 40 V，又问电路能否正常工作？该串联电容最高的工作电压为多少？

解　3 个电容串联，则根据式（3-7），总电容为

$$\frac{1}{C} = \frac{1}{C_1} + \frac{1}{C_2} + \frac{1}{C_3} = \frac{1}{0.1} + \frac{1}{0.47} + \frac{1}{0.22}$$

$$C = 0.06 \ \mu\text{F}$$

电容 C_1 两端的电压为

$$U_1 = \frac{C}{C_1} U = \frac{0.06}{0.1} \times 25 = 15.0 \ (\text{V})$$

电容 C_2 两端的电压为

$$U_2 = \frac{C}{C_2} U = \frac{0.06}{0.47} \times 25 = 3.19 \ (\text{V})$$

电容 C_3 两端的电压为

$$U_3 = \frac{C}{C_3} U = \frac{0.06}{0.22} \times 25 = 6.82 \ (\text{V})$$

因为每个电容承受的电压均小于其耐压值，所以电路能正常工作。若外加电压增加到 40 V，电容 C_1 两端的电压为

$$U_1' = \frac{0.06}{0.1} \times 40 = 24 \ \text{V} < U_{\text{M1}}$$

电容 C_2 两端的电压为

$$U_2' = \frac{0.06}{0.47} \times 40 = 5.1 \ \text{V} < U_{\text{M2}}$$

电容 C_3 两端的电压为

$$U_3' = \frac{0.06}{0.22} \times 40 = 10.9 \ \text{V} > U_{\text{M3}}$$

因为电容 C_3 承受的电压 10.9 V 大于其耐压值 10 V，所以电容 C_3 有可能会被击穿。电容 C_3 被击穿后，外加电压 40 V 将全部加在电容 C_1 和 C_2 两端，这时只有 C_1 和 C_2 串联，得总电容为

$$C = \frac{C_1 C_2}{C_1 + C_2} = \frac{0.1 \times 0.47}{0.1 + 0.47} = 0.08 \ (\mu\text{F})$$

电容 C_1 两端的电压为

$$U_1'' = \frac{C}{C_1} U = \frac{0.08}{0.1} \times 40 = 32 \ \text{V} > U_{\text{M1}}$$

电容 C_2 两端的电压为

$$U_2'' = \frac{C}{C_2} U = \frac{0.08}{0.47} \times 40 = 6.8 \ \text{V} > U_{\text{M2}}$$

显然，这都超过了两个电容各自的耐压值，从而导致电容 C_1 和 C_2 也被击穿。所以，电路不能正常工作。

【知识拓展】

1. 常见的固定电容器及电解电容器

常见固定电容器及电解电容器如图3-9～图3-12所示。

图3-9　陶瓷电容器

图3-10　独石电容器

图3-11　电力电容器

图3-12　电解电容器

2. 手机电阻屏及电容屏优、缺点

（1）电阻屏。电阻触摸屏的屏体部分是一块多层复合薄膜，由一层玻璃或有机玻璃作为基层，表面涂有一层透明的导电层（ITO 膜），上面再盖有一层外表面经过硬化处理、光滑防刮的塑料层。它的内表面也涂有一层ITO，在两层导电层之间有许多细小（小于1‰英寸）的透明隔离点把它们隔开。当手指接触屏幕时，两层ITO发生接触，电阻发生变化，控制器根据检测到的电阻变化来计算接触点的坐标，再依照这个坐标进行相应的操作，因此这种技术必须是要施力到屏幕上，才能获得触摸效果。

电阻屏根据引出线数多少，分为四线、五线等类型。五线电阻触摸屏的外表面是导电玻璃而不是导电涂覆层，这种导电玻璃的寿命较长，透光率也较高。

电阻式触摸屏的ITO涂层若太薄容易脆断，涂层太厚又会降低透光且形成内反射而降低清晰度。由于经常被触动，表层ITO使用一定时间后会出现细小裂纹甚至变型，因此其寿命并不长久。

电阻式触摸屏价格便宜且易于生产。四线式、五线式以及七线式、八线式触摸屏的出现使其性能更加可靠，同时也改善了它的光学特性。

（2）电容屏。电容式触摸屏利用人体的电流感应进行工作，其触摸屏由一块4层复合玻璃屏构成。当手指放在触摸屏上时，人体电场、用户和触摸屏表面形成一个耦合电容，对于高频电流来说，电容是直接导体，于是手指从接触点吸走一个很小的电流。这个电流分别从触摸屏四角上的电极中流出，并且流经这4个电极的电流与手指到四角的距离成正比，控制器通过对这4个电流比例的精确计算，得出触摸点的位置信息。

电容式触摸屏具有灵敏度高、容易实现多点触控技术等优点。但电容屏缺点也很明显，电容屏的反光严重，而且电容技术的 4 层复合触摸屏对各波长光的透光率不均匀，存在色彩失真的问题，由于光线在各层间的反射，还造成图像字符的模糊，且对手机用户来说其技术特点决定了其只能使用手指进行操作。电容屏最大的缺点就是"漂移"。由于电容随温度、湿度或接地情况的不同而变化，所以当环境温度、湿度、环境电场发生改变时，都会引起电容屏的漂移，造成定位不准确。

多点触摸技术：多点触摸的定义来自应用，多点触摸屏的最大特点在于可以两只手、多个手指甚至多个人同时操作屏幕的内容，更加方便与人性化。多点触摸技术也叫多点触控技术。比如说 iPhone，用两根手指在屏幕上划动来对图片进行放大和缩小，但是 iPhone 手机和魅族 M8 手机仅允许 2 根手指同时作用来完成旋转、缩放等功能，最多算是双重触控。多点触摸屏幕的工作原理是在导电层上划分出了许多独立的触控单元，而每个单元通过独立的引线连接到外部电路。由于所有的触控单元呈矩阵排布，所以无论用户手指接触哪一部分，系统都能够对相应的手指动作产生反应。

电容屏比较容易实现多点触摸技术；电阻屏其实也可以实现多点触摸技术。已经有一家公司在电阻屏上实现了多于 4 点的多点触摸。

3.1.2　电感元件

在电子技术和电力工程中，经常用到一种由导线绕制而成的线圈，如收音机中的高频扼流圈、日光灯电路的镇流器等，这些线圈统称为电感线圈。如果电感线圈通以电流，由于电流的磁效应，线圈周围将存在磁场，即线圈存储了磁场能量。实际的电感线圈是有一定电阻的，若忽略电感线圈的电阻值，只考虑其具有储存磁场能量的特性，这样的电感线圈可抽象为一种理想的电路元件——电感。电路图形符号如图 3-13 所示。电感元件可分为空心电感线圈和铁芯电感线圈。绕在非铁磁性材料做成的骨架上的线圈叫空心电感线圈，图形符号如图 3-13（a）所示，其中 R 是线圈的内阻。如果内阻很小，可忽略不计，则电路图形符号如图 3-13（b）所示。在空心电感线圈内放置铁磁材料制成的铁芯，叫做铁芯电感线圈，电路图形符号如图 3-13（c）所示。

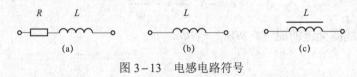

图 3-13　电感电路符号

电感器和电容器一样，也是一种储能元件，它能把电能转变为磁场能，并在磁场中储存能量。电感器用符号 L 表示，基本单位是亨利（H），常用毫亨（mH）为单位。它经常和电容器一起工作，构成 LC 滤波器、LC 振荡器等。另外，人们还利用电感的特性制造了扼流圈、变压器、继电器等。如图 3-14 所示为典型的电感元件。

电感器的特性恰恰与电容的特性相反，它具有阻止交流电通过，而让直流电通过的特性。小小的收音机上就有不少电感线圈，几乎都是用漆包线绕成的空心线圈或在骨架磁芯、铁芯上绕制而成的。有天线线圈（它是用漆包线在磁棒上绕制而成的）、中频变压器（俗称中周）、输入输出变压器等。

图 3-14　典型的电感元件

1. 电磁感应定律

1831 年，法拉第在试验中总结：当穿过某一导电回路所围面积的磁通发生变化时，回路中即产生感应电动势和感应电流，感应电动势的大小与磁通对时间的变化率成正比。这一结论称为法拉第定律。这种由于磁通的变化而产生的感应电动势的现象称为电磁感应现象。

1834 年，楞次进一步发现，感应电流的方向总是要使它的磁场阻碍引起感应电流的磁通量的变化，这一结论即楞次定律。

法拉第定律经楞次定律补充后，完整地反映了电磁感应的规律，这就是电磁感应定律。

电磁感应定律指出，如果磁通 Φ 的参考方向与感应电动势 e 的参考方向符合右手螺旋关系，如图 3-15（a）所示，则对一匝线圈来说，其感应电动势为

$$e = -\frac{\mathrm{d}\Phi}{\mathrm{d}t} \tag{3-10}$$

式中，各量均采用 SI 单位制，即磁通的单位为 Wb，时间的单位为 s，电动势的单位为 V。若线圈的匝数为 N，且穿过各匝的磁通均为 Φ，如图 3-15（b）所示，则

$$e = -N\frac{\mathrm{d}\Phi}{\mathrm{d}t} = -\frac{\mathrm{d}\Psi}{\mathrm{d}t} \tag{3-11}$$

式中　Ψ——与线圈交链的磁链，Wb，$= N\Phi$。

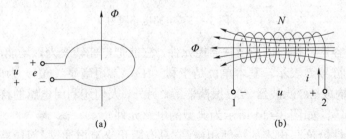

(a)　　　　　　　　　　(b)

图 3-15　电磁感应定律

感应电动势将使线圈的两端出现电压，称为感应电压。若选择感应电压 u 的参考方向与 e 相同，即 u 的参考方向与磁通 Φ 的参考方向的关系称为关联，则当外电路开路时，图 3-15

（b）所示线圈两端的感应电压为

$$u = -e = -\left(-\frac{\mathrm{d}\varPsi}{\mathrm{d}t}\right)$$

即

$$u = \frac{\mathrm{d}\varPsi}{\mathrm{d}t} \tag{3-12}$$

2. 电感元件

1）电感元件和电感

电感元件是实际电感线圈的理想模型，是一种理想二端元件。它是反映实际线圈通入电流时，线圈内部及周围会产生磁场，并储存磁场能量这一基本电磁性能的理想化模型。图 3-16 所示为电感元件的图形符号。

如图 3-15（b）所示，电感线圈匝数为 N，通以电流 i，电流产生的自感磁通为 $\varPhi$，选择磁通 $\varPhi$ 和电流 i 的参考方向符合右手螺旋法则（这也称为关联参考方向）。

定义线圈的电感 L 为

$$L = \frac{\varPsi}{i} \tag{3-13}$$

在国际单位制中，电感的单位为亨利，符号为 H［实际应用中还有毫亨（mH）和微亨（μH）两个单位］。电感 L 也叫自感系数，是电感元件的参数。如果电感元件的电感为常量，而不随通过它的电流的改变而改变，则称为线性电感元件（本书所涉及的电感元件都是指线性电感元件）。

2）影响电感的因素

电感线圈 L 只与线圈自身有关，与线圈的形状、尺寸、匝数及其周围的介质都有关，而与线圈的电流无关。图 3-17 所示的圆柱形线圈是常见的电感线圈之一。若线圈绕制均匀紧密，且其长度远大于截面半径，可以证明，一端圆柱形线圈的电感为

$$L = \mu\frac{N^2 S}{l} \tag{3-14}$$

式中　S——线圈的截面积；

l——该段线圈轴向长度；

N——该段线圈的匝数；

μ——磁介质的磁导率。

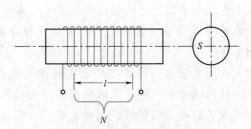

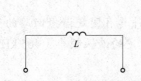

图 3-16　电感元件的图形符号　　　　　　图 3-17　圆柱形线圈

形状、尺寸、匝数完全相同的线圈，有铁芯和没有铁芯，由于磁导率的悬殊，其电感的

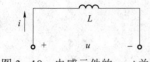

图 3-18　电感元件的 u-i 关系

大小相差几十乃至数千倍。

3. 电感元件的 u-i 关系

在图 3-18 中，选择电感元件的电压和电流的参考方向是关联参考方向。电感元件的电压就是由于电磁感应而产生的感应电压，根据电磁感应定律，有

$$u = \frac{\mathrm{d}\Psi}{\mathrm{d}t} = \frac{\mathrm{d}(Li)}{\mathrm{d}t}$$

即

$$u = L\frac{\mathrm{d}i}{\mathrm{d}t} \tag{3-15}$$

电感元件的电压与其电流的变化率成正比。只有当电感元件的电流发生变化时，电感元件两端才会有电压。因此，电感元件是动态元件。电流变化越快，电压就越大；电流变化越慢，电压就越小。当电流不随时间变化时，则电感电压为零。所以，在直流电路中，电感元件相当于短路。

电感元件通以电流，就产生磁场，磁场能储存磁场能量。电流增大，磁场增强，这时储存的磁场能量就增加；电流减小，磁场减弱，这时储存的磁场能量也就减小。电感元件存储的磁场能量通过下式计算，即

$$W_L(t) = \frac{1}{2}Li_L^{\,2}(t) \tag{3-16}$$

式（3-16）表明，任何时刻，电感元件储存的磁场能量正比于该时刻电流的平方。

需要指出，实际的线圈都是有内阻的。因而，在实际问题中，低频和中频电路常用电阻和电感的串联组合来代表实际的线圈。当流过线圈的电流过大时，线圈会发热，就有可能烧坏线圈。因此，实际选用线圈时，需要考虑线圈的额定功率和额定电流。

【特别提示】

电流变化越快，自感电压越大；电流变化越慢，自感电压越小。当电流不随时间变化时，则自感电压为零。所以，直流电路中电感元件相当于导线。

关于电感元件的连接可查看互感电路相关知识。

 【知识拓展】

1）常见的电感器

（1）色码电感器。色码电感和色环电阻类似，用不同的颜色表示不同的数字，可以表示电感的电感量是多少。有些电感的值是直接标在电感封装上的；有的还需要用表测量，如图 3-19 所示。

（2）中周变压器。这是超外差式晶体管收音机中特有的一种具有固定谐振回路的变压器，但谐振回路可在一定范围内微调，以使接入电路后能达到稳定的谐振频率（465 kHz）。微调借助磁芯的相对位置的变化来完成，如图 3-20 所示。

（3）电源变压器。电源变压器的功能是功率传送、电压变换和绝缘隔离，作为一种主要的软磁电磁元件，在电源技术中和电力电子技术中得到广泛的应用，如图 3-21 所示。

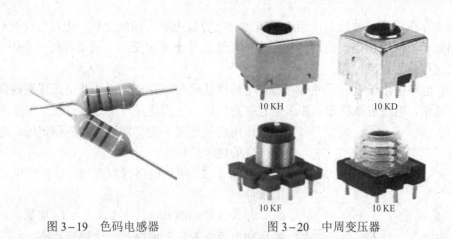

图 3-19 色码电感器 图 3-20 中周变压器

2）金属探测仪

通常金属探测仪由两部分组成，即金属探测仪与自动剔除装置，其中检测器为核心部分。检测器内部分布着 3 组线圈，即中央发射线圈和两个对等的接收线圈，通过中间的发射线圈所连接的振荡器来产生高频可变磁场，空闲状态时两侧接收线圈的感应电压在磁场未受干扰前相互抵消而达到平衡状态。一旦金属杂质进入磁场区域，磁场受到干扰，这种平衡就被打破，两个接收线圈的感应电压就无法抵消，未被抵消的感应电压经由控制系统放大处理，并产生报警信号（检测到金属杂质）。系统可以利用该报警信号驱动自动剔除装置等，从而把金属杂质剔除生产线以外。

金属探测仪使用的元件从电子管、晶体管乃至集成电路，发展日新月异，其应用范围几乎扩大到各个领域，对企业生产及人身安全起着重要的作用。下落式金属探测仪如图 3-22 所示。

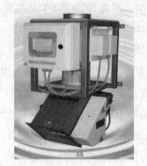

图 3-21 电源变压器 图 3-22 下落式金属探测仪

3.2 过渡过程和换路定律

3.2.1 过渡过程

在前面分析的直流线性电路中，电源（激励）为恒定值，电路中各部分电压或电流（响应）也是恒定值，这种电路的工作状态为稳定状态，简称稳态。

过渡过程和
换路定律

但在实际中存在这样一种情况：当电路中含有电容或电感等储能元件，电路发生变化前后，电路分别处于不同的稳态，而这两种稳态的转变往往不是突变的，需要经历一个中间过程，这个中间过程称为过渡过程。

例如，电路中由于电容元件的存在，电源接通后对电容充电而使其电压逐渐提高，最后电容充电结束，电路重新稳定。那么电容的充电这一过程就是一个过渡过程；电感由于电磁感应作用而使电流不能立即达到新的稳定值，这也是一个渐变的过渡过程。

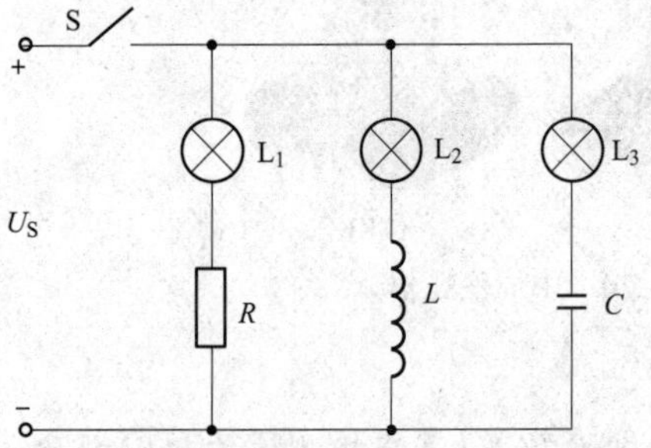

以图 3-23 所示电路试验为例，分析产生过渡过程的条件。

开关 S 开始断开，灯泡 L_1、L_2、L_3 均熄灭，电路的电压和电流均为零，电路是一个稳定状态。

当闭合开关 S 时，电阻支路的灯泡 L_1 立即发光，且亮度不再变化，说明这一支路没有经历过渡过程，立即进入了新的稳态；电感支路的灯泡 L_2 由暗渐渐变亮，

图 3-23　过渡过程演示电路

最后灯光稳定，电路达到稳定状态，说明电感支路经历了过渡过程；电容支路的灯泡 L_3 由亮变暗直到熄灭，说明电容支路也经历了过渡过程。

通过过渡过程演示电路可以发现，首先，若开关 S 状态保持不变（断开或闭合），电感支路和电容支路就没有这个现象产生。由此可知，产生过渡过程的条件一是接通了开关，但接通开关并非都会产生过渡过程，如电阻支路。产生过渡过程的两条支路都存在储能元件（电感或电容），并且电容电压、电感电流值不等于新的稳态值，这是产生过渡过程的必备条件。在电路理论中，通常把电路状态的改变（电路的接通或切断、激励或参数的突变等）统称为换路，并认为换路是立即完成的。

综上所述，若要使电路的状态发生改变，必须满足下列 3 个条件。

① 电路中至少需要有一个储能元件（也叫动态元件）。

② 电路需要换路。

③ 换路后的瞬间，电容电压、电感电流值不等于新的稳态时的电压、电流值。

电路过渡过程所经历的时间往往较为短暂，所以过渡过程称为瞬态，又称为暂态。电路的暂态过程虽然在很短的时间内就会结束，但却会给电路带来比稳态大得多的过电流和过电压。电路中出现的这种短暂的过电流和过电压，一方面可用来产生所需要的波形或电源，另一方面它又可能会使电气设备工作失效，甚至造成严重的事故。因此，有必要对电路的暂态过程进行分析，以掌握其规律，为电路分析和设计服务。

研究暂态过程，就是要认识和掌握暂态过程的规律。分析暂态电路的基本方法主要有数学分析和试验分析。数学分析方法的理论依据是欧姆定律及基尔霍夫定律；试验分析方法是在试验课程中综合应用示波器或仿真软件等，用来观测暂态过程中各物理量随时间变化的规律。

3.2.2　换路定律

无论电路的状态如何改变，电路中所具有的能量是不能跃变的，能量的积累和释放是需要一定时间的。比如，电感的磁能及电容的电能都不能发生跃变，只能连续变化，这是因为

实际电路所提供的功率只能是有限值。如果它们的储能发生跃变，则意味着功率

$$p = \frac{\mathrm{d}w}{\mathrm{d}t} \to \infty$$

则电路需向它们提供无限大的功率，这实际上是办不到的。

电容元件储存的能量为

$$w_C = \frac{1}{2} C u_C^2 \qquad (3-17)$$

电感元件储存的能量为

$$w_L = \frac{1}{2} L i_L^2 \qquad (3-18)$$

从式（3-17）和式（3-18）可以看出，由于储能不能跃变，因此电容电压 u_C 和电感电流 i_L 不能跃变。实际电路中 u_C、i_L 的这一规律适用于任一时刻，当然也适用于换路瞬间，即：换路瞬间电容电压不能跃变，电感电流不能跃变，这就是换路定律。假设 $t=0$ 瞬间发生换路，则换路定律可用数学表达式表示为

$$\begin{cases} u_C(0_+) = u_C(0_-) \\ i_L(0_+) = i_L(0_-) \end{cases} \qquad (3-19)$$

式中　$t=0_-$——t 从负值趋于零的极限，即换路前的最后瞬间；

$t=0_+$——t 从正值趋于零的极限，即换路后的最初瞬间；

$u_C(0_+)$，$i_L(0_+)$——初始值，表示换路后的最初瞬间（即 $t=0_+$ 时刻）的值。

式（3-19）在数学上表示函数 $u_C(t)$ 和 $i_L(t)$ 在 $t=0$ 的左极限和右极限相等，即它们在 $t=0$ 时刻连续。

【特别提示】

对于原来未充电的电容，在换路瞬间，$u_C(0_+) = u_C(0_-) = 0$，电容相当于短路；对于原来没有电流的电感，在换路瞬间 $i_L(0_+) = i_L(0_-) = 0$，电感相当开路。

3.2.3　初始值的计算

换路定则只能确定换路瞬间的电容电压值和电感电流值，而电容电流、电感电压以及电路中的其他元件的电流、电压初始值是可以发生跃变的。将 $u_C(0_+)$ 和 $i_L(0_+)$ 称为独立初始值，把除电容电压和电感电流外，在 $t=0_+$ 时刻的其他响应值称为非独立初始值。

由换路定律确定了独立的初始值后，电路中非独立初始值可按下列原则确定。

① 换路前的最后瞬间，若电路是直流稳态，则电容用开路代替、电感用短路代替；将开关 S 处理成开路（断开状态）或短路（闭合状态）。

② 换路后的最初瞬间，电容元件被看作恒压源 $u_C(0_+)$。如果 $u_C(0_+) = u_C(0_-) = 0$，换路时，电容器相当于短路。

③ 换路后的最初瞬间，电感元件可看作恒流源 $i_L(0_+)$。如果当 $i_L(0_+) = i_L(0_-) = 0$，电感元件在换路瞬间相当于开路。

④ 运用直流电路分析方法，计算换路后最初瞬间元件的电压、电流初始值。

例 3.5　图 3-24（a）所示电路开关断开前电路处于稳态，$t=0$ 发生换路。确定在换路

后各支路电流及电容电压的初始值。

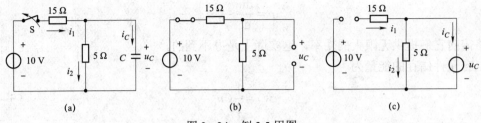

图 3-24　例 3.5 用图

（a）电路；（b）换路前 $t=0_-$，瞬间电路为稳态；（c）换路后 $t=0_+$，瞬间 $u_C(0_+)=u_C(0_-)$

解　（1）求独立的初始值 $u_C(0_+)$。

设开关 S 在 $t=0$ 瞬间断开，即 $t=0$ 发生换路。

换路前电路为直流稳态，电容 C 相当于开路，如图 3-24（b）所示。

$$u_C(0_-)=10\times\frac{5}{5+15}=2.5\,(\text{V})$$

换路后的电路如图 3-24（c）所示，电容元件被看作 2.5 V 恒压源。

据式（3-19），换路定律得

$$u_C(0_+)=u_C(0_-)=2.5\,(\text{V})$$

（2）求非独立的初始值

$$i_1(0_+)=0$$

$$i_2(0_+)=\frac{u_C(0_+)}{5}=\frac{2.5}{5}=0.5\,(\text{A})$$

$$i_C(0_+)=-i_2(0_+)=-0.5\,(\text{A})$$

例 3.6　图 3-25（a）所示电路开关闭合前电路处于稳态，$t=0$ 发生换路。试求闭合后电感电压和各支路电流的初始值。

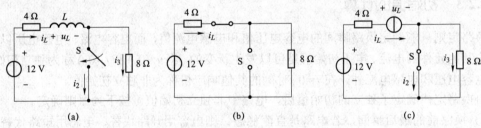

图 3-25　例 3.6 用图

（a）电路；（b）换路前 $t=0_-$，瞬间电路为稳态；（c）换路后 $t=0_+$，瞬间 $i_L(0_+)=i_L(0_-)$

解　① 求独立的初始值 $i_L(0_+)$。

换路前电路为直流稳态，开关断开，电感 L 相当于短路，如图 3-25（b）所示。

$$i_L(0_-)=\frac{12}{4+8}=1\,(\text{A})$$

换路后的电路如图 3-25（c）所示，电感元件被看作 1 A 恒流源。

据式（3-19）换路定律得

$$i_L(0_+) = i_L(0_-) = 1 \text{ A}$$

② 求非独立的初始值。

由于开关闭合将 8 Ω 电阻短路，所以

$$i_3(0_+) = 0$$

$$i_2(0_+) = i_L(0_+) = 1 \text{ A}$$

$$u_L(0_+) = -4i_L(0_+) + U_S = -4 \times 1 + 12 = 8 （\text{V}）$$

思考题

（1）是否任何电路发生换路时都会产生过渡过程？什么是换路定律？

（2）电路如图 3-26 所示，开关 S 打开前电路已经处于稳态，则换路前 $u_C(0_-) =$ _____ V；$t=0$ 时刻发生换路，换路后 $u_C(0_+) =$ _____ V。

（3）电路如图 3-27 所示，开关 S 打开前电路已经处于稳态，则换路前 $i_L(0_-) =$ _____ mA；$t=0$ 时刻发生换路，换路后 $i_L(0_+) =$ _____ mA。

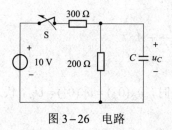

图 3-26　电路

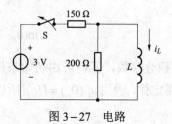

图 3-27　电路

3.3　一阶电路的响应

当电路中含有电容或电感元件等这些储能元件，这样的电路称为动态电路。如果动态电路中只含有一种且只有一个（或等效为一个）储能元件，则该电路称为一阶动态电路。在这里仅讨论由直流激励下，电容、电阻组成的 RC 一阶电路和由电感、电阻组成的 RL 一阶电路。

在动态电路中，激励可以是外加的独立电源，也可以是储能元件的初始储能，或者是两者皆有，这些激励都可以使电路中的电压和电流发生改变，这就是电路的响应。

一阶电路过渡过程的分析——经典法

3.3.1　一阶 RC 电路响应的分析

一个由直流电源、电阻和电容组成的动态电路如图 3-28 所示。

在电路中，开关接在位置 1 已久，电容已被充电，两端电压为 U_0，即 $u_C(0_-) = U_0$，在 $t=0$ 时刻，电路换路，开关接在

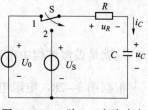

图 3-28　一阶 RC 电路响应

位置 2，外施激励直流电压源 U_S 加到 RC 串联电路中，下面来分析电路中的响应 u_C。

根据 KVL 可以列出电路的电压方程为

$$u_R + u_C = U_\mathrm{S}$$

将 $i_C = C\dfrac{\mathrm{d}u_C}{\mathrm{d}t}$ 和 $u_R = Ri_C = RC\dfrac{\mathrm{d}u_C}{\mathrm{d}t}$ 代入上式，得

$$RC\frac{\mathrm{d}u_C}{\mathrm{d}t} + u_C = U_\mathrm{S} \tag{3-20}$$

式（3-20）是一阶微分方程，求解 u_C，得

$$RC\frac{\mathrm{d}u_C}{\mathrm{d}t} = U_\mathrm{S} - u_C$$

$$\frac{\mathrm{d}u_C}{u_C - U_\mathrm{S}} = -\frac{1}{RC}\mathrm{d}t$$

两边同时积分，得

$$\int \frac{\mathrm{d}u_C}{u_C - U_\mathrm{S}} = \int -\frac{1}{RC}\mathrm{d}t$$

得到

$$\ln(u_C - U_\mathrm{S}) = -\frac{t}{RC} + A \tag{3-21}$$

式中　A——积分常数，其值可由初始条件确定。

根据换路定律，因为 $u_C(0_-) = U_0$，所以当 $t = 0_+$ 时，$u_C(0_+) = u_C(0_-) = U_0$，代入式（3-21）中，得到

$$A = \ln(U_0 - U_\mathrm{S})$$

将求得的 A 再代入式（3-21）得

$$\ln(u_C - U_\mathrm{S}) = -\frac{t}{RC} + \ln(U_0 - U_\mathrm{S})$$

即

$$\ln\frac{u_C - U_\mathrm{S}}{U_0 - U_\mathrm{S}} = -\frac{t}{RC}$$

$$\frac{u_C - U_\mathrm{S}}{U_0 - U_\mathrm{S}} = \mathrm{e}^{-\frac{t}{RC}}$$

最后得

$$u_C(t) = U_\mathrm{S} + (U_0 - U_\mathrm{S})\mathrm{e}^{-\frac{t}{RC}} \tag{3-22}$$

这就是过渡过程中电容电压 u_C 随时间 t 的变化规律。

根据图 3-28，电阻电压为

$$u_R(t) = U_\mathrm{S} - u_C(t) = (U_\mathrm{S} - U_0)\mathrm{e}^{-\frac{t}{RC}} \tag{3-23}$$

电路中的电流为

$$i_C(t) = \frac{u_R(t)}{R} = \frac{(U_S - U_0)}{R} e^{-\frac{t}{RC}} \qquad (3-24)$$

以下对分析结果做一些讨论。

1. 零输入响应

在式（3-22）～式（3-24）中，如果 $U_S = 0$，即电路没有外施电源的输入，这时电路的响应完全是由储能元件的初始储能激励而产生的，这样的响应称为零输入响应。

初始值为

$$\begin{cases} u_C(0_+) = u_C(0_-) = U_0 \\ u_R(0_+) = U_S - u_C(0_+) = U_S - U_0 = -U_0 \\ i_C(0_+) = \frac{u_R(0_+)}{R} = \frac{-U_0}{R} \end{cases}$$

由式（3-22）得此时电容电压为

$$u_C(t) = U_0 e^{-\frac{t}{RC}} = u_C(0_+) e^{-\frac{t}{RC}} \qquad (3-25)$$

由式（3-23）得电阻电压为

$$u_R(t) = -U_0 e^{-\frac{t}{RC}} = u_R(0_+) e^{-\frac{t}{RC}} \qquad (3-26)$$

由式（3-24）得电路中的电流为

$$i_C(t) = \frac{(-U_0)}{R} e^{-\frac{t}{RC}} = i_C(0_+) e^{-\frac{t}{RC}} \qquad (3-27)$$

零输入响应实质上就是电容的放电过程。电容通过电阻 R 放电，电容器储存的电能被逐渐释放出来，电容电压、电流、电阻电压逐渐减小，直到零为止。而且在放电过程中电容元件的电压 u_C、电流 i_C、电阻电压 u_R 都是随时间按指数函数规律不断衰减，最终趋于零。放电结束后，电路重新达到稳态。它们的波形如图 3-29 所示。

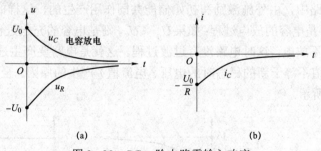

图 3-29　RC 一阶电路零输入响应

（a）电容电压和电阻电压变化规律；（b）电容电流变化规律

2. 零状态响应

在式（3-22）～式（3-24）中，如果 $U_0 = 0$，RC 电路中电容电压 $u_C(0_+) = U_0 = 0$，即电容事先没有被充电，RC 动态电路初始状态为零时，由外加激励信号所引起的响应称为电路的零状态响应。

$t \to \infty$ 时刻的值，表示换路后的电路重新稳定的电压或电流值统称为稳态值。根据图 3-28，$u_C(\infty) = U_S$，$i_C(\infty) = 0$（电容开路），$u_R(\infty) = i_C(\infty)R = 0$。

由式（3-22）得电容电压为

$$u_C(t) = U_S - U_S e^{-\frac{t}{RC}} = U_S(1 - e^{-\frac{t}{RC}}) = u_C(\infty)(1 - e^{-\frac{t}{RC}}) \qquad (3-28)$$

由式（3-23）得电阻电压为

$$u_R(t) = U_S e^{-\frac{t}{RC}} \qquad (3-29)$$

由式（3-24）得电路中的电流为

$$i_C(t) = \frac{U_S}{R} e^{-\frac{t}{RC}} \qquad (3-30)$$

零状态响应实质上就是电容的充电过程。在充电过程中，电容元件的电压 u_C 是随时间从零值按指数函数规律不断上升，最终等于电源电压 U_S；而电阻的电压 u_R 却是从零值跃变到最大值 U_S 后按指数函数规律衰减到零；电容的电流 i 同电阻电压相似，也是从零值跃变到最大值 $\dfrac{U_S}{R}$ 后按指数函数规律衰减到零。充电结束后，电路重新达到稳态。这时电容相当于开路，电路中无电流，电阻自然也就无电压。它们的波形如图 3-30 所示。

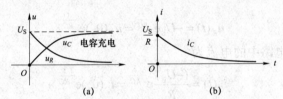

图 3-30　RC 电路零状态响应
（a）电容电压和电阻电压变化规律；（b）电容电流变化规律

3. 全响应

在式（3-22）、式（3-23）、式（3-24）中，如果 $U_S \neq 0$，同时 $U_0 \neq 0$，这时电路的响应在非零状态的电路中，由外施激励和初始储能共同作用产生的，这样的响应称为全响应。

如果 $U_0 > U_S$，是电容的放电过程；如果 $U_0 < U_S$，则是电容的充电过程；而如果 $U_0 = U_S$，则电容既不充电也不放电，这时电路没有过渡过程。这就是电路要产生过渡过程的条件（电容电压、电感电流值不等于新的稳态时的电压、电流值）产生的原因。全响应时电容电压 u_C 的波形如图 3-31 所示。

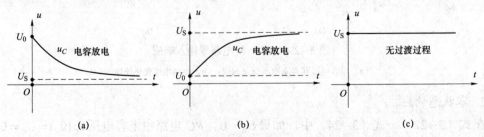

图 3-31　RC 电路全响应电容电压变化规律
（a）$U_0 > U_S$；（b）$U_0 < U_S$；（c）$U_0 = U_S$

因为 $u_C(0_+) = U_0$，$u_C(\infty) = U_S$，式（3-28）可写为

$$u_C(t) = u_C(\infty) + [u_C(0_+) - u_C(\infty)]e^{-\frac{t}{RC}} \qquad (3-31)$$

4. 时间常数

令 $\tau = RC$，τ 的单位为

$$[\tau] = [R][C] = \Omega(欧) \times F(法) = \frac{V(伏)}{A(安)} \times \frac{C(库)}{V(伏)} = \frac{C(库)}{A(安)} = s(秒)$$

由于 τ 具有时间的单位，故称为时间常数。

时间常数 τ 的大小决定过渡过程的长短。以零输入响应电容电压 $u_C(t) = U_0 e^{-\frac{t}{\tau}}$ 为例分析，u_C 随时间衰减的情况如表 3-1 所列。

表 3-1　电容电压随时间变化的规律

t	0	τ	2τ	3τ	4τ	5τ	...	∞
$e^{-\frac{t}{\tau}}$	1	0.368	0.135	0.050	0.018	0.007	...	0
$u_C(t) = U_0 e^{-\frac{t}{\tau}}$	U_0	$0.368U_0$	$0.135U_0$	$0.050U_0$	$0.018U_0$	$0.007U_0$	...	0

表 3-1 中的数值说明，$t = \tau$ 时的值约为初始值的 0.368 倍，表示放电过程中，电容电压衰减至初始值的 0.368 倍所需经历的时间等于时间常数 τ。这一时间越长，放电进行得越慢；反之，放电进行很快。

从理论上说，$t \to \infty$ 电容电压才衰减至零。实际上，$t = 5\tau$ 时，电容电压已衰减为初始值的 0.007 倍，可以认为电路已经达到新的稳态。在工程中，一般认为经过（3~5）τ 时间，过渡过程基本结束，电路已达到新的稳态。

时间常数 τ 仅取决于电路的结构和元件参数。它的大小直接影响电路过渡过程的快慢。时间常数 τ 越大，过渡过程进行得越慢，过渡过程越长。例如，零输入响应电容放电，在 U_0 为定值时，电容 C 值越大，储能越多，放电时间就越长；电阻 R 越大，放电电流越小，放电时间也越长；反之，时间常数 τ 越小，过渡过程进行得越快，过渡过程越短。

引入时间常数后，式（3-31）可以写为

$$u_C(t) = u_C(\infty) + [u_C(0_+) - u_C(\infty)]e^{-\frac{t}{\tau}} \qquad (3-32)$$

式（3-32）中，$u_C(0_+) \neq u_C(\infty)$，全响应电容电压 u_C 由两项组成，第一项为常量 $u_C(\infty)$，它是电容电压在电路达到新的稳态时的电压值（也叫稳态值），所以这一项就叫稳态分量。第二项是时间的指数函数，随时间按指数函数规律最终会衰减到零，把这一项叫做暂态分量。所以，过渡过程中的电容电压可以分解为稳态分量与暂态分量之和，即

$$u_C(t) = \underbrace{u_C(\infty)}_{稳态分量} + \underbrace{(u_C(0_+) - u_C(\infty))e^{-\frac{t}{\tau}}}_{暂态分量} \qquad (3-33)$$

式（3-33）说明

$$全响应=稳态分量+暂态分量$$

另外，将式（3–32）可以改写为

$$u_C(t)=\underbrace{u_C(0_+)\mathrm{e}^{-\frac{t}{\tau}}}_{零输入响应}+\underbrace{u_C(\infty)(1-\mathrm{e}^{-\frac{t}{\tau}})}_{零状态响应} \qquad (3-34)$$

式（3–34）中，第一项是零输入响应，第二项是零状态响应。所以过渡过程中的电容电压又可以分解为零输入响应与零状态响应之和，即

$$全响应=零输入响应+零状态响应$$

式（3–34）说明，一阶电路的全响应等于由电路的初始状态单独作用引起的零输入响应和由外施激励单独作用所引起的零状态响应之和。这正是叠加定理的体现。

实际上全响应无论怎样分解，都是为了分析方便而人为作的分解，电路的实质是，换路前的电路处于一种能量状态，换路后电路又处于另一种能量状态，过渡过程就是电路从一种能量状态向另一种能量状态的转换过程。

例 3.7 在图 3–28 所示电路中，$U_0=0$，$U_S=12\,\mathrm{V}$，$R=5\,\mathrm{k\Omega}$，$C=1\,000\,\mathrm{\mu F}$，开关 S 闭合前电路处于零状态，$t=0$ 时开关闭合，求闭合后的 $u_C(t)$ 和 $i_C(t)$。

解　　　　$\tau=RC=5\times10^3\times1\,000\times10^{-6}=5\,(\mathrm{s})$

将 $\tau=5\,\mathrm{s}$，$U_S=12\,\mathrm{V}$，代入式（3–2），得

$$u_C(t)=U_S(1-\mathrm{e}^{-\frac{t}{RC}})=12(1-\mathrm{e}^{-\frac{t}{5}})\,\mathrm{V}$$

$$i_C(t)=\frac{12}{5}\mathrm{e}^{-\frac{t}{5}}=2.4\mathrm{e}^{-\frac{t}{5}}\,(\mathrm{mA})$$

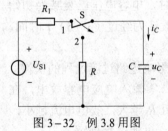

图 3–32　例 3.8 用图

例 3.8 已知图 3–32 中的 $C=10\,\mathrm{\mu F}$，$R=2\,\mathrm{k\Omega}$，电容的初始电能为 $2\times10^{-3}\,\mathrm{J}$，求：① 电路的 $u_C(t)$ 和 $i_C(t)$；② 电容电压衰减到 8 V 时所需时间；③ 要使电压在 4 s 时衰减到 2 V，电阻 R 取值为多少？

解　① 由电容的储能公式知 $W_C(0_+)=\dfrac{1}{2}Cu_C^2(0_+)$，所以

$$u_C(0_+)=\sqrt{\frac{2W_C(0_+)}{C}}=\sqrt{\frac{2\times2\times10^{-3}}{10\times10^{-6}}}=20\,(\mathrm{V})$$

时间常数

$$u_C(t)=u_C(0_+)\mathrm{e}^{-\frac{t}{RC}}=20\mathrm{e}^{-\frac{t}{2\times10^{-2}}}\,\mathrm{s}$$

这是零输入响应，将 $u_C(0_+)$ 和 τ 代入式（3–28）中，得

$$u_C(t)=u_C(0_+)\mathrm{e}^{-\frac{t}{RC}}=20\mathrm{e}^{-\frac{t}{2\times10^{-2}}}=20\mathrm{e}^{-50t}\,\mathrm{V}$$

$$i_C(t)=C\frac{\mathrm{d}u_C}{\mathrm{d}t}=-0.01\mathrm{e}^{-\frac{t}{2\times10^{-2}}}\,\mathrm{A}$$

② $u_C(t) = 8$ V 时，$20e^{-50t} = 8$ V，得 $t = \dfrac{\ln \dfrac{u_C(t)}{20}}{-50}$ 计算得

$$t = 0.018 \text{ s}$$

③ 由 $u_C(t) = 20e^{-t/RC}$，得 $R = -\dfrac{t}{C \cdot \ln \dfrac{u_C(t)}{20}}$

将 $u_C(t) = 2$ V，$C = 10$ μF，$t = 4$ s，代入上式，计算得

$$R = 1.737 \text{ k}\Omega$$

3.3.2　一阶 RL 电路响应的分析

一个由直流电源、电阻和电感组成的动态电路如图 3-33 所示。

在电路中，开关接在位置 1 已久，电路已处于稳态，电感相当于短路，$i_L(0_-) = \dfrac{U_0}{R}$，在 $t = 0$ 时刻，电路换路，开关接在位置 2，外施激励直流电压源 U_S 加到 RL 串联电路中，$i_L(0_+) = i_L(0_-) = \dfrac{U_0}{R}$。下面来分析电路中的响应 i_L。

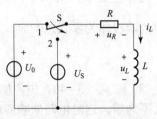

图 3-33　一阶 RL 电路响应

根据 KVL 可以列出电路的电压方程，即

$$u_L + u_R = U_S$$

将 $u_L = L\dfrac{di_L}{dt}$ 和 $u_R = Ri_L$ 代入上式，得

$$\frac{L}{R}\frac{di_L}{dt} + i_L = \frac{U_S}{R} \tag{3-35}$$

式（3-35）是一阶微分方程，求解 i_L，得

$$i_L(t) = \frac{U_S}{R} + \left(\frac{U_0}{R} - \frac{U_S}{R}\right)e^{-\frac{Rt}{L}} \tag{3-36}$$

令 $\tau = \dfrac{L}{R}$，τ 是 RL 电路的时间常数。其中，电阻的单位是 Ω，电感的单位是 H，时间常数 τ 的单位就是 s。

由式（3-36）得

$$i_L(t) = \frac{U_S}{R} + \left(\frac{U_0}{R} - \frac{U_S}{R}\right)e^{-\frac{t}{\tau}} \tag{3-37}$$

根据 $u_L = U_S - u_R = U_S - Ri_L$，可以求出电感电压为

$$u_L(t) = (U_S - U_0)e^{-\frac{t}{\tau}} \tag{3-38}$$

电阻电压为

$$u_R(t) = U_S - u_L(t) = U_0 e^{-\frac{t}{\tau}} \tag{3-39}$$

因为 $i_L(0_+)=\dfrac{U_0}{R}$ 和 $i_L(\infty)=\dfrac{U_S}{R}$，式（3-37）可写为

$$i_L(t)=i_L(\infty)+[i_L(0_+)-i_L(\infty)]e^{-\frac{t}{\tau}} \tag{3-40}$$

（1）在式（3-40）中，如果电源电压 $U_S=0$，则 $i_L(\infty)=\dfrac{U_S}{R}=0$，即电感电流的稳态值为零。此时电路没有电源输入，这时电路的响应即为零输入响应。

$$i_L(t)=i_L(0_+)e^{-\frac{t}{\tau}} \tag{3-41}$$

（2）在式（3-40）中，如果 $U_0=0$，$i_L(0_+)=\dfrac{U_0}{R}=0$，即电感电流的初始值为零。此时电路的响应即为零状态响应。

$$i_L(t)=i_L(\infty)-i_L(\infty)e^{-\frac{t}{\tau}}=i_L(\infty)(1-e^{-\frac{t}{\tau}}) \tag{3-42}$$

（3）在式（3-40）中，如果 $i_L(\infty)\neq i_L(0_+)\neq 0$，即有电源的输入，同时电感电流的初始值又不为零，这时电路的响应即为全响应。

同样，RL 电路的全响应也有两种分解方式，即

$$i_L(t)=\underbrace{i_L(\infty)}_{稳态分量}+\underbrace{(i_L(0_+)-i_L(\infty))e^{-\frac{t}{\tau}}}_{暂态分量} \tag{3-43}$$

和

$$i_L(t)=\underbrace{i_L(0_+)e^{-\frac{t}{\tau}}}_{零输入响应}+\underbrace{i_L(\infty)(1-e^{-\frac{t}{\tau}})}_{零状态响应} \tag{3-44}$$

式（3-43）中，过渡过程中的电感电流也可以分解为稳态分量与暂态分量之和；式（3-44）第一项是零输入响应，第二项是零状态响应。所以，过渡过程中的电感电流同样也可以分解为零输入响应与零状态响应之和，即

全响应＝零输入响应＋零状态响应

式（3-44）同样说明，一阶电路的全响应等于由电路的初始状态单独作用引起的零输入响应和由外施激励单独作用所引起的零状态响应之和，还是叠加定理的体现，与 RC 电路相同。

例 3.9 在图 3-34 所示电路中，RL 串联由直流电源供电。S 开关在 $t=0$ 时断开，设 S 断开前电路已处于稳定状态。已知 $U_S=200\ V$，$R_1=10\ \Omega$，$L=0.5\ H$，$R=40\ \Omega$，求换路后 i_L 的响应。

解 换路前电路已处于稳态，电感用短路代替。由换路前的

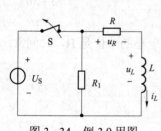

图 3-34　例 3.9 用图

电路得

$$i_L(0_-)=\frac{U_S}{R}=\frac{200}{40}=5（A）$$

据换路定律，得

$$i_L(0_+)=i_L(0_-)=5\ A$$

换路后的时间常数

$$\tau = \frac{L}{R+R_1} = \frac{0.5}{40+10} = 0.01\,(\text{s})$$

这是零输入响应，将 $i_L(0_+)$ 和 τ 代入式（3-40）中，得

$$i_L(t) = i_L(0_+)\mathrm{e}^{-\frac{t}{\tau}} = 5\mathrm{e}^{-\frac{t}{0.01}}\ \text{A}$$

若分析电阻电压，则根据欧姆定律，得

$$u_R(t) = Ri_L(t) = 40\times 5\mathrm{e}^{-\frac{t}{0.01}} = 200\mathrm{e}^{-\frac{t}{0.01}}\ \text{V}$$

电感电压为

$$u_L(t) = L\frac{\mathrm{d}i_L}{\mathrm{d}t} = 0.5\times 5\times\left(-\frac{1}{0.01}\right)\mathrm{e}^{-\frac{t}{0.01}} = -250\mathrm{e}^{-\frac{t}{0.01}}\ \text{V}$$

例 3.10 在图 3-35 所示电路中，已知 $U_\mathrm{S}=100\ \text{V}$，$R_1 = R_2 = 4\ \Omega$，$L=4\ \text{H}$，电路原已处于稳定状态。S 开关在 $t=0$ 时断开。求换路后 $i_L(t)$，并绘出电流的变化曲线。

解 经分析这是全状态响应，运用叠加定理，分别确定零输入响应和零状态响应，最后将分响应叠加，如图 3-36 所示。

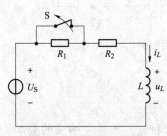

图 3-35 例 3.10 用图

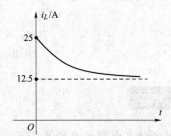

图 3-36 电流、电压的全响应变化曲线

① 零输入响应。换路前电路已处于稳态，电感用短路代替。由换路前的电路得

$$i_L(0_-) = \frac{U_\mathrm{S}}{R_2} = \frac{100}{4} = 25\,(\text{A})$$

据换路定律，得

$$i_L(0_+) = i_L(0_-) = 25\ \text{A}$$

换路后的时间常数为

$$\tau = \frac{L}{R_1+R_2} = \frac{4}{4+4} = 0.5\,(\text{s})$$

故电路的零输入响应为

$$i_L'(t) = i_L(0_+)\mathrm{e}^{-\frac{t}{\tau}} = 25\mathrm{e}^{-\frac{t}{0.5}}\ \text{A}$$

② 零状态响应。若初始状态为零，则换路后在外施激励作用下电流 i_L 从零按指数规律上升至稳态值，即

$$i_L(\infty) = \frac{U_S}{R_1 + R_2} = \frac{100}{4 + 4} = 12.5\,(\text{A})$$

故电路的零状态响应为

$$i_L''(t) = i_L(\infty)(1 - \mathrm{e}^{-\frac{t}{\tau}}) = 12.5(1 - \mathrm{e}^{-\frac{t}{0.5}})\,\text{A}$$

③ 全响应。

$$i_L(t) = i_L'(t) + i_L''(t) = 25\mathrm{e}^{-\frac{t}{0.5}} + 12.5(1 - \mathrm{e}^{-\frac{t}{0.5}}) = 12.5(1 + \mathrm{e}^{-\frac{t}{\tau}})\,\text{A}$$

含有电感线圈的电路断开时会在断开点产生很高的电压，甚至会将电感线圈的绝缘层击穿。为避免过电压造成的损坏，如图 3−37（b）所示，在电感线圈（如继电器线圈、直流电机线圈）的两端反向并联一个二极管。这个二极管称为续流二极管。当开关 S 闭合时，二极管由于单向导电性，近似处于开路状态；当开关 S 打开时，电感线圈中存储的磁场能量将通过续流二极管释放掉，防止产生过电压。

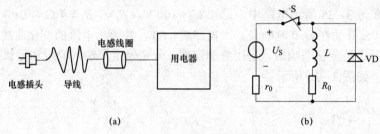

$$\begin{array}{cc}\text{(a)} & \text{(b)}\end{array}$$

图 3−37　电感线圈应用实例

思考题

（1）线性动态电路的全响应等于＿＿＿＿＿＿＿响应和＿＿＿＿＿＿＿响应的叠加。另一方面，全响应也可以分解为＿＿＿＿＿分量和＿＿＿＿＿分量。

（2）电容电压的全响应为 $u_C(t) = U_S + (U_0 - U_S)\mathrm{e}^{-\frac{t}{\tau}} = U_0\mathrm{e}^{-\frac{t}{\tau}} + U_S(1 - \mathrm{e}^{-\frac{t}{\tau}})$。其中稳态分量为＿＿＿＿＿＿＿＿，暂态分量为＿＿＿＿＿＿＿＿；零输入响应为＿＿＿＿＿＿＿＿＿＿＿＿，零状态响应为＿＿＿＿＿＿＿＿＿＿。

（3）时间常数的物理意义是＿＿＿＿＿＿＿＿＿＿；RC 电路的时间常数 $\tau = $＿＿＿＿＿＿＿＿＿；RL 电路的时间常数 $\tau = $＿＿＿＿＿＿＿＿。

（4）电容的初始电压越高是否放电的时间越长？如果想缩短电容放电时间，加快过渡过程，如何做？

3.4　一阶电路的三要素法

3.4.1　一阶电路的三要素法公式

一阶电路的全响应可分解为零输入响应和零状态响应之和，但这种求　一阶电路三要素法解都比较麻烦，下面介绍一种求解一阶电路暂态过程的简便方法——三要素法。

由式（3-32），一阶电路的全响应为

$$u_C(t) = u_C(\infty) + [u_C(0_+) - u_C(\infty)]e^{-\frac{t}{\tau}}$$

其一般形式为

$$f(t) = f(\infty) + [f(0_+) - f(\infty)]e^{-\frac{t}{\tau}}$$

一阶线性电路的全响应由稳态值 $f(\infty)$、初始值 $f(0_+)$ 和时间常数 τ 这 3 个特征值组成，这些特征值称为一阶电路的三要素。

1. 三要素法公式

对于任何一阶电路中任意处的电压或电流，均可用三要素法进行分析，三要素法公式为

$$f(t) = f(\infty) + [f(0_+) - f(\infty)]e^{-\frac{t}{\tau}} \tag{3-45}$$

式中　$f(t)$——电路中任意时刻的电压或电流；

　　　$f(0_+)$——换路后最初瞬间电压或电流的初始值；

　　　$f(\infty)$——电压或电流的稳态值；

　　　τ——电路的时间常数。

2. 三要素法解题步骤

（1）确定电压或电流初始值 $f(0_+)$。

关键：利用 L、C 元件的换路定律，求出独立初始值 $u_C(t)$ 和 $i_L(t)$；作出 $t=0_+$ 的等效电路，再确定非独立初始值。

（2）求电压或电流的稳态值 $f(\infty)$。

关键：电路达到稳态时，L 用短路代替，C 用开路代替。

（3）确定时间常数 τ 值。

在 RC 电路中，$\tau = RC$；在 RL 电路中，$\tau = \dfrac{L}{R}$。其中，R 是将电路中所有独立源置零后，从 C 或 L 两端看进去的等效电阻（即戴维南等效电路中的 R_0）。

3.4.2　一阶电路三要素法公式的应用

三要素法公式不仅适用于全响应，也适用于零输入响应或零状态响应，具有普遍适用性。

例 3.11　在图 3-38（a）所示电路中，开关 S 闭合于 a 端为时很久。$t=0$ 瞬间，将开关从 a 接至 b，用三要素法求换路后的电容电压 $u_C(t)$，并绘出变化曲线。

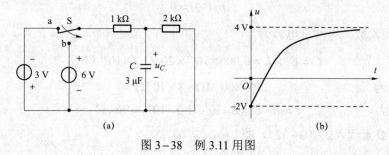

图 3-38　例 3.11 用图

解 ① 求初始值。由换路前的电路得

$$u_C(0_-) = -3 \times \frac{2}{1+2} = -2 \, (\text{V})$$

根据换路定律，得

$$u_C(0_+) = u_C(0_-) = -2 \, \text{V}$$

② 求稳态值。

$$u_C(\infty) = 6 \times \frac{2}{1+2} = 4 \, (\text{V})$$

③ 求时间常数。与电容相连的含源二端网络的输出电阻为

$$R = \frac{1 \times 2}{1+2} = \frac{2}{3} \, (\text{k}\Omega)$$

所以时间常数为

$$\tau = RC = \frac{2}{3} \times 10^3 \times 3 \times 10^{-6} = 2 \, (\text{ms})$$

将求出的三要素代入式（3-32），得

$$u_C(t) = u_C(\infty) + [u_C(0_+) - u_C(\infty)]e^{-\frac{t}{\tau}} = 4 + (-2-4)e^{-\frac{t}{2 \times 10^{-3}}}$$

$$= 4 - 6e^{-\frac{t}{2 \times 10^{-3}}} \, \text{V}$$

电容电压 $u_C(t)$ 变化曲线如图 3-38（b）所示。

例 3.12 某供电局向距离 $L = 20 \, \text{km}$ 的一企业供电，供电电压为 10 kV，在切断电源瞬间时，电网上遗留有 $10\sqrt{2}$ kV 的电压，已知电网对地绝缘电阻为 800 MΩ，电网的分布电容为 $C_0 = 0.006 \, \mu\text{F/km}$。试求：① 拉闸 1 min 后，电网对地的残余电压为多少？② 拉闸 10 min 后，电网对地的残余电压又为多少？

解 电网拉闸后，储存在电网分布电容上的电能逐渐通过对地绝缘电阻放电，本题是一个 RC 串联电路的零输入响应问题。

① 求初始值。电容的初始电压为

$$u_C(0_+) = 10\sqrt{2} \times 10^3 \, \text{V}$$

② 求稳态值。电容的稳态值为

$$u_C(\infty) = 0$$

③ 求时间常数。电网总电容为

$$C = C_0 \times L = 0.006 \times 10^{-6} \times 20 = 1.2 \times 10^{-7} \, (\text{F})$$

放电电阻为　　　　　　　　　　$R = 800 \, \text{M}\Omega = 8 \times 10^8 \, \Omega$

时间常数为　　　　　　　$\tau = R \cdot C = 8 \times 10^8 \times 1.2 \times 10^{-7} = 96 \, (\text{s})$

求出的三要素代入式（3-32），得

$$u_C(t) = u_C(\infty) + [u_C(0_+) - u_C(\infty)]e^{-\frac{t}{\tau}} = 0 + (10\sqrt{2} - 0)e^{-\frac{t}{96}}$$

$$= 10\sqrt{2}e^{-\frac{t}{96}} \text{ kV}$$

$t=60$ s 时，有 $\quad\quad u_C(60 \text{ s}) = 10\sqrt{2} \times 10^3 \times e^{-\frac{60}{96}} \approx 7.6 \,(\text{kV})$

$t=600$ s 时，有 $\quad\quad u_C(600 \text{ s}) = 10\sqrt{2} \times 10^3 \times e^{-\frac{600}{96}} \approx 27.3 \,(\text{V})$

例 3.13 在图 3-39（a）中，已知电路原已处于稳态，$R_1 = R_3 = 10 \ \Omega$，$L = 0.1$ H，$R_2 = 40 \ \Omega$，$U_S = 180$ V。$t = 0$ 时，开关 S 闭合，求开关闭合后电感中的电流 $i_L(t)$。

解 ① 求初始值，由图 3-39（b），有

$$i_L(0_+) = i_L(0_-) = \frac{U_S}{R_1 + R_2} = \frac{180}{10 + 40} = 3.6 \,(\text{A})$$

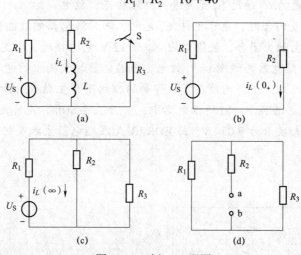

图 3-39 例 3.13 用图

② 求稳态值。如图 3-39（c）所示，稳态时电感相当于短路，其电流等于流过 R_2 的电流。根据分流公式，有

$$i_L(\infty) = \frac{U_S}{R_1 + \dfrac{R_2 \times R_3}{R_2 + R_3}} \times \frac{R_3}{R_2 + R_3} = \frac{U_S R_3}{R_2 R_3 + R_1(R_2 + R_3)}$$

$$= \frac{180 \times 10}{40 \times 10 + 10 \times (40 + 10)} = 2 \,(\text{A})$$

③ 求时间常数 τ。先求 L 两端的等效电阻：电压源置零，从电感两端 a、b 看进去的等效电阻，如图 3-39（d）所示，有

$$R = R_{ab} = R_2 + (R_1 /\!/ R_3) = 45 \ \Omega$$

则

$$\tau = \frac{L}{R} = \frac{0.1}{45} = 0.002 \, 2 \,(\text{s})$$

求出的三要素代入式（3-40）得

$$i_L(t) = i_L(\infty) + [i_L(0_+) - i_L(\infty)]e^{-\frac{t}{\tau}}$$

$$= 2 + (3.6 - 2)e^{-\frac{1}{0.002\,2}}$$

$$= 2 + 1.6e^{-\frac{t}{0.002\,2}}\ (\text{A})$$

【技能训练】延时照明电路仿真设计

在 Multisim 仿真软件中，仿真图 3-40 所示延时照明电路。图中：S_1 是通过 B 字母键控制的按钮开关；电阻 R_1 是电位器，可通过 A 字母键控制接入电位器阻值的大小，进而可控制时间常数的大小及过渡过程的快慢；EDR201A05 是继电器，当线圈得电时主触头闭合；线圈失电时主触头断开。线圈、S_1 开关、电位器 R_1 串联，主触头控制灯泡 X_1 与 12 V 电源的接通和断开；电容元件 C_1 通过 S_1 开关进行电容的充、放电。

电路原理：S_1 开关闭合时，电容元件 C_1 充电，同时继电器的线圈得电，产生磁场吸引衔铁闭合，衔铁带动主触头闭合，使得灯泡 X_1 与 12 V 电源接通，灯泡 X_1 亮；S_1 开关断开时，电容元件 C_1 通过继电器的线圈和 R_1 放电，当继电器的线圈中的电流过小时，产生的磁场力小于复位弹簧作用力，使得衔铁在复位弹簧的作用下与主触头断开，将灯泡 X_1 与 12 V 电源断开，灯泡 X_1 灭。在图 3-40 所示电路中，S_1 开关已断开，电容元件 C_1 正在放电，此时电容电压通过万用表显示为 9.074 V，而 EDR201A05 继电器主触头仍然闭合，灯泡 X_1 亮，完成了电路延时功能。

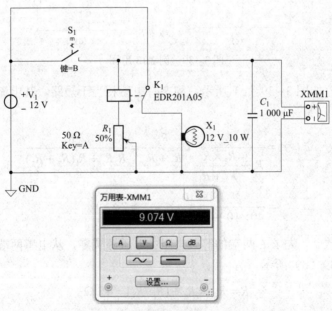

图 3-40　延时照明电路仿真设计

项 目 小 结

1. 储能元件

1）电容元件

电容元件是实际电容器的理想模型，具有储存电场能量的特性。电容元件上 $u-i$ 关系为

$$i = C\frac{\mathrm{d}u}{\mathrm{d}t}$$

所以，在任何时刻，电容元件的电流与该时刻电压的变化率成正比。

（1）电容器串联时。

① 总电容的倒数是各个电容的倒数之和。

② 注意总电容的耐压，考虑电容的最小额定电量。

（2）电容并联时。

① 等效电容是各个电容之和。当电路所需较大电容时，可以选用几只电容并联。

② 由于每个电容两端的电压相等，所以，电容器并联时外加工作电压不能超过并联电容中的最低耐压值。

2）电感元件

电感元件也是一种储能元件，它能把电能转变为磁场能，并在磁场中储存能量。电感元件上 $u-i$ 关系为

$$u = L\frac{\mathrm{d}i}{\mathrm{d}t}$$

电感元件的电压与其电流的变化率成正比。只有当电感元件的电流发生变化时，电感元件两端才会有电压。

2. 电路的过渡过程

1）过渡过程

电路由一个稳态过渡到另一个稳态需要经历的中间过程，过渡过程也称为暂态过程。

2）过渡过程发生必须满足的 3 个条件

① 电路中至少需要有一个动态元件。

② 电路需要换路。

③ 换路后的瞬间，电容电压、电感电流值不等于新的稳态值。

3）换路

电路状态的改变（电路的接通或切断、激励或参数的突变等）。

4）研究过渡过程的意义

防止过电压、过电流。

3. 换路定律

1）物理含义

① 换路前后 u_C 保持不变。

② 换路前后 i_L 保持不变。

2）公式

$$\begin{cases} u_C(0_+) = u_C(0_-) \\ i_L(0_+) = i_L(0_-) \end{cases}$$

3）$t = 0$ 是换路时刻；$t = 0_-$ 是指换路前最后瞬间；$t = 0_+$ 是指换路后最初瞬间。

4. 初始值的计算

（1）先求独立初始值 $u_C(0_+)$ 和 $i_L(0_+)$（据换路定律求解）。

（2）画出 $t = 0_+$ 时刻的等效电路，其中电容以电压源 $u_C(0_+)$ 代替，电感以电流源 $i_L(0_+)$ 代替。

（3）在画出的等效电路中求非独立的初始值。

5. 一阶电路的全响应

（1）全响应可分解为零输入响应与零状态响应之和。因此，可先分别求出零输入响应及零状态响应，再利用叠加定理求得全响应。

① RC 电路的全响应，有

$$u_C(t) = u_C(0_+)e^{-\frac{t}{\tau_C}} + u_C(\infty)\left(1 - e^{\frac{t}{\tau_C}}\right) \quad t \geqslant 0$$

② RL 电路的全响应，有

$$i_L(t) = i_L(0_+)e^{-\frac{t}{\tau_L}} + i_L(\infty)\left(1 - e^{\frac{t}{\tau_L}}\right) \quad t \geqslant 0$$

（2）全响应=稳态分量+暂态分量，因此，可先分别求出一阶电路各响应的三要素，再利用三要素法求得全响应。

6. 直流激励下一阶电路响应的三要素法公式

$$f(t) = f(\infty) + [f(0_+) - f(\infty)]e^{-\frac{t}{\tau}} \quad t \geqslant 0$$

式中　$f(t)$——电路中任意瞬间的电压或电流；

　　$f(0_+)$——换路后最初瞬间电压或电流的初始值；

　　$f(\infty)$——电压或电流的新稳态值；

　　τ——电路的时间常数，对于 RC 电路，有 $\tau = RC$；对于 RL 电路，有 $\tau = \dfrac{L}{R}$。

三要素法公式说明：该公式不仅适用于全响应，也适用于零输入响应和零状态响应，具有普遍适用性。

项 目 测 试

（1）如图 3-41 所示，已知 $C = 10\ \mu F$，电源电压的波形如图 3-41（b）所示，求电流 i 并绘出电容电流 $i(t)$ 的波形。

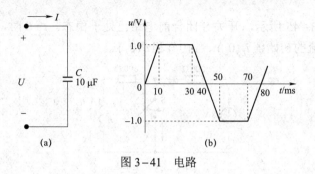

图 3-41 电路

（2）如图 3-42 所示，两电容器 C_1、C_2 串联使用，已知 $C_1 = 12\ \mu F$，$C_2 = 6\ \mu F$，额定工作电压分别为 $U_{C_1} = 300\ V$，$U_{C_2} = 250\ V$。

试求：① 总电容 C 及串联使用时的安全电压。

② 若两电容器 C_1 和 C_2 并联，总电容 C 及并联使用时的安全电压。

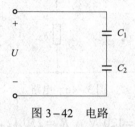

图 3-42 电路

（3）如图 3-43 所示，电感 $L = 750\ mH$，当电感中通过图示的电流波形时，试求电压 u_L，并画出电压 u_L 的波形。

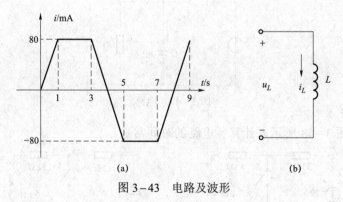

图 3-43 电路及波形

（4）如图 3-44 所示，电路原来已处于稳态，$t = 0$ 时，开关 S 由"1"合到"2"。求初始值 $u_C(0_+)$、$i_C(0_+)$ 和 $u_R(0_+)$。

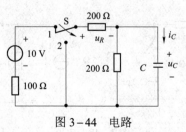

图 3-44 电路

（5）电路如图 3-45 所示，开关 S 闭合前电路已处于稳态。$t=0$ 时，开关 S 闭合，求换路后瞬间各支路电流的初始值 $i_L(0_+)$、$i_1(0_+)$ 和 $i_S(0_+)$。

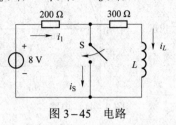

图 3-45　电路

（6）电路如图 3-46 所示，已知 $U_S=10\ \text{V}$，$R_1=8\ \Omega$，$R_2=R_3=4\ \Omega$，$L=4\ \text{H}$，$t<0$ 时，$i_L(0_-)=1\ \text{A}$。当 $t=0$ 时，开关 S 闭合。当 $t\geqslant0$ 时，求 $i_L(t)$。

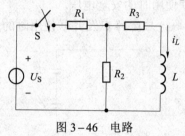

图 3-46　电路

（7）如图 3-47 所示，已知 $U_S=120\ \text{V}$，$R_1=250\ \Omega$，$R_2=500\ \Omega$，$C=10\ \mu\text{F}$，电路原已稳定。开关 S 在 $t=0$ 时断开，求换路后 $u_C(t)$ 及 $i_C(t)$。

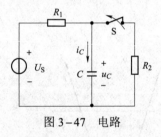

图 3-47　电路

（8）电路如图 3-48 所示，计算各电路的时间常数。

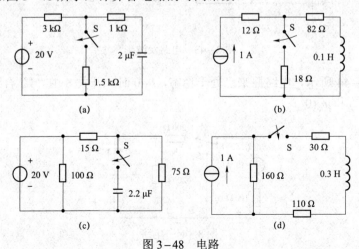

图 3-48　电路

（9）电路如图 3-49 所示，电路原已处于稳定，已知 $I_S = 6$ A，$R_1 = 2\ \Omega$，$R_2 = 4\ \Omega$，$L = 4$ H，$i_L(0_-) = 1$ A。开关 S 在 $t=0$ 时闭合，用三要素法求换路后的 $i_1(t)$ 和 $i_L(t)$，并画出 $i_1(t)$ 和 $i_L(t)$ 的变化曲线。

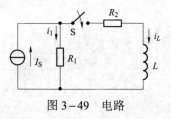

图 3-49 电路

（10）在图 3-50 所示电路中，已知 $U_S = 45$ V，$R_1 = 40\ \Omega$，$R_2 = 20\ \Omega$，$R_3 = 120\ \Omega$，$C = 0.02$ μF，开关 S 闭合前电路原已稳定。用三要素法求 $t=0$ 时开关 S 闭合后的 $u_C(t)$ 及 $i_C(t)$，并画出 $u_C(t)$ 及 $i_C(t)$ 的变化曲线。

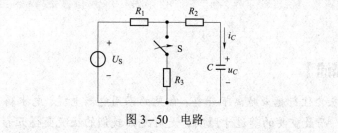

图 3-50 电路

（11）电路如图 3-51 所示，已知 $U_S = 10$ V，$R_1 = 2$ kΩ，$R_2 = R_3 = 4$ kΩ，$R_3 = 120\ \Omega$，$L = 200$ mH，开关 S 断开前电路已处于稳定，求开关 S 断开后的 $i_1(t)$、$i_2(t)$、$i_L(t)$ 和 $u_L(t)$。

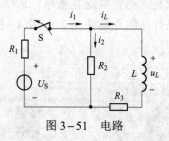

图 3-51 电路

（12）电路如图 3-52 所示，已知 $U_S = 6$ V，$R_1 = 10$ kΩ，$R_2 = 20$ kΩ，$C = 1\ 000$ pF 且原先不储能，试用三要素法求开关 S 闭合后 R_2 两端的电压 $u_{R_2}(t)$。

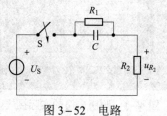

图 3-52 电路

项目 4

日光灯照明电路

 【项目描述】

现代人们的衣食住行越来越离不开电，常见的家用电器电视、电冰箱、电饭锅、电磁炉、计算机、空调等。而最重要的莫过于照明，是灯光让我们的夜晚变得五彩缤纷。电能的发现和应用，对人类社会产生了巨大影响。

无论采用风力发电、水力发电、核能发电、火力发电，还是在电能传输和工业使用方面，发电厂生产的电能几乎都是正弦交流电，不是直流电。正弦交流电路的电压、电流和功率有其自己的特征。以最常见的日光灯照明电路为例，如图 4-1 和图 4-2 所示，分析单相正弦交流电路的特点。

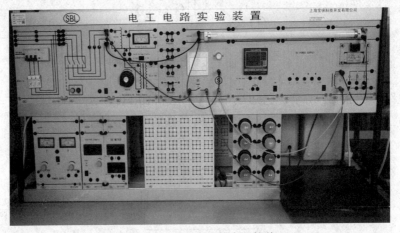

图 4-1　照明电路的实际接线

本项目从日光灯照明电路的组成入手，介绍单相正弦交流电路的基本知识、单相正弦交流电路分析与计算方法、单相正弦交流电路的功率与功率因数的提高、串联谐振电路的特征，并利用项目技能训练——日光灯照明电路的安装与调试来巩固和检测知识点的掌握情况。

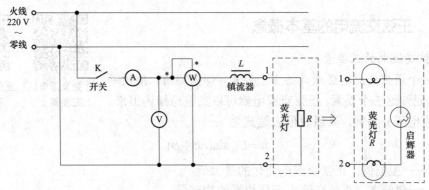

图 4-2　照明电路

 【知识目标】

（1）掌握正弦交流电基本概念及其相量的表示方法。

（2）了解非正弦周期信号的合成和分解。

（3）掌握单一参数在正弦交流电路中的电压与电流关系及其频率特性。

（4）掌握 RLC 串联电路的电压与电流关系及电路性质的判定。

（5）掌握正弦交流电路的功率计算及提高感性负载电路功率因数的方法。

（6）谐振电路的条件和特征。

 【技能目标】

（1）能连接日光灯电路，并能排除电路故障。

（2）基本掌握交流电流表、电压表、功率表的使用。

（3）利用交流电流表、电压表、功率表，用三表法测试元件参数。

（4）根据谐振电路的特点，能简单分析计算谐振电路。

4.1　日光灯照明电路电源

用 Multisim 仿真软件的函数信号发生器 XFG1 来代替日光灯照明电路电源,因为它是一种能提供正弦波、三角波和方波的电压源。选择输出信号为正弦波,用示波器 XSC1 观察波形,如图 4-3 所示。

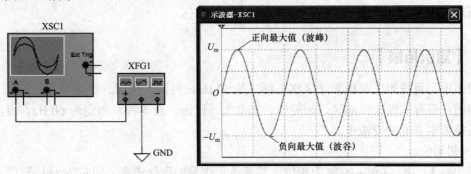

图 4-3　正弦交流电压波形

4.1.1 正弦交流电的基本概念

正弦交流电的三要素上　　正弦交流电的三要素下

1. 正弦交流电的三要素

确定一个正弦交流电必须具备 3 个要素，即振幅值、角频率和初相位。已知这 3 个要素，正弦交流电就可以完整地描述出来。以正弦交流电压 u 为例，其瞬时值表达式为

$$u = U_m \sin(\omega t + \varphi) \tag{4-1}$$

式中　U_m——振幅值，正弦交流电变化的最大值；

　　　ω——角频率，正弦交流电变化快慢的物理量；

　　　φ——初相位，正弦交流电变化的初始位置。

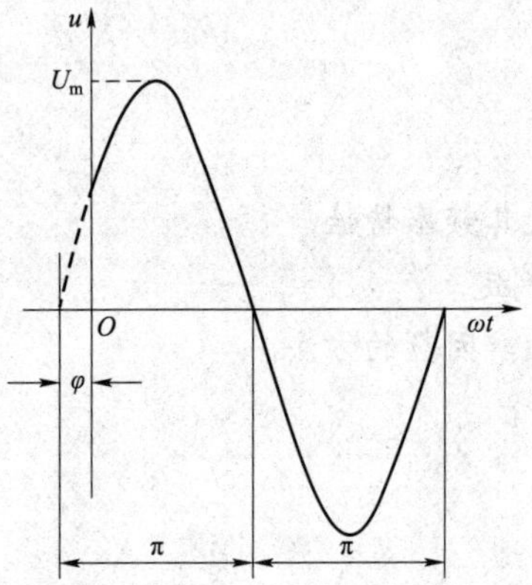

图 4-4　正弦交流电的波形

1）振幅值（最大值）

振幅值是正弦量在整个变化过程中达到的最大值。振幅值用下标"m"标注，并只取正值。电压、电流和电动势的振幅值表示为 U_m、I_m 和 E_m。如图 4-4 所示，正弦交流电的波形图中 U_m 即电压的振幅值。

2）角频率 ω

角频率 ω 是指单位时间内变化的弧度数，单位为 rad/s，即

$$\omega = \frac{\alpha}{t} \tag{4-2}$$

在一个周期 T 内，正弦交流量所经历的电角度为 2π rad。由角频率的定义可知，角频率和周期、频率的关系为

$$\omega = \frac{2\pi}{T} = 2\pi f \tag{4-3}$$

从式（4-3）可以得出，角频率是频率的 2π 倍。

角频率、周期和频率都能反映正弦交流量变化的快慢。在工程实践中，不同频率的交流电用于不同的场合。

例 4.1　已知工频 $f = 50$ Hz，试确定角频率和周期。

解　根据式（4-3）得　$\omega = 2\pi f = \dfrac{2\pi}{T} = 2\pi \times 50 = 314$（rad/s）

周期　　　　　　　　$T = \dfrac{1}{f} = \dfrac{1}{50} = 0.02$（s）

【知识拓展】

我国电力系统的工业频率（简称工频）是 50 Hz。英国、法国、德国等一些国家工频与我国相同；而有些国家或地区，如美国、加拿大、巴西、日本等，则定为 60 Hz。直流电可以看成是频率 $f = 0$ 的交流电。

3）初相位 φ

式（4-1）中，$(\omega t + \varphi)$ 称为相位，其表示正弦量的变化进程，单位为 rad 或（°）。

初相位：$t=0$ 时的相位。表示观察正弦量的起点或参考点。取值范围是 $-\pi<\varphi\leqslant\pi$。

例如，$u_1=U_{\mathrm{m}}\sin\omega t$ 的相位是 ωt，初相位 $\varphi=0°$，如图 4-5（a）所示。

$u_2=U_{\mathrm{m}}\sin(\omega t+90°)$ 的相位是（$\omega t+90°$），初相位 $\varphi=90°$，如图 4-5（b）所示。

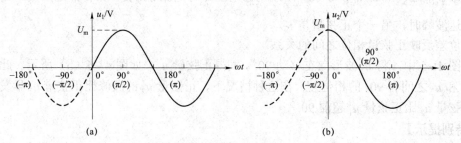

图 4-5 波形

2. 同频率正弦交流电的相位差

设两个同频率的正弦量分别为

$$u=U_{\mathrm{m}}\sin(\omega t+\varphi_u)$$
$$i=I_{\mathrm{m}}\sin(\omega t+\varphi_i)$$

它们的相位差用 φ_{ui} 表示，则

$$\varphi_{ui}=(\omega t+\varphi_u)-(\omega t+\varphi_i)$$

即

$$\varphi_{ui}=\varphi_u-\varphi_i \tag{4-4}$$

式（4-4）说明，同频率正弦量的相位差就等于它们的初相之差，是一个与时间无关的常数。相位差的取值范围是 $-\pi<\varphi_{ui}\leqslant\pi$。

如果 $\varphi_{ui}>0$，如图 4-6（a）所示，称电压 u 超前于电流 i，超前的角度为 φ_{ui}；反过来也可以说，电流 i 滞后于电压 u。从波形图上可以看到，电压 u 比电流 i 先到达波峰。

如果 $\varphi_{ui}=0$，如图 4-6（b）所示，称电压 u 与电流 i 同相。其特点是电压 u 与电流 i 同时到达波峰，同时到达波谷。

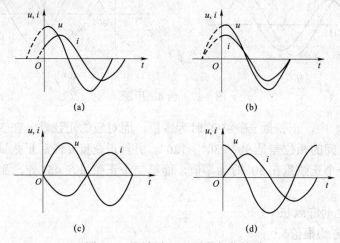

图 4-6 同频率正弦量的相位关系

（a）u 超前 i；（b）u 与 i 同相；（c）u 与 i 反相；（d）u 与 i 正交

如果 $\varphi_{ui}=\pm\pi$ ，如图 4-6（c）所示，称电压 u 与电流 i 反相。其特点是当其中的一个正弦量到达波峰时，另一个正弦量到达波谷。

如果 $\varphi_{ui}=\pm\dfrac{\pi}{2}$ ，如图 4-6（d）所示，称电压 u 与电流 i 正交。其特点是当其中的一个正弦量到达波峰时，另一个正弦量是零。

相位差反映正弦量相位之间的关系。

在图 4-5 中，将 u_1 波形向左移动 90°，可得正弦量 u_2，如图 4-5（b）所示。此时在正弦量 u_1 和 u_2 之间有 90° 的相位差。在这种情况下，正弦量 u_2 的波峰比正弦量 u_1 早发生，因此说正弦量 u_2 比正弦量 u_1 超前 90°。

【特别提示】

相位差与计时起点的选择和变动无关。只有同频率的正弦量才能讨论相位差，讨论不同频率正弦量的相位差没有意义。

例 4.2 已知正弦量 $u=220\sqrt{2}\sin(1\,000t-85°)$ V ， $i=2\sqrt{2}\sin(1\,000t+35°)$ A ，相位差是多少？

解 据瞬时值表达式有 $\varphi_u=-85°$ ， $\varphi_i=35°$

根据式（4-4），有 $\varphi_{ui}=\varphi_u-\varphi_i=-85°-35°=-120°<0$

因此，正弦交流量 u 滞后 i 相位 120°，或者是 i 超前 u 相位 120°。

练习：将正弦量 i 的初相位改为 120°，那么相位差是多少？是 u 滞后 i 吗？

例 4.3 在图 4-7（a）和图 4-7（b）中，两个正弦波之间的相位差各是多少？

解 在图 4-7（a）中，正弦量 u 在 90° 时为波峰，而对应的正弦量 i 在 135° 时为波峰。因此两个正弦波之间的相位差是 45°，并且正弦量 u 超前正弦量 i。若从零值（正弦波从负值变为正值与横轴的交点）来看，正弦量 u 在 0° 时为零值，而对应的正弦量 i 在 45° 时为零值。因此，两个正弦波之间的相位差是 45°。因而也可以从零值的前后来判定相位差。

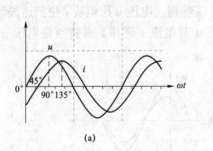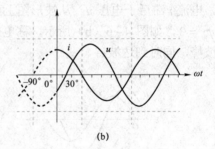

图 4-7　例 4.3 用图

在图 4-7（b）中，正弦量 i 在 -90° 时为零值，而对应的正弦量 u 在 30° 时为零值。因此，两个正弦波之间的相位差是 90°+30°=120°，并且正弦量 u 滞后正弦量 i。

练习：如果一个正弦量在 30° 时为零值，而第二个正弦量在 45° 处，那么它们之间的相位差是多少？

3. 正弦交流电的有效值

1）有效值（方均根值）

如图 4-8 所示，用示波器测量正弦交流电压，T1 轴显示振幅值是 311 V，XMM1 万用表测量显示输出电压 $U=220\text{ V}$。XMM1 万用表显示的测量数据值即有效值。

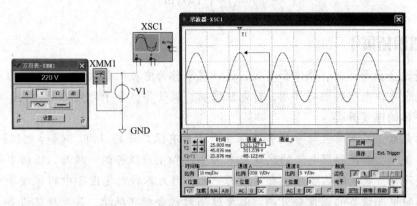

图 4-8　电压表测量正弦量显示有效值

正弦量的有效值能反映能量转换，用来衡量正弦电压或正弦电流在产生热效应方面的效果。

（1）有效值的定义。

设周期电流 i 和恒定电流 I 通过同一电阻 R，在周期电流 i 的一个周期 T 内，两个电流产生的热量相等，则把这一恒定电流 I 的大小，称为周期电流 i 的有效值。有效值是通过电流的热效应定义的。

例如，在图 4-9（a）中，电阻和正弦交流电压源相连，在正弦交流电压的一个周期 T 内，正弦交流电流 i 通过电阻 R 产生的热能为 Q；在图 4-9（b）中，电阻和直流电压源相连，在相同时间内，直流电流 I 通过电阻 R 产生的热能为 Q'，且 $Q=Q'$。

图 4-9　周期量的有效值

正弦交流电流的有效值是一个直流电流，这个直流电流在电阻上产生的热能和正弦电流在同一电阻上产生的热能相等。

电压、电流和电动势的有效值分别用大写字母 U、I 和 E 表示。

直流电流 I 通过电阻 R 在一个周期时间内产生的热量为

$$Q'=I^2RT$$

周期电流 i 通过电阻 R 在一个周期时间内产生的热量为

$$Q=\int_0^T i^2 R \mathrm{d}t$$

按照有效值热效应的定义，$Q=Q'$，所以周期电流的有效值定义为

$$I = \sqrt{\frac{1}{T}\int_0^T i^2(t)\,\mathrm{d}t} \qquad (4-5)$$

 【知识拓展】

电流通过金属导体时，导体会发热，这种现象称为电流的热效应。这是因为电流通过导体时，要克服导体电阻的阻碍作用，对电阻做功，促使导体分子的热运动加剧，电能转换成热能，使导体的温度升高。

电流的热效应在日常生活和现代工业生产中都有很广泛的应用。例如，电阻炉、电热器、电焊、电烙铁等，都是利用电流的热效应来为生活和生产服务的。然而，任何事物都有其相反的一面。同样，电流的热效应也有不利的一面，因为各种电气设备中的导线等都有一定的电阻，通电时电气设备的温度会升高。温度过高时就会损坏绝缘，甚至烧坏设备。因此，电气设备能产生的最大功率，在很大程度上受到电流热效应的限制。

（2）正弦量的有效值。

设正弦电流

$$i = I_{\mathrm{m}}\sin\omega t$$

根据式（4-5）得

$$I = \sqrt{\frac{1}{T}\int_0^T (I_{\mathrm{m}}\sin\omega t)^2\,\mathrm{d}t} = \sqrt{\frac{I_{\mathrm{m}}^2}{T}\int_0^T \frac{1-\cos 2\omega t}{2}\,\mathrm{d}t} = \sqrt{\frac{I_{\mathrm{m}}^2}{2T}\left[t - \frac{1}{2\omega}\sin 2\omega t\right]_0^T} \qquad (4-6)$$

$$= \frac{I_{\mathrm{m}}}{\sqrt{2}} = 0.707 I_{\mathrm{m}}$$

即正弦电流的有效值等于其振幅值的 $1/\sqrt{2}$。类似地，正弦电压、电动势的有效值也分别等于它们各自振幅值的 $1/\sqrt{2}$，即

$$\begin{cases} U = \dfrac{U_{\mathrm{m}}}{\sqrt{2}} \\[2mm] E = \dfrac{E_{\mathrm{m}}}{\sqrt{2}} \end{cases} \qquad (4-7)$$

因此，在图 4-8 中，用示波器测量正弦交流电压，振幅值是 311 V，有效值根据式（4-7）得

$$U = \frac{U_{\mathrm{m}}}{\sqrt{2}} = \frac{311}{\sqrt{2}} = 220\,(\mathrm{V})$$

即万用表测量显示输出电压 $U = 220$ V。

 【知识拓展】

工程上一般所说的交流电流和交流电压的大小，如无特别说明，都是指有效值。交流电气设备铭牌上所标的电流、电压都是有效值。一般交流电压表和交流电流表的标尺都是按有效值刻度的。例如，"220 V、40 W"的白炽灯，指额定电压的有效值为 220 V。

已知有效值，振幅值也可以表示为

$$\begin{cases} I_{\mathrm{m}} = \sqrt{2}I \\ U_{\mathrm{m}} = \sqrt{2}U \\ E_{\mathrm{m}} = \sqrt{2}E \end{cases} \qquad (4-8)$$

【特别提示】

电容器及其他电气设备绝缘的耐压值、整流器的击穿电压等，则须按振幅值考虑。

4. 正弦交流电的平均值

（1）平均值的定义。

工程上有时还用到平均值这一概念。这里所谓的平均值是指周期量的绝对值在一个周期内的平均值。电压和电流的平均值用大写字母 U_{av} 和 I_{av} 表示。

即

$$I_{\mathrm{av}} = \frac{1}{T}\int_0^T \mathrm{d}t \qquad (4-9)$$

（2）正弦量的平均值。

设正弦电流为

$$i = I_{\mathrm{m}}\sin\omega t$$

根据式（4-9）得

$$I_{\mathrm{av}} = \frac{1}{T}\int_0^T I_{\mathrm{m}}\sin\omega t \mathrm{d}t = \frac{2}{T}\int_0^{\frac{T}{2}} I_{\mathrm{m}}\sin\omega t \mathrm{d}t = \frac{2I_{\mathrm{m}}}{\omega T}[-\cos\omega t]_0^{\frac{T}{2}}$$

$$= \frac{2I_{\mathrm{m}}}{\pi} = 0.637 I_{\mathrm{m}} \qquad (4-10)$$

同理，有

$$\begin{cases} U_{\mathrm{av}} = 0.637 U_{\mathrm{m}} \\ E_{\mathrm{av}} = 0.637 E_{\mathrm{m}} \end{cases} \qquad (4-11)$$

测量交流电压、电流的全波整流系仪表，其指针的偏转角与所通过电流的平均值成正比。而标尺的刻度为有效值，即是按

$$I = \frac{I_{\mathrm{m}}}{\sqrt{2}} = \frac{1}{\sqrt{2}} \times \frac{\pi}{2} I_{\mathrm{av}} = 1.11 I_{\mathrm{av}} \qquad (4-12)$$

的倍数关系来刻度的。同理，有

$$\begin{cases} U = 1.11 U_{\mathrm{av}} \\ E = 1.11 E_{\mathrm{av}} \end{cases} \qquad (4-13)$$

例 4.4 确定图 4-10 所示正弦波的 U_{m}、U、U_{av}。

解 从图中可以直接读出 $U_{\mathrm{m}} = 10\text{ V}$，根据式（4-7）得

$$U = \frac{U_{\mathrm{m}}}{\sqrt{2}} = 7.07\text{ V}$$

根据式（4-11）得 $U_{\mathrm{av}} = 0.637 U_{\mathrm{m}} = 6.37\text{ V}$

练习：若波峰是 15 V，则 U_{m}、U、U_{av} 各是多少？

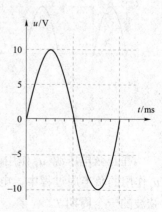

图 4-10 例 4.4 用图

【知识拓展】

1. 瞬时值

示波器 XSC1 所显示的曲线显示了正弦波的一般波形，它可以是交流电压，也可以是交流电流。水平轴表示时间，正弦交流电压从零值（正弦波从负值变为正值与横轴的交点）开始，电压（或者电流）逐渐增加到正向最大值（波峰）；接着逐渐减小到负向最大值（波谷）；最后再次返回到零值，这样就形成了一个完整的正弦波。

图 4-11 说明在任意时刻正弦波的电压和电流都有瞬时值。瞬时值用小写字母表示，电压、电流和电动势表示为 u、i 和 e。瞬时值 $u = U_m \sin(\omega t + \varphi)$ 是时间 t 的函数，随着 t 的变化而变化。在波形图上，即表示瞬时值沿着曲线上的不同点而不同。如图 4-11（b）所示：$t_1 = 2.5 \text{ ms}$ 时瞬时电压为 220 V，$t_2 = 5 \text{ ms}$ 时瞬时电压为 311 V，$t_3 = 12.5 \text{ ms}$ 时瞬时电压为 -220 V，$t_4 = 15 \text{ ms}$ 时瞬时电压为 -311 V。

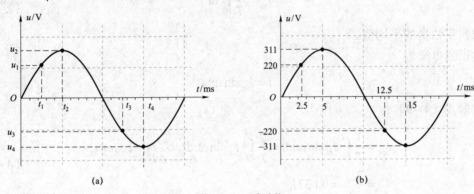

图 4-11　瞬时值

（a）瞬时值波形；（b）瞬时值举例

2. 周期 T

在一个完整波形内，正弦波在正值和负值之间交替变换。如图 4-12 所示，一个正弦电压源作用于电阻电路时，产生一个正弦交变电流。电压改变方向，电流也相应地改变方向。

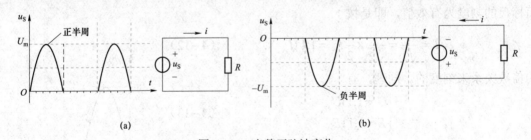

图 4-12　完整正弦波变化

（a）正电压（电流如图所示）；（b）负电压（电流改变方向）

在正弦电压源 u_s 作用的正半周过程中，电流方向如图 4-12（a）所示；在正弦电压源 u_s 作用的负半周过程中，电流反向，如图 4-12（b）所示。正半周和负半周的结合组成了正弦波的一个周期 T。

正弦波完成一个完整波形所需的时间称为周期，用字母 T（s）表示。

图 4-13（a）是一个周期的正弦波，每个正弦波的周期是一致的，图 4-13（b）是 3 个周期的正弦波。周期可以认为是每一次穿越零点到下一次对应的穿越时间。也可以用两个相邻的峰值来确定，如图 4-13（b）所示。还可以用两个相邻的峰谷来确定。

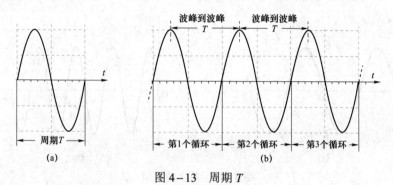

图 4-13　周期 T

例 4.5　图 4-14 所示的正弦交流电压的周期是多少？

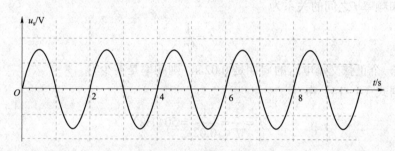

图 4-14　例 4.5 用图

解　正弦交流电压每 2 s 完成一个循环，所以，周期 T=2 s。

例 4.6　在图 4-15 中，用 3 种方法测量图中所示正弦交流电压的周期。

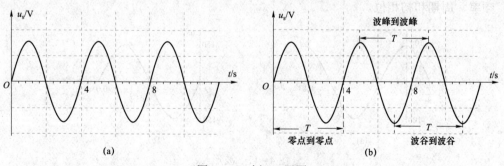

图 4-15　例 4.6 用图

解　3 种方法如图 4-15 所示。

方法一：用两个相邻循环的零点到零点之间的距离来衡量。

方法二：用两个相邻循环的波峰到波峰之间的距离来衡量。

方法三：用两个相邻循环的波谷到波谷之间的距离来衡量。

3. 频率 f

单位时间内变化的周期次数叫做频率，用字母 f（Hz）表示。

图 4–16（a）所示为 1 s 内一个正弦交流电压周期，图 4–16（b）所示为 1 s 内 2 个正弦交流电压周期。因此，图 4–16（b）中正弦交流电压的频率是图 4–16（a）的 2 倍。

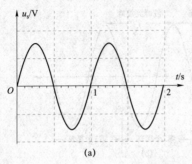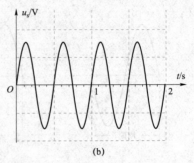

图 4–16　频率的说明

1 Hz 等于每秒 1 周期，2 Hz 等于每秒 2 周期，依次类推。

周期 T 和频率 f 之间的关系为

$$f = \frac{1}{T} \tag{4-14}$$

例 4.7　一个正弦交流电压的周期是 0.02 s，则频率是多少？

解　根据式（4–14）得

$$f = \frac{1}{T} = \frac{1}{0.02} = 50\,(\text{Hz})$$

思考题

（1）确定图 4–17（a）和图 4–17（b）所示的正弦量的振幅值、有效值、平均值、角频率、频率、周期和初相位。

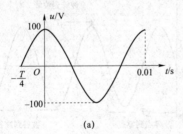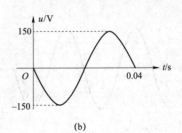

图 4–17　波形

（2）若 T=5 ms，确定频率 f 和角频率 ω。

（3）若 f=100 Hz，确定周期 T 和角频率 ω。

（4）已知正弦交流电流的瞬时值表达式 $i = 10\sin(314t - 45°)$ A，试确定该正弦量的振幅值、有效值、平均值、角频率、频率、周期和初相位。

（5）确定图 4–18 中两个正弦量之间的相位差。

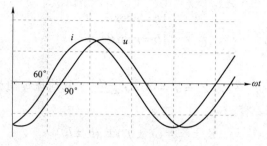

图 4-18　正弦量波形

（6）已知两工频正弦量，u_1 的有效值为 220 V，初相位为 $-\dfrac{\pi}{2}$；u_2 的有效值为 250 V，且 u_2 比 u_1 滞后 $\dfrac{\pi}{3}$。试求 u_1 和 u_2 的瞬时值表达式。

4.1.2　正弦交流量的相量表示

1. 正弦交流量的相量表示

1）复数

（1）复数的概念。

数学中把形如 $a+ib$ 的数叫做复数，通常用字母 Z 表示。其中 i 是虚数单位，即 $i=\sqrt{-1}$。在电路分析中，已经用 i 表示电流，故这里用 j 表示虚数单位。所以，电路中的复数表示为

$$Z = a + jb \qquad (4-15)$$

式（4-15）通常称为复数的代数形式。

（2）复数的表示形式。

代数形式为

$$Z = a + jb$$

式中　a——复数的实部；

　　　b——复数的虚部。

极坐标形式为

$$Z = r\angle\theta \qquad (4-16)$$

式中　r——复数的模；

　　　θ——复数的辐角。

利用复数在复平面中的矢量表示，可以很容易地看出两种形式之间的转换关系，如图 4-19 所示。

代数形式转换为极坐标形式为

$$\begin{cases} r = \sqrt{a^2 + b^2} \\ \theta = \arctan\dfrac{b}{a} \end{cases} \qquad (4-17)$$

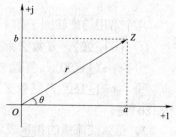

图 4-19　复数的矢量表示

极坐标形式转换为代数形式为

$$\begin{cases} a = r\cos\theta \\ b = r\sin\theta \end{cases} \qquad (4-18)$$

（3）复数的运算。

设复数 $Z_1 = a_1 + jb_1 = r_1\angle\theta_1$ ， $Z_2 = a_2 + jb_2 = r_2\angle\theta_2$ 。其运算规律如下。

① 复数的加减运算，有

$$Z_1 \pm Z_2 = (a_1 \pm a_2) \pm j(b_1 \pm b_2)$$

复数相加减，等于实部和实部相加减、虚部和虚部相加减。复数的加减符合平行四边形法则，如图 4-20 所示。

② 复数的乘法，即

$$Z_1 \cdot Z_2 = r_1 \cdot r_2\angle\theta_1 + \theta_2$$

③ 复数的除法，即

$$\frac{Z_1}{Z_2} = \frac{r_1}{r_2}\angle\theta_1 - \theta_2$$

两个复数相乘，等于模相乘，辐角相加；两个复数相除，等于模相除，辐角相减。

（4）旋转因子。

模等于 1 的复数称为旋转因子。若设 Z_0 是一个旋转因子，则 $Z_0 = 1\angle\phi$ 。

一个复数 Z 乘以旋转因子，即

$$Z \cdot Z_0 = r\angle\theta \cdot 1\angle\phi = r\angle\theta + \phi$$

这说明，任何一个复数 Z 乘以旋转因子，相当于将该复数沿逆时针方向旋转 ϕ 角，如图 4-21 所示。

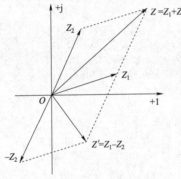

图 4-20 复数的平行四边形法则

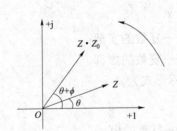

图 4-21 一个复数乘以旋转因子

几个常用的旋转因子如下。

① $j = 1\angle 90°$ ，复数 Z 乘以该旋转因子，相当于将复数沿逆时针方向旋转 90°角。

② $-j = 1\angle -90°$ ，复数 Z 乘以该旋转因子，相当于将复数沿顺时针方向旋转 90°角。

③ $-1 = 1\angle 180°$ ，复数 Z 乘以该旋转因子，相当于将复数沿逆时针方向旋转 180°角。

2）正弦交流量的相量表示

一个正弦量用瞬时值表达式和波形图都能够完整、准确地表示。但是用这两种方法表示的正弦量在正弦交流电路的计算中非常烦琐。同时在一个正弦交

正弦交流电的
相量表示法

136

流电路中，所有的电压和电流都是同频率的正弦量。因此，可以只考虑振幅值和初相这两个要素即可。基于这一点，引入相量表示法。相量表示法就是用复数表示正弦量的方法，是分析计算正弦交流电路的重要工具。

设 $u = U_m \sin(\omega t + \varphi)$，其波形图如图 4-22（b）所示，旋转矢量如图 4-22（a），其矢量的长度取正弦电压 u 的振幅，在 $t = 0$ 时与正实轴的夹角是正弦电压 u 的初相位 φ，旋转角速度取正弦电压 u 的角频率 ω，这就表示了旋转矢量可以表示正弦量的三要素。同时，旋转矢量在虚轴上的投影值就是正弦电压 u 的瞬时值。这样，就可以用一个旋转矢量表示正弦量。

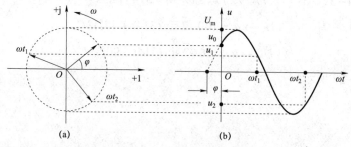

图 4-22　正弦量和旋转矢量

（a）旋转矢量；（b）波形图

在正弦交流电路中，各电压和电流都是同频率的正弦量，即每一个正弦量都有一个相同旋转角速度 ω 的旋转矢量。在同一旋转速度下，它们的相对速度是零，故任一时刻各旋转矢量的相对位置关系与初始时刻一样。因此，就用静止在各初始位置的矢量，即固定矢量来表示旋转矢量、表示正弦量。该固定矢量称为其对应正弦量的相量，如图 4-23 所示。

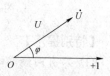

图 4-23　相量图

复平面上的矢量是表示复数的，因而相量即是复数。为区别一般复数，相量在大写字母上方加一个圆点"·"表示。比如该相量的有向线段的长为正弦电压 u 的振幅 U_m，相量与正实轴的夹角是正弦电压 u 的初相位 φ，称为振幅相量，用 $\dot{U}_m$、$\dot{I}_m$ 表示，有

$$\begin{cases} \dot{U}_m = U_m \angle \varphi_u \\ \dot{I}_m = I_m \angle \varphi_i \end{cases} \tag{4-19}$$

实际应用中，人们用到更多的是正弦量的有效值，所以也常用 $U \angle \varphi$ 来对应一个正弦量，称之为有效值相量，用 $\dot{U}$ 表示。如果不作特别指明，相量都是指有效值相量。

$$\begin{cases} \dot{U} = U \angle \varphi_u \\ \dot{I} = I \angle \varphi_i \end{cases} \tag{4-20}$$

按照正弦量的大小和相位关系，用初始位置的有向线段画出的相量的图形，称为相量图，如图 4-23 所示。为简单起见，画正弦量的相量图时，可以不画出复平面，只画正实轴（极坐标系的极轴）。

例 4.8　正弦量 $u = 220\sqrt{2}\sin(314t + 135°)$ V 和 $i = 1.5\sqrt{2}\sin(314t - 90)$ A，确定所对应的振幅相量和有效值相量，并画出对应的相量图。

解　据式（4-19），振幅相量：$u \rightarrow \dot{U}_m = 220\sqrt{2}\underline{\angle 135°}$ V

$$i \rightarrow \dot{I}_m = 1.5\sqrt{2}\angle\underline{-90^\circ}\ \text{A}$$

据式（4-20），有效值相量：$u \rightarrow \dot{U} = 220\angle\underline{135^\circ}\ \text{V}$

$$i \rightarrow \dot{I} = 1.5\angle\underline{-90^\circ}\ \text{A}$$

两个正弦量频率相同，可画在一个相量图（图4-24）中。

例4.9 已知两个工频正弦量的相量分别是 $\dot{U}_1 = 100\angle\underline{45^\circ}\ \text{V}$ 和 $\dot{U}_2 = 50\angle\underline{90^\circ}\ \text{V}$，确定正弦量瞬时值表达式，并画出对应的相量图。

解 据式（4-3），有 $\omega = 2\pi f = 2\pi \times 50 = 314（\text{rad/s}）$

据式（4-20），有 $\dot{U}_1 \rightarrow u_1 = 100\sqrt{2}\sin(314t + 45^\circ)\ \text{V}$

$$\dot{U}_2 \rightarrow u_2 = 50\sqrt{2}\sin(314t + 90^\circ)\ \text{V}$$

相量如图4-25所示。

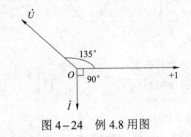

图4-24 例4.8用图

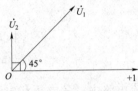

图4-25 例4.9用图

【特别提示】

① 只有同频率的正弦量所对应的相量，才能画在同一个相量图上。

② 在电路计算中，可以根据正弦量直接写出与之对应的相量；反过来，从相量也可以写出对应的正弦量，但必须给出正弦量的角频率。因为相量没有反映正弦量的角频率，它只表示出了正弦量的两个要素。因此，正弦量和相量只是对应关系，不是相等关系。

2. 基尔霍夫定律的相量表示

基尔霍夫定律是分析正弦交流电路的基本规律。相量法是分析正弦交流电路的基本方法。相量法的要点之一就是要把电压和电流写成相量形式，所以，应用的基尔霍夫定律也是相量形式。

1）KCL的相量形式

正弦交流电路中的基尔霍夫电流定律可以表述为：在集中参数电路中，任何时刻流入任一节点的各支路电流瞬时值的代数和恒等于流出该节点的各支路电流瞬时值的代数和。其数学表达式为

$$\sum i_入 = \sum i_出 \tag{4-21}$$

正弦交流电路中各电流都是与电源同频率的正弦量，因此，把这些同频率的正弦量用相量表示，即

$$\sum \dot{I}_入 = \sum \dot{I}_出 \tag{4-22}$$

它表示正弦交流电路中流入任一节点各支路电流相量和恒等于流出该节点的各支路电流相量和。

2）KVL 的相量形式

正弦交流电路中的基尔霍夫电压定律可以表述为：任何时刻沿着电路中任一回路绕行一周，各段电压瞬时值的代数和恒等于零。其数学表达式为

$$\sum u = 0 \tag{4-23}$$

因为在同一正弦交流电路中所有电压都是同频率的正弦量，所以，任何时刻沿着电路中任一回路绕行一周，各段电压相量和恒等于零，即

$$\sum \dot{U} = 0 \tag{4-24}$$

电压前的正、负号由其参考方向决定：参考方向与回路绕行方向一致的电压取"+"号，相反的电压取"−"号。

思考题

（1）写出下列正弦量对应的相量，并绘出相量图。

① $u = 220\sqrt{2}\sin(\omega t + 30°)\text{V}$；② $i = 2\sqrt{2}\sin(\omega t - 60°)\text{A}$。

（2）写出下列相量对应的工频正弦量的瞬时值表达式。

① $\dot{U} = 120\angle 60°\text{V}$；② $\dot{I} = 5\angle 90°\text{A}$。

（3）已知 $u_1 = 300\sqrt{2}\sin(314t - 30°)\text{V}$、$u_2 = 400\sqrt{2}\sin(314t + 60°)\text{V}$，试写出 $\dot{U}_1$、$\dot{U}_2$，计算 $u_1 + u_2$，并绘出相量图。

4.1.3 非正弦周期信号测试分析

正弦交流电的叠加

在电工技术中，除了电压和电流是时间的正弦函数外，还会遇到不按正弦规律变化的电压和电流，即非正弦量。无线电和通信技术中传送的电信号、自动控制以及电子计算机中大量使用的脉冲信号等都是非正弦量；发电机、变压器等电气设备的电压、电流也不是纯粹的正弦量。所有这些非正弦量可以分为两大类，即周期的和非周期的。电力系统中所遇到的正弦周期量一般不含恒定分量，这样的非正弦周期量又称为非正弦交流量。下面对非正弦周期量进行分析。

1. 非正弦周期信号的傅里叶级数表达式

1）直流电压和交流电压的叠加

在许多实际电路中，交流电压和直流电压是结合在一起的。例如，在放大电路中，交流信号就叠加在直流工作电压上。这是叠加定理最普遍的应用。

图 4-26 所示为一个直流电压源 U_s 和一个交流电压源 u_s 串联，即一个直流电压基础上的交流电压。

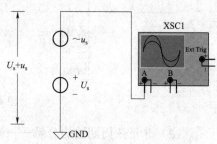

图 4-26 直流电压和交流电压的叠加

如果 U_s 比正弦电压的峰值大，这个相加的电压就是一个不会发生正负极性翻转的正弦波，用示波器观看如图 4-27（a）所示，正弦波叠加在直流电压上；如果 U_s 比正弦电压的峰值小，如图 4-27（b）所示，正弦波将在其下半周部分中出现负值。在这种情况下，正弦波都将达到一个最大值电压 $U_s + U_m$ 和一个最小值电压

$U_s - U_m$。

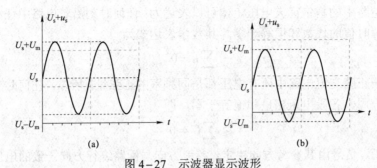

图 4-27　示波器显示波形

2）非正弦周期波信号的傅里叶级数表达式

（1）非正弦周期波的合成。

图 4-28 所示为将不同频率的电压源叠加在一起。XSC2 示波器 2 的 A 通道显示的是 u_1 和 u_3 这 2 个不同频率正弦交流电压的叠加，产生一个非正弦周期波，即马鞍波形；XSC1 示波器 1 的 B 通道显示的是 u_1、u_3、u_5、u_7、u_9 等 5 个不同频率正弦交流电压的叠加，产生的非正弦周期波类似于方波。由此可见，将不同频率的正弦波叠加可形成非正弦周期波。通过 XSC1 示波器 1 的 B 通道显示的波形会发现，叠加更多的不同频率正弦交流电压分量，波形更接近方波。

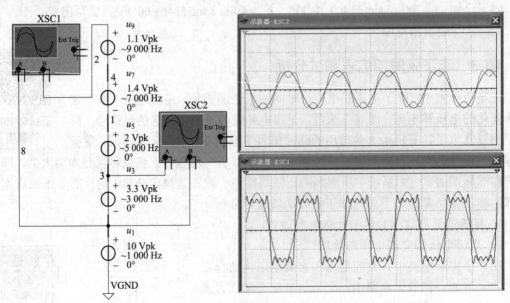

图 4-28　奇次谐波产生的方波

（2）非正弦周期波的分解——傅里叶级数表达式。

从数学知识可以知道，如果一个周期函数 $f(t)$ 满足狄里赫利条件（电工电子技术中常见的周期函数都满足这一条件），就可以分解展开为傅里叶级数，即

$$f(t) = A_0 + \sum_{k=1}^{\infty} A_{km} \sin(k\omega t + \varphi_k) \tag{4-25}$$

式中　A_0——直流分量或恒定分量；

　　　$A_{1m}\sin(\omega t+\varphi_1)$——基波或一次谐波分量；

　　　ω——基波角频率，$\omega=\dfrac{2\pi}{T}$；

　　　T——非正弦周期函数 $f(t)$ 的周期；

　　　$A_{2m}\sin(2\omega t+\varphi_2)$——2 次谐波分量；

　　　　　　$\vdots$

　　　$A_{km}\sin(k\omega t+\varphi_k)$——$k$ 次谐波分量。

当 $k\geqslant 2$ 时，统称为高次谐波分量。

式（4-25）说明，一个非正弦周期函数等于一个常数项和无穷多项不同频率的正弦函数之和。k 为奇数的谐波称为奇次谐波，k 为偶数的谐波称为偶次谐波。

在图 4-28 中，基波 u_1 的角频率是 $\omega=1\,000$ rad/s，3 次谐波 u_3 的角频率是 $3\omega=3\,000$ rad/s，5 次谐波 u_5 的角频率是 $5\omega=5\,000$ rad/s……

在实际运算中，$f(t)$ 可以是电压 $u(t)$ 或电流 $i(t)$，于是有

$$\begin{cases}u(t)=U_0+\displaystyle\sum_{k=1}^{\infty}U_{km}\sin(k\omega t+\varphi_{uk})\\[2mm]i(t)=I_0+\displaystyle\sum_{k=1}^{\infty}I_{km}\sin(k\omega t+\varphi_{ik})\end{cases}\tag{4-26}$$

将一个非正弦周期波分解为直流分量与无穷多个不同频率的谐波分量之和，称为谐波分析法。理论上的傅里叶级数是一个无穷级数，理论上要取无限项才能准确表示原周期函数，但实际应用时，由于其收敛很快，较高次谐波的振幅很小，因此只需取级数的前几项进行计算就足够准确了。

在分析电路时，一个具体的非正弦周期波如何分解为傅里叶级数，可以查阅相应的电工手册。表 4-1 列出了电工技术中常见的几种典型波形的傅里叶级数展开式。

表 4-1　几种典型非正弦周期波的傅里叶级数

名称	函数的波形	傅里叶级数	有效值 A、平均值 A_{av}
正弦波		$f(t)=A_m\sin\omega t$	$A=\dfrac{A_m}{\sqrt{2}}$、$A_{av}=A$
梯形波		$f(t)=\dfrac{4A_m}{a\pi}\left(\sin a\sin\omega t+\dfrac{1}{9}\sin 3a\sin 3\omega t+\dfrac{1}{25}\sin 5a\sin 5\omega t+\cdots\right)$	$A=A_m\sqrt{1-\dfrac{4a}{3\pi}}$、$A_{av}=A_m\left(1-\dfrac{\omega a}{\pi}\right)$

名称	函数的波形	傅里叶级数	有效值A、平均值A_{av}
等腰三角波		$f(t)=\dfrac{8A_m}{\pi^2}\left(\sin\omega t-\dfrac{1}{9}\sin3\omega t+\dfrac{1}{25}\sin5\omega t+\cdots\right)$	$A=\dfrac{A_m}{\sqrt{3}}$、$A_{av}=\dfrac{A_m}{2}$
矩形波		$f(t)=\dfrac{4A_m}{\pi}\left(\sin\omega t+\dfrac{1}{3}\sin3\omega t+\dfrac{1}{5}\sin5\omega t+\dfrac{1}{7}\sin7\omega t+\cdots\right)$	$A=A_m$、$A_{av}=A_m$
全波整流波		$f(t)=\dfrac{4A_m}{\pi}\left(\dfrac{1}{2}-\dfrac{1}{1\times3}\cos2\omega t-\dfrac{1}{3\times5}\cos4\omega t-\dfrac{1}{5\times7}\cos6\omega t-\cdots\right)$	$A=\dfrac{A_m}{\sqrt{2}}$、$A_{av}=\dfrac{2A_m}{\pi}$
锯齿波		$f(t)=\dfrac{A_m}{2}-\dfrac{A_m}{\pi}\left(\sin\omega t+\dfrac{1}{2}\sin2\omega t+\dfrac{1}{3}\sin3\omega t+\cdots\right)$	$A=\dfrac{A_m}{\sqrt{3}}$、$A_{av}=\dfrac{A_m}{2}$
半波整流波		$f(t)=\dfrac{2A_m}{\pi}\left(\dfrac{1}{2}+\dfrac{\pi}{4}\cos\omega t+\dfrac{1}{1\times3}\cos2\omega t-\dfrac{1}{3\times5}\cos4\omega t+\dfrac{1}{5\times7}\cos6\omega t-\right)$	$A=\dfrac{A_m}{2}$、$A_{av}=\dfrac{A_m}{\pi}$

2. 非正弦周期信号的有效值和平均值

1）非正弦周期信号的有效值

非正弦周期信号的有效值定义和正弦周期信号的有效值相同。有效值的定义式为

$$I=\sqrt{\frac{1}{T}\int_0^T i^2(t)\,\mathrm{d}t}$$

设周期电流为

$$i(t)=I_0+\sum_{k=1}^{\infty}I_{km}\sin(k\omega t+\varphi_{ik})$$

将其代入有效值的定义式，得

$$I=\sqrt{\frac{1}{T}\int_0^T\left[I_0+\sum_{k=1}^{\infty}I_{km}\sin(k\omega t+\varphi_{ik})\right]^2\mathrm{d}t}$$

将上式方括号内各分量之和的平方展开，包含下列各类项：

① I_0^2；

② $\sum_{k=1}^{\infty} I_{km}^2 \sin^2(\omega t + \varphi_{ik})$；

③ $\sum_{k=1}^{\infty} 2I_0 I_{km} \sin(k\omega t + \varphi_{ik})$；

④ $\sum_{k=1}^{\infty} 2I_{km} \sin(k\omega t + \varphi_{ik}) I_{qm} \sin(q\omega t + \varphi_{iq})$ $(k \neq q)$。

于是根号内各项的值为

① $\dfrac{1}{T} \int_0^T I_0^2 \mathrm{d}t = I_0^2$

② $\dfrac{1}{T} \int_0^T \sum_{k=1}^{\infty} I_{km}^2 \sin^2(\omega t + \varphi_{ik}) \mathrm{d}t = \dfrac{I_{km}^2}{T} \int_0^T \sum_{k=1}^{\infty} \dfrac{1 - \cos 2(\omega t + \varphi_{ik})}{2} \mathrm{d}t = \sum_{k=1}^{\infty} \dfrac{I_{km}^2}{2} = \sum_{k=1}^{\infty} I_k^2$

③ $\dfrac{1}{T} \int_0^T \left[\sum_{k=1}^{\infty} I_0 I_{km} \sin(k\omega t + \varphi_{ik}) \right] \mathrm{d}t = 0$

④ $\dfrac{1}{T} \int_0^T \left[\sum_{k=1}^{\infty} I_{km} \sin(k\omega t + \varphi_{ik}) I_{qm} \sin(q\omega t + \varphi_{iq}) \right] \mathrm{d}t = 0 \ (k \neq q)$

所以，非正弦电流的有效值计算公式为

$$I = \sqrt{I_0^2 + I_1^2 + I_2^2 + I_3^2 + \cdots} = \sqrt{I_0^2 + \sum_{k=1}^{\infty} I_k^2} \qquad (4-27)$$

式中　I_0——直流分量；

$\quad I_1$——基波分量的有效值，$I_1 = \dfrac{1}{\sqrt{2}} I_{1m}$；

$\quad I_2$——2 次谐波分量的有效值，$I_2 = \dfrac{1}{\sqrt{2}} I_{2m}$；

$\quad \vdots$

$\quad I_k$——k 次谐波分量的有效值，$I_k = \dfrac{1}{\sqrt{2}} I_{km}$。

类似地，一个非正弦周期电压的有效值可以用下式计算

$$U = \sqrt{U_0^2 + U_1^2 + U_2^2 + U_3^2 + \cdots} = \sqrt{U_0^2 + \sum_{k=1}^{\infty} U_k^2} \qquad (4-28)$$

因此，非正弦周期量的有效值等于直流分量和各次谐波分量有效值的平方和的平方根。

2）非正弦周期信号的平均值

除有效值外，非正弦周期量有时还引用平均值。非正弦周期信号的平均值定义和正弦周期信号的平均值相同：周期量的绝对值在一个周期内的平均值，即

$$\begin{cases} U_{av} = \dfrac{1}{T}\displaystyle\int_0^T |u|\,\mathrm{d}t \\[3mm] I_{av} = \dfrac{1}{T}\displaystyle\int_0^T |i|\,\mathrm{d}t \end{cases} \tag{4-29}$$

若采用数学的平均值概念，当一个周期内其值均为正值的周期量时，非正弦周期量的平均值是它的直流分量，以电流为例，有

$$I_0 = \frac{1}{T}\int_0^T i\,\mathrm{d}t \tag{4-30}$$

不同类型的电工测量仪表，其指针的偏转原理是不同的。磁电系仪表的偏转角正比于电流的恒定分量，电磁系和电动系仪表的偏转角正比于电流的有效值，而全波整流系仪表的偏转角与电流的平均值成正比。了解这一情况，有助于在测量非正弦周期电流或电压时恰当地选择和使用不同类型的仪表。

思考题

（1）周期为 10 ms 方波的基波频率是多少？

（2）确定图 4-29 所示波形的周期、基波频率。

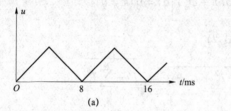 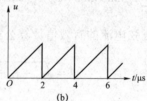

图 4-29 波形

（a）三角波；（b）锯齿波

（3）若基波频率为 100 Hz，则 2 次谐波是多少？

（4）确定非正弦周期电流 $i(t) = 0.2 + 0.8\sin(\omega t - 15°) + 0.3\sin(2\omega t + 40°)$ A 的有效值。

（5）确定非正弦周期电压 $u(t) = 50 + 30\sqrt{2}\sin\omega t + 22.5\sqrt{2}\sin(3\omega t + 30°)$ V 的有效值。

（6）锯齿波电压 u 的波形如图 4-30 所示，如果其幅值 $U_m = 100$ V，计算 u 的有效值（查表 4-1，$k=5$）。

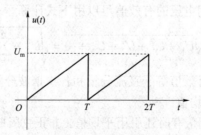

图 4-30 锯齿波形

4.2　基本电路元件测试分析

4.2.1　日光灯管——交流电路中纯电阻元件 R

纯电阻交流
电路

在日光灯照明电路中，日光灯管的理想电路元件就是电阻元件 R。

1. 欧姆定律

如图 4-31（a）所示，设电阻元件电压 u 的参考方向与电流的参考方向相
关联。如果正弦电压作用于电阻两端，会产生正弦电流。当电压为零时，电流也是零；而当
电压最大时，电流也最大；当电压反向最大时，电流也反向最大。时刻符合欧姆定律，即

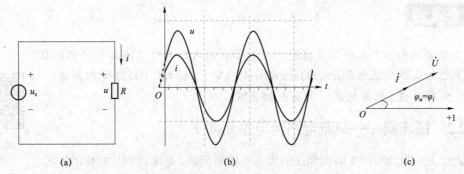

（a）　　　　　　　　　（b）　　　　　　　　　（c）

图 4-31　电阻元件上电压与电流的关系

（a）电阻元件；（b）波形图；（c）相量图

$$\begin{cases} u = iR \\ U_\mathrm{m} = I_\mathrm{m} R \\ U = IR \end{cases} \tag{4-31}$$

由于电阻元件上电压和电流的变化时刻相同，当电压正负变化时，电流也随之变化。因
此，电压和电流是同相的，如图 4-31 所示。

$$\varphi_u = \varphi_i \tag{4-32}$$

2. 欧姆定律 $\dot{U} - \dot{I}$ 形式

$$u \rightarrow \dot{U} = U\angle\varphi_u = RI\angle\varphi_i = R\dot{I}$$

即

$$\dot{U} = R\dot{I} \tag{4-33}$$

相量图如图 4-31（c）所示。

【特别提示】

在交流电路中应用欧姆定律时，若用振幅、有效值和相量来表示时，电压和电流一定要
表达一致。

例 4.10　一个电阻元件，电阻 $R = 1\ \mathrm{k\Omega}$，外加电流 $i = 1.414\sin(\omega t - 30°)\ \mathrm{A}$，求电阻两端
的电压 u，并作出相量图。

解　$i \rightarrow \dot{I} = \dfrac{1.414}{\sqrt{2}} \angle -30° = 1 \angle -30°\,\text{A}$

据式（4-33）$\dot{U} = R\dot{I} = 1\,000 \times 1 \angle -30° = 1\,000 \angle -30°\,\text{V} = 1 \angle -30°\,\text{kV}$

$$\dot{U} \rightarrow u = \sqrt{2} \sin(\omega t - 30°)\,\text{kV}$$

相量图如图 4-32 所示。

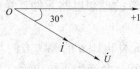

图 4-32　例 4.10 相量图

（1）若电阻元件上电压与电流同相，是否表明电压与电流的初相位都是零？

（2）已知正弦交流电压 $u = 311\sin(\omega t + 45°)\,\text{V}$，施加在 $100\,\Omega$ 电阻两端，确定电流的瞬时值 i 的解析式，并画出相量图。

纯电感交流
电路

4.2.2　镇流器——交流电路纯电感元件 L

日光灯上的限流和产生瞬间高压的设备叫做镇流器，是用硅钢片制作的铁芯上缠漆包线制成的，是一个铁芯电感线圈，这样的带铁芯的线圈镇流器又称为电感镇流器，如图 4-33 所示。

图 4-33　日光灯电感镇流器

如图 4-34（a）所示，设空心电感元件电压 u_L 的参考方向与电流的参考方向相关联。

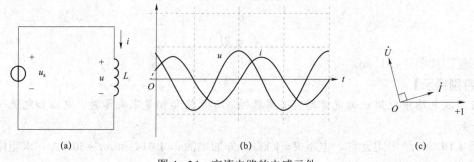

图 4-34　交流电路的电感元件

（a）电感元件；（b）波形图；（c）相量图

在正弦交流电路中，设电流 $i = \sqrt{2}I\sin(\omega t + \varphi_i)$，则电感元件的电压为

$$u = L\frac{\mathrm{d}i}{\mathrm{d}t} = L\frac{\mathrm{d}(\sqrt{2}I\sin(\omega t + \varphi_i))}{\mathrm{d}t}$$
$$= \sqrt{2}\omega LI\cos(\omega t + \varphi_i) = \sqrt{2}\omega LI\sin(\omega t + \varphi_i + 90°)$$

设正弦交流电压的一般式为 $u = \sqrt{2}U\sin(\omega t + \varphi_u)$，则可以得到以下各种关系。

1. 大小关系

$$U = \omega LI = X_L I \qquad\qquad (4-34)$$

其中，感抗为

$$X_L = \omega L = 2\pi fL \qquad\qquad (4-35)$$

感抗反映了电感元件对电流的阻碍作用，单位是 Ω。感抗与频率成正比。频率越高，感抗越大，对电流的阻碍作用就越强。所以，电感元件有通低频、阻高频的特性。在直流电路中，频率 $f=0$，感抗 $X_L=0$，说明电感元件在直流电路中相当于短路。

2. 相位关系

$$\varphi_u = \varphi_i + 90° \qquad\qquad (4-36)$$

即电感元件的电压超前电流 90°，或者说，电流滞后电压 90°，波形图 4-34（b）所示。

3. 相量关系

将电压和电流改写成相量形式，即

$$i \to \dot{I} = I\angle\varphi_i$$
$$u \to \dot{U} = U\angle\varphi_u = X_L I\angle\varphi_i + 90° = X_L I\angle\varphi_i \times 1\angle 90° = \mathrm{j}X_L\dot{I}$$

即

$$\dot{U} = \mathrm{j}X_L\dot{I} \qquad\qquad (4-37)$$

相量图如图 4-34（c）所示。

例 4.11　已知流过电感元件的电流为 $i = 46.7\sqrt{2}\sin(314t - 45°)\,\mathrm{mA}$，电感 $L = 1.5\,\mathrm{H}$，求电感元件的感抗以及电感两端的电压 u。

解　感抗。根据式（4-35）得

$$X_L = \omega L = 314 \times 1.5 = 471\,(\Omega)$$
$$i \to \dot{I} = 46.7\angle -45°\,\mathrm{mA} = 0.046\ 7\angle -45°\,\mathrm{A}$$

根据式（4-37）得

$$\dot{U} = \mathrm{j}X_L\dot{I} = \mathrm{j}471 \times 0.046\ 7\angle -45° = 22\angle 45°\,\mathrm{V}$$

于是电压有

$$u = 22\sqrt{2}\sin(314t + 45)\,\mathrm{V}$$

练习：将正弦量 i 的角频率扩大 10 倍，成为 3 140 rad/s，则感抗是多少？u 的瞬时值表达式是什么？

【知识拓展】

1. 交流发生器

图4-35所示为一台放大的简易交流发生器：在两块永磁铁之间放置电感元件（闭合线圈 abcd）。注意：闭合线圈 abcd 的 a 端和 d 端都与独立滑动环相连。当闭合线圈在南、北极所夹的磁场中旋转时，滑动环同时旋转，并且与连接外部检流计的电刷相摩擦。

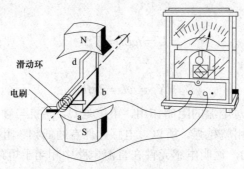

图4-35 发电机的构造简图

当电感元件在磁场中旋转时，闭合线圈所围面积的磁通发生变化。根据电磁感应定律，回路中即产生感应电动势和感应电流，引起检流计指针发生偏转，如图4-36所示。当电感元件完成一个周期时，一个完整周期的正弦波产生。电感元件继续旋转，产生相同周期的正弦波。

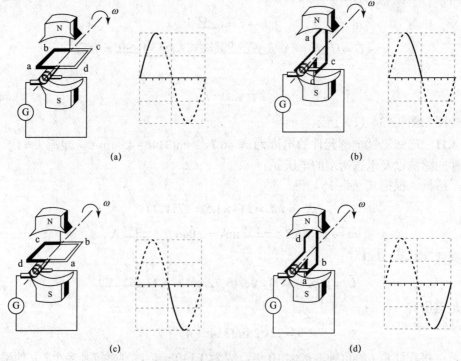

图4-36 电感元件旋转一周产生一个正弦波的过程

（a）第一个 $\frac{1}{4}$ 周期（正向变换）；（b）第二个 $\frac{1}{4}$ 周期（正向变换）；（c）第三个 $\frac{1}{4}$ 周期（负向变换）；（d）第四个 $\frac{1}{4}$ 周期（负向变换）

2. 频率改变

（1）当电感元件在 1 s 内旋转 50 周时，正弦波的周期是 $\dfrac{1}{50}$ s，对应的频率是 50 Hz。因而电感元件旋转越快，产生正弦波的频率越高。

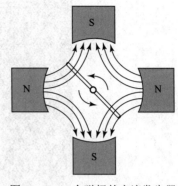

（2）提高频率的方法是增加磁极对数。如图 4-36 所示，电感元件经过北极和南极，因而产生一个周期的正弦波。用 4 个磁极代替南北两个磁极，如图 4-37 所示，一个周期在半个循环中产生。在同样的旋转速率下，其频率增加了 1 倍。

图 4-37　4 个磁极的交流发生器

频率可以用磁极对数和每秒旋转的次数表示为

$$f = 磁极对数 \times 每秒旋转次数 \tag{4-38}$$

例 4.12　一个四极发生器的旋转频率是 100 r/min，确定其输出电压频率。

解　磁极对数

$$p = \frac{4}{2} = 2$$

据式（4-38）

$$f = 2 \times 100 = 200（\text{Hz}）$$

练习：如果四极发生器的旋转频率是 50 r/min，则每秒转数是多少？

3. 电压振幅改变

前面介绍线圈中感应的电压取决于线圈的匝数和在磁场的变化率。因此，线圈的旋转速率增加，不仅所产生电压的频率增加，而且感应电压的振幅也增加。最常用增大电压的方法是增加线圈的匝数。

思考题

（1）能否从感抗的角度解释：电感元件在直流电路中相当于短路？

（2）一个 10 mH 电感，工频下感抗是多少？若频率为 1 000 Hz，感抗是多少？

（3）流过 0.02 H 电感的电流为 $i = 5\sin(1\,000t + 15°)$ mA，确定电感两端电压 u 的解析式。

4.2.3　交流电路中纯电容元件 *C*

图 4-38 是日光灯电路并联电容器实际接线，图 4-39 是其对应的电路。在图 4-39 中，在镇流器和日光灯支路旁多了一条并联支路，该支路上有一个电路元件。它的存在不影响日光灯照

纯电容交流　　阻抗测量仿真
电路

常工作，且电路总电流下降。这从电力系统来说，具有很重要的意义。如果线路电流减小，意味着线路能量损耗减小，并且输电线的截面尺寸也可以减小，从而减少导线材料的使用。

该电路元件就是电容器，其理想元件就是电容元件。

如图 4-40（a）所示，设电容元件电压 u 的参考方向与电流的参考方向关联。在正弦交流电路中，设电压 $u = \sqrt{2}U\sin(\omega t + \varphi_u)$，电容元件的电流为

$$i = C\frac{\mathrm{d}u}{\mathrm{d}t} = C\frac{\mathrm{d}(\sqrt{2}U\sin(\omega t + \varphi_u))}{\mathrm{d}t}$$

$$= \sqrt{2}\omega CU\cos(\omega t + \varphi_u) = \sqrt{2}\omega CU\sin(\omega t + \varphi_u + 90°)$$

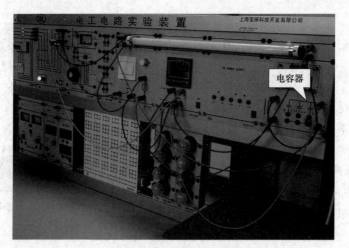

图 4-38　日光灯电路并联电容器接线

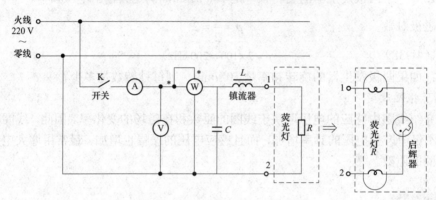

图 4-39　日光灯电路并联电容器电路

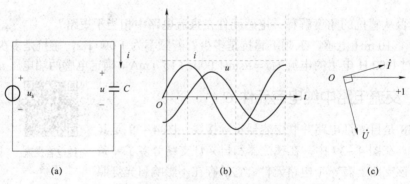

图 4-40　交流电路的电容元件

（a）电容元件；（b）波形图；（c）相量图

设正弦交流电流的一般式 $i = \sqrt{2}I\sin(\omega t + \varphi_i)$ ，则可以得到以下关系。

1. 大小关系

$$U = \frac{1}{\omega C}I = X_C I \qquad (4-39)$$

其中容抗为

$$X_C = \frac{1}{\omega C} = \frac{1}{2\pi f C} \qquad (4-40)$$

容抗反映了电容元件对电流的阻碍作用，单位是 Ω。容抗与频率成反比。频率越高，容抗越小，对电流的阻碍作用就越弱。所以，电容元件具有通高频、阻低频或者说隔断直流、导通交流的特性。在直流电路中，频率 $f=0$，感抗 $X_C \to \infty$，说明电容元件在直流电路中相当于开路。

2. 相位关系

$$\varphi_i = \varphi_u + 90° \qquad (4-41)$$

即电容元件的电流超前电压 $90°$，或者说，电压滞后电流 $90°$，波形图 $4-40$（b）所示。

3. 相量关系

将电压和电流改写成相量形式，即

$$i \to \dot{I} = I\angle\varphi_i$$

$$u \to \dot{U} = U\angle\varphi_u = X_C I\angle\underline{\varphi_i - 90°} = X_C I\angle\varphi_i \times \angle\underline{-90°} = -jX_C\dot{I}$$

即

$$\dot{U} = -jX_C\dot{I} \qquad (4-42)$$

相量图如图 $4-40$（c）所示。

例 4.13　已知电容元件的电容 $C = 4.7\ \mu\text{F}$，外加电压 $u = 220\sqrt{2}\sin(1\,000t + 85°)\ \text{V}$。关联方向下求流过电容元件的电流 i。

解
$$u \to \dot{U} = 220\angle 85°\ \text{V}$$

依据式（4-40），容抗为

$$X_C = \frac{1}{\omega C} = \frac{1}{1\,000 \times 4.7 \times 10^{-6}} = 213\,(\Omega)$$

依据式（4-42），得

$$\dot{I} = \frac{\dot{U}}{-jX_C} = \frac{220\angle 85°}{-j213} = \frac{220\angle 85°}{213\angle\underline{-90°}} = 1.03\angle\underline{175°}\,(\text{A})$$

于是电流为
$$i = 1.03\sqrt{2}\sin(1\,000t + 175°)\ \text{A}$$

练习：将正弦量 u 的角频率扩大 10 倍，成为 $10^4\ \text{rad/s}$，则容抗是多少？i 的瞬时值表达式是什么？

思考题

（1）能否从容抗的角度解释：为什么电容元件在直流电路中相当于开路？

（2）流过 $10\ \mu\text{F}$ 电容的电流为 $i = 0.1\sqrt{2}\sin(5\,000t - 30°)\ \text{A}$，确定电容两端的电压 u 的解析式。

4.3 正弦交流电路分析

4.3.1 *RLC* 串联电路分析

1. *RLC* 串联电路的电压

RLC 串联电路如图 4−41 所示。

设各元件电压 u_R、u_L、u_C 的参考方向均与电流的参考方向相关联，由 KVL 可知，串联电路的电压 u 与各元件电压的关系为

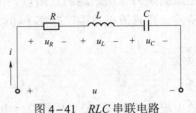

图 4−41　*RLC* 串联电路

RLC 串联电路和复阻抗

$$u = u_R + u_L + u_C$$

各电压相量间的关系为

$$\dot{U} = \dot{U}_R + \dot{U}_L + \dot{U}_C$$

其中：

$$\dot{U}_R = R\dot{I}, \quad \dot{U}_L = \mathrm{j}X_L\dot{I}, \quad \dot{U}_C = -\mathrm{j}X_C\dot{I}$$

以电流作为参考正弦量，那么电流的初相位为 $0°$，即 $\dot{I} = I\angle 0°$。这样可以画出 *RLC* 串联电路中电压和电流的相量图，如图 4−42 所示。图中，$\dot{U}$、$\dot{U}_R$、$\dot{U}_X(\dot{U}_X = \dot{U}_L + \dot{U}_C)$ 组成一个直角三角形，称为"电压三角形"，其中 $\varphi = \varphi_u - \varphi_i$

由电压三角形可得

$$\begin{cases} U = \sqrt{U_R^2 + (U_L - U_C)^2} \\ \varphi = \arctan \dfrac{U_L - U_C}{U_R} \end{cases} \tag{4−43}$$

及

$$\begin{cases} U_R = U\cos\varphi \\ U_L - U_C = U\sin\varphi \end{cases} \tag{4−44}$$

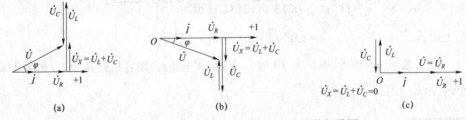

图 4−42　*RLC* 串联电路中电压和电流的相量图

（a）$\varphi > 0$ 电感性电路；（b）$\varphi < 0$ 电容性电路；（c）$\varphi = 0$ 电阻性电路

（1）当 $X_L > X_C$，即 $U_L > U_C$，此时 $\varphi > 0$，端口电压超前于电流，这时的电路性质呈电感性，如图 4−42（a）所示。

（2）当 $X_L < X_C$，即 $U_L < U_C$，此时 $\varphi < 0$，端口电压滞后于电流，这时的电路性质呈电容性，如图 4−42（b）所示。

（3）当 $X_L = X_C$，即 $U_L = U_C$，此时 $\varphi = 0$，端口电压与电流同相，这时的电路性质呈电阻性，如图 4-42（c）所示。

2. RLC 串联电路电压与电流的关系

将各元件的电压与电流相量关系代入 $\dot{U} = \dot{U}_R + \dot{U}_L + \dot{U}_C$，得

$$\dot{U} = R\dot{I} + jX_L\dot{I} - jX_C\dot{I}$$
$$= [R + j(X_L - X_C)]\dot{I} \tag{4-45}$$

式（4-45）为 RLC 串联电路电压与电流的相量关系式。

例 4.14　RLC 串联电路如图 4-41 所示，已知电阻 $R = 75\ \Omega$，电感 $L = 0.6\ \text{H}$，电容 $C = 2\ \mu\text{F}$。外加电压 $u = 10\sqrt{2}\sin(1\,000t + 90°)\text{V}$，求电路中的电流 i 以及各元件上电压的有效值。

解　计算感抗和容抗

$$X_L = \omega L = 1\,000 \times 0.6 = 600\,(\Omega)$$

$$X_C = \frac{1}{\omega C} = \frac{1}{1\,000 \times 2 \times 10^{-6}} = 500\,(\Omega)$$

将电压 u 写成相量形式，即

$$\dot{I} = \frac{\dot{U}}{R + j(X_L - X_C)} = \frac{10\angle 90°}{75 + j(600 - 500)} = 0.08\angle 36.9°\,(\text{A})$$

据式（4-45），得电路的电流为

$$\dot{I} = \frac{\dot{U}}{R + j(X_L - X_C)} = \frac{10\angle 90°}{75 + j(600 - 500)} = 0.08\angle 36.9°\,(\text{A})$$

各元件上电压为

$$U_R = RI = 75 \times 0.08 = 6\,(\text{V})$$

$$U_L = X_L I = 600 \times 0.08 = 48\,(\text{V})$$

$$U_C = X_C I = 500 \times 0.08 = 40\,(\text{V})$$

从本例的计算可以看出，当电路的感抗和容抗相对于电路的电阻较大时，会出现电感电压和电容电压的有效值大于电源电压有效值的情况。这是由于感抗和容抗相互补偿的结果，从图 4-42 所示的相量图中也可以清楚地看出这一点。由于 $U_L > U_C$，电路性质呈电感性。

练习：若 $L = 0.4\ \text{H}$，重新求电路中的电流 i 以及各元件上电压的有效值，并分析电路性质。

3. 复阻抗与复导纳

1）复阻抗

在关联参考方向下，正弦稳态电路中任何一个无源二端网络的端口电压和端口电流相量的比值，定义为该无源二端网络的复阻抗 Z，即

$$Z = \frac{\dot{U}}{\dot{I}} \tag{4-46}$$

式（4-46）还可以看成欧姆定律的相量形式，即

$$Z = \frac{\dot{U}}{\dot{I}} = \frac{U \angle \varphi_u}{I \angle \varphi_i} = \frac{U}{I} \angle \varphi_u - \varphi_i = |Z| \angle \varphi \qquad (4-47)$$

显然，复阻抗 Z 是一个复数，单位是 Ω。但它不是表示正弦量的复数，因而不是相量。复阻抗在电路图中有时用电阻的符号表示，如图 4-43（a）所示。

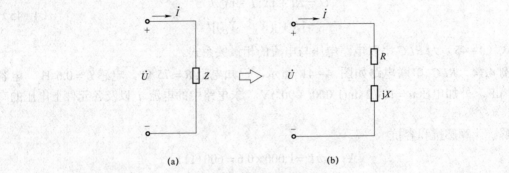

图 4-43 复阻抗的电路符号

（1）阻抗 $|Z|$——复阻抗的模。

由式（4-47）知，复阻抗的模 $|Z|$ 等于端口电压有效值与端口电流有效值的比值，即

$$|Z| = \frac{U}{I} \qquad (4-48)$$

$|Z|$ 的单位是 Ω。

显然，当电压有效值一定时，复阻抗的模 $|Z|$ 越大，电流 I 越小，即 $|Z|$ 反映了电路对电流的阻碍作用，故称为阻抗。

（2）阻抗角 φ——复阻抗的辐角。

由式（4-47）知，复阻抗的辐角为电压超前电流的相位差，即

$$\varphi = \varphi_u - \varphi_i \qquad (4-49)$$

（3）阻抗三角形。

复阻抗的代数形式可写为

$$Z = R + jX \qquad (4-50)$$

式中　R——电阻，Ω；

X——电抗，Ω。

根据式（4-47）中 $Z = |Z| \angle \varphi$，可得

$$\begin{cases} R = |Z| \cos \varphi \\ X = |Z| \sin \varphi \end{cases} \qquad (4-51)$$

以及

$$\begin{cases} |Z| = \sqrt{R^2 + X^2} \\ \varphi = \arctan \dfrac{X}{R} \end{cases} \qquad (4-52)$$

R、X 和 $|Z|$ 之间的关系可以用一个"直角三角形"来表示，如图 4-44 所示，这个三角

形称为阻抗三角形。

显然，阻抗三角形和电压三角形是相似三角形。这两个三角形之间的关系即反映了复阻抗及其各元件电压和电流之间的相量关系。

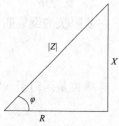

图 4-44 阻抗三角形

RLC 串联电路的复阻抗为

$$Z = \frac{\dot{U}}{\dot{I}} = R + j(X_L - X_C) = R + jX = |Z| \angle \varphi$$

Z 的实部就是电路的电阻 R，Z 的虚部 X 即电抗，为

$$X = X_L - X_C = \omega L - \frac{1}{\omega C}$$

Z 的模值和辐角分别为

$$\begin{cases} |Z| = \sqrt{R^2 + (X_L - X_C)^2} = \sqrt{R^2 + \left(\omega L - \frac{1}{\omega C} \right)^2} \\ \varphi = \arctan \frac{X_L - X_C}{R} = \arctan \frac{\omega L - \frac{1}{\omega C}}{R} \end{cases} \quad (4-53)$$

（4）任意个元件（不含独立源）或任意个复阻抗串联。

据式（4-46）可知单个元件的复阻抗分别为

$$Z_R = \frac{\dot{U}_R}{\dot{I}_R} = R$$

$$Z_L = \frac{\dot{U}_L}{\dot{I}_L} = jX_L$$

$$Z_C = \frac{\dot{U}_C}{\dot{I}_C} = -jX_C$$

RL 串联，即

$$Z = \frac{\dot{U}_R + \dot{U}_L}{\dot{I}} = R + jX_L = Z_R + Z_L$$

RC 串联，即

$$Z = \frac{\dot{U}_R + \dot{U}_C}{\dot{I}} = R - jX_C = Z_R + Z_C$$

LC 串联，即

$$Z = \frac{\dot{U}_L + \dot{U}_C}{\dot{I}} = jX_L - jX_C = Z_L + Z_C$$

可见，串联电路的复阻抗等于电路各元件的复阻抗之和。若任意复阻抗串联，则

$$Z = \frac{\dot{U}_1 + \dot{U}_2 + \dot{U}_3 + \cdots}{\dot{I}} = \frac{\dot{U}_1}{\dot{I}} + \frac{\dot{U}_2}{\dot{I}} + \frac{\dot{U}_3}{\dot{I}} + \cdots = Z_1 + Z_2 + Z_3 + \cdots \quad (4-54)$$

串联电路的复阻抗等于串联的各复阻抗之和。

2）复导纳

复阻抗的倒数叫做复导纳，用大写字母 Y 表示，即

$$Y = \frac{1}{Z} \tag{4-55}$$

单位是西门子（S），简称"西"，由于复阻抗是复数，因而复导纳也是复数，即

$$Y = G + jB = |Y| \angle \varphi' \tag{4-56}$$

式中　G——电导，S；

B——电纳，S；

$|Y|$——导纳，S；

φ'——导纳角。

所以有

$$\begin{cases} |Y| = \sqrt{G^2 + B^2} \\ \varphi' = \arctan \dfrac{B}{G} \end{cases} \tag{4-57}$$

3）复阻抗与复导纳的关系

$$Y = \frac{1}{Z} = \frac{1}{|Z| \angle \varphi} = \frac{1}{|Z|} \angle -\varphi \tag{4-58}$$

又

$$Y = |Y| \angle \varphi'$$

可以得出

$$\begin{cases} |Y| = \dfrac{1}{|Z|} \\ \varphi' = -\varphi \end{cases} \tag{4-59}$$

例 4.15　电路的端电压 $\dot{U} = 220 \angle -30° \text{ V}$，通过的电流 $\dot{I} = 11 \angle -45° \text{ A}$，求电路的复阻抗 Z、复导纳 Y，并判定电路性质。

解　据式（4-46）得

$$Z = \frac{\dot{U}}{\dot{I}} = \frac{220 \angle -30°}{11 \angle -45°} = 20 \angle 15° (\Omega)$$

据式（4-55）得

$$Y = \frac{1}{Z} = \frac{1}{20 \angle 15°} = 0.05 \angle -15° (\text{S})$$

因为阻抗角 $\varphi = 15° > 0$，端口电压超前电流 $15°$，所以，电路性质呈电感性。

练习：若 $\dot{I} = 11 \angle -30° \text{ A}$，求电路的复阻抗 Z、复导纳 Y，并判定电路性质。

4.3.2　正弦交流电路的相量分析计算

复阻抗类似直流电路的电阻元件。结合基尔霍夫定律和欧姆定律的相量形式，只要把直流电路的电压、电流换成交流电路的电压、电流相量；

正弦交流电路分析

把直流电路的电阻换成交流电路的复阻抗，那么在基尔霍夫定律和欧姆定律基础上建立的直流电路的所有公式、定理和分析方法，就全部适用于正弦交流电路的分析计算。

【特别提示】

① 数学运算是复数的运算。

② 可以利用相量图来帮助分析计算电路。

例 4.16　电路如图 4-45 所示，已知 $R = \dfrac{1}{\omega C} = 6.8\ \Omega$，$Z_1 = 5\angle 30°\ \Omega$，外加电压 $\dot{U} = 10\angle 0°\ \text{V}$，求电流 $\dot{I}$ 及电容电压 $\dot{U}_C$。

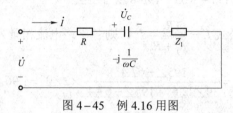

图 4-45　例 4.16 用图

解　等效复阻抗

$$Z = Z_R + Z_C + Z_1 = R - \text{j}\frac{1}{\omega C} + Z_1 = 6.8 - \text{j}6.8 + 5\angle 30° = 11.9\angle -21.1°(\Omega)$$

$$\dot{I} = \frac{\dot{U}}{Z} = \frac{10\angle 0°}{11.9\angle -21.1°} = 0.84\angle 21.1°(\text{A})$$

电容电压为

$$\dot{U}_C = -\text{j}\frac{1}{\omega C}\dot{I} = -\text{j}6.8 \times 0.84\angle 21.1° = 5.7\angle -68.9°(\text{V})$$

电容电压也可用分压公式 $\dot{U}_1 = \dfrac{Z_1}{Z_1 + Z_2 + \cdots}\dot{U}$ 求得，即

$$\dot{U}_C = \frac{Z_C}{Z}\dot{U} = \frac{-\text{j}6.8}{11.9\angle -21.1°} \times 10\angle 0° = 5.7\angle -68.9°(\text{V})$$

例 4.17　如图 4-46（a）所示，已知 $R_1 = 36\ \Omega$，$R_2 = 75\ \Omega$，$\omega L = 15\ \Omega$，$\dfrac{1}{\omega C} = 180\ \Omega$，电流源电流 $\dot{I}_S = 2\angle 0°\ \text{A}$。求等效复阻抗 Z 以及电流 $\dot{I}_1$ 和 $\dot{I}_2$。

解　这是一个复阻抗并联电路，作出等效电路如图 4-46（b）所示，则

$$Z_1 = R_1 + \text{j}\omega L = 36 + \text{j}15 = 39\angle 22.6°(\Omega)$$

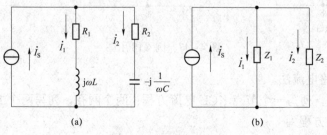

图 4-46　例 4.17 用图

$$Z_2 = R_2 - j\frac{1}{\omega C} = 75 - j180 = 195\angle-67.4°(\Omega)$$

根据两个电阻的并联公式 $R = \dfrac{R_1 R_2}{R_1 + R_2}$ ，则等效复阻抗为

$$Z = \frac{Z_1 Z_2}{Z_1 + Z_2} = \frac{39\angle22.6° \times 195\angle-67.4°}{39\angle22.6° + 195\angle-67.4°}$$

$$= \frac{7\,605\angle-44.8°}{111 - j165} = \frac{7\,605\angle-44.8°}{198.86\angle-56.1°} = 38.24\angle11.3°(\Omega)$$

根据两个电阻的分流公式 $I_1 = \dfrac{R_2}{R_1 + R_2} I_2$ ，则各支路电流相量为

$$\dot{I}_1 = \frac{Z_2}{Z_1 + Z_2}\dot{I}_S = \frac{195\angle-67.4°}{39\angle22.6° + 195\angle-67.4°} \times 2\angle0° = 1.96\angle-11.3°(A)$$

$$\dot{I}_2 = \frac{Z_1}{Z_1 + Z_2}\dot{I}_S = \frac{39\angle22.6°}{39\angle22.6° + 195\angle-67.4°} \times 2\angle0° = 0.39\angle78.7°(A)$$

练习：若确定交流电流源的电压（设电流源的电压和电流关联参考方向下），该如何分析？

例 4.18　如图 4—47（a）所示，已知 $\dot{U}_{S1} = 230\angle0°\text{ V}$ ， $\dot{U}_{S2} = 227\angle0°\text{ V}$ ， $Z_1 = Z_2 = 0.1 + j0.5\ \Omega$ ， $Z_3 = 5 + j5\ \Omega$ 。试用支路电流法、叠加定理、戴维南定理求电流 $\dot{I}_3$ 。

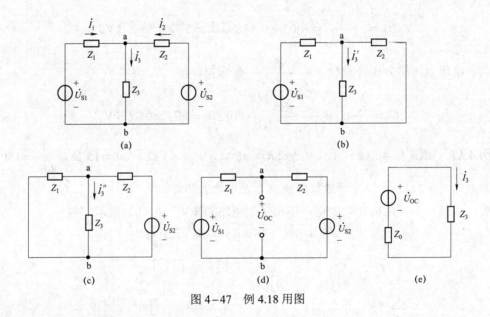

图 4—47　例 4.18 用图

解　（1）支路电流法。

本题两个节点，列写一个节点 KCL 电流方程；两个网孔，列写两个 KVL 方程，绕行方向取顺时针方向。方程为

$$\begin{cases} \dot{I}_1 + \dot{I}_2 = \dot{I}_3 \\ \dot{I}_1 Z_1 + \dot{I}_3 Z_3 - \dot{U}_{S1} = 0 \\ -\dot{I}_2 Z_2 + \dot{U}_{S2} - \dot{I}_3 Z_3 = 0 \end{cases}$$

代入已知数据，有

$$\begin{cases} \dot{I}_1 + \dot{I}_2 = \dot{I}_3 \\ \dot{I}_1(0.1 + j0.5) + \dot{I}_3(5 + j5) - 230\angle 0° = 0 \\ -\dot{I}_2(0.1 + j0.5) + 227\angle 0° - \dot{I}_3(5 + j5) = 0 \end{cases}$$

得

$$\dot{I}_3 = 31.3\angle -46.1° \text{ A}$$

（2）叠加定理。

① $\dot{U}_{S1} = 230\angle 0°$ V 单独作用，如图 4-47（b）所示。

$$\dot{I}_3' = \frac{\dot{U}_{S1}}{Z_1 + Z_2 /\!/ Z_3} \times \frac{Z_2}{Z_2 + Z_3} = 18.9\angle -11.1° \text{ A}$$

② $\dot{U}_{S2} = 227\angle 0°$ V 单独作用，如图 4-47（c）所示。

$$\dot{I}_3'' = \frac{\dot{U}_2}{Z_2 + Z_1 /\!/ Z_3} \times \frac{Z_1}{Z_1 + Z_3} = 19.3\angle 80.7° \text{ A}$$

则

$$\dot{I}_3 = \dot{I}_3' + \dot{I}_3'' = 18.9\angle -11.1° + 19.3\angle 80.7° = 31.3\angle -46.1° \text{（A）}$$

（3）戴维南定理。

① 去掉待求支路，得图 4-47（d），确定端口开路电压 $\dot{U}_{OC}$。

$$\dot{U}_{OC} = \frac{\dot{U}_{S1} - \dot{U}_{S2}}{Z_1 + Z_2} \times Z_2 + \dot{U}_{S2} = 228.85\angle 0° \text{ V}$$

② 确定等效复阻抗 Z_0，即

$$Z_0 = \frac{Z_1 Z_2}{Z_1 + Z_2} = \frac{Z_1}{2} = 0.05 + j0.25 \ \Omega$$

③ 图 4-47（e）所示为原电路的等效电路，有

$$\dot{I}_3 = \frac{\dot{U}_{OC}}{Z_0 + Z_3} = 31.3\angle -46.1° \text{ A}$$

 思考题

（1）RLC 串联电路中电阻上电压为 $\dot{U}_R = 24\angle 30°$ V，电感上电压 $\dot{U}_L = 15\angle 120°$ V，电容上电压 $\dot{U}_C = 45\angle -60°$ V，求电源电压，并指出电路的性质。

（2）已知电路的端电压 $\dot{U} = 220\angle -60°$ V，通过的电流 $\dot{I} = 11\angle -60°$ A，求电路的复阻抗 Z，并指出电路的性质。

（3）RLC 串联电路中，已知电阻 $R = 36\ \Omega$，电感元件的感抗 $X_L = 20\ \Omega$，电容元件的容抗 $X_C = 68\ \Omega$。求电路的复阻抗 Z，并指出电路的性质。若电源频率增大 10 倍，复阻抗 Z 和电路的性质会发生变化吗？若变化，应该是多少？

（4）已知一电路的复阻抗 $Z = 10\angle 45°\ \Omega$，求该电路的等效电阻 R 和等效电抗 X。

（5）已知两个复阻抗 $Z_1 = 60 + j80\,(\Omega)$，$Z_2 = 120 + j160\,(\Omega)$。计算 Z_1 和 Z_2 串联等效复阻抗 $Z_串$ 和并联等效复阻抗 $Z_并$ 分别是多少？

4.4　正弦交流电路功率和功率因数提高测试分析

前面已经讨论了正弦交流电路的电压和电流，现在分析一下正弦交流电路的功率。

4.4.1　正弦交流电路功率

正弦交流电路
功率上

1. 瞬时功率 p

如图 4-48（a）所示，设二端网络端口电压为

$$u = \sqrt{2}U\sin(\omega t + \varphi_u)$$

二端网络端口电流为

$$i = \sqrt{2}I\sin(\omega t + \varphi_i)$$

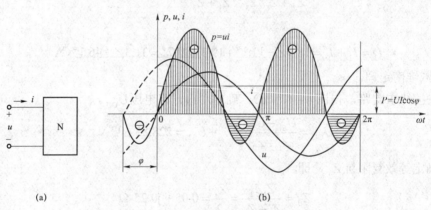

图 4-48　正弦交流电路瞬时功率

（a）正弦交流电路二端网络；（b）瞬时功率波形图

在 u、i 取关联参考方向时，二端网络的瞬时功率为

$$p = ui = \sqrt{2}U\sin(\omega t + \varphi_u) \times \sqrt{2}I\sin(\omega t + \varphi_i)$$
$$= (\sqrt{2})^2 UI \times \frac{1}{2}[\cos(\varphi_u - \varphi_i) - \cos(2\omega t + \varphi_u + \varphi_i)]$$
$$= UI\cos(\varphi_u - \varphi_i) - UI\cos(2\omega t + \varphi_u + \varphi_i)$$

可见，瞬时功率由两部分组成：$UI\cos(\varphi_u - \varphi_i)$ 为恒定分量；$UI\cos(2\omega t + \varphi_u + \varphi_i)$ 是 2 倍于电压角频率而变化的正弦量，如图 4-48（b）所示。在 u、i 一个完整波形内，瞬时功率 p 有两个完整波形。在 p 的一个完整波形内，u、i 为零时，p 也为零；u、i 同号时，p 为正，说明网络吸收功率；u、i 异号时，p 为负，说明网络发出功率。此时表明网络与外界有能量

的相互交换，网络中有储能元件。如果网络吸收的功率大于发出的功率，表明网络中有能量的消耗，网络中有耗能元件。

2. 有功功率 P

由于瞬时功率是一个随时间变化的量，为了更好地衡量网络功率的大小，提出了平均功率的概念，把一个周期内瞬时功率的平均值称为"平均功率"或"有功功率"，用字母"P"表示，即

$$P = \frac{1}{T}\int_0^T p\,\mathrm{d}t$$

$$= \frac{1}{T}\int_0^T UI\cos(\varphi_u - \varphi_i)\,\mathrm{d}t - \frac{1}{T}\int_0^T UI\cos(2\omega t + \varphi_u + \varphi_i)\,\mathrm{d}t$$

$$= UI\cos(\varphi_u - \varphi_i)$$

式中　φ ——阻抗角，$\varphi = \varphi_u - \varphi_i$；

　　　U——端口总电压的有效值；

　　　I——端口电流的有效值。

所以，有

$$P = UI\cos\varphi \qquad (4-60)$$

有功功率反映了电路实际消耗的功率，具有明确的物理意义。通常标注在用电设备上的额定功率都是指有功功率。

对于单个元件，有

$$P_R = U_R I_R \cos\varphi_R = U_R I_R \cos 0° = U_R I_R = \frac{U_R^2}{R} = I_R^2 R$$

$$P_L = U_L I_L \cos\varphi_L = U_L I_L \cos 90° = 0$$

$$P_C = U_C I_C \cos\varphi_C = U_C I_C \cos(-90°) = 0$$

由上式可以看出，电感元件和电容元件的有功功率为零；而电阻元件的有功功率 P_R 表示电阻元件实际所消耗的功率，恒为正。说明电阻元件是耗能元件，电感元件和电容元件不消耗能量，不是耗能元件。

【特别提示】

电路的有功功率只与电阻元件有关，即

$$P = \sum P_R$$

3. 无功功率 Q

无功功率的定义式为

$$Q = UI\sin\varphi \qquad (4-61)$$

无功功率反映了电路与外界进行能量交换的情况。为了和有功功率相区别，无功功率的单位为乏（Var）。

对于单个元件，有

$$Q_R = U_R I_R \sin\varphi_R = U_R I_R \sin 0° = 0$$

$$Q_L = U_L I_L \sin\varphi_L = U_L I_L \sin 90° = U_L I_L = \frac{U_L^2}{X_L} = I_L^2 X_L$$

$$Q_C = U_C I_C \sin\varphi_C = U_C I_C \sin(-90°) = -U_C I_C = -\frac{U_C^2}{X_C} = -I_C^2 X_C$$

由上式可以看出，电阻元件的无功功率为零；电感元件、电容元件的无功功率反映了电感、电容元件和外电路有能量的交换。在一段时间，吸收电能并转变为能量存储于电感、电容内部，在另一段时间，该元件再把存储的能量向外电路释放。因此，电感、电容元件是储能元件。

【特别提示】

① 电路的无功功率只与电感、电容元件有关，即 $Q = \sum Q_L + \sum Q_C$。

② 无功功率的正、负只说明网络是感性还是容性；其绝对值 $|Q|$ 才体现网络对外交换能量的规模。电感、电容元件无功功率的符号相反，标志它们在能量方面的互补作用。可利用它们互相补偿，一个元件吸收能量的同时，另一个元件恰恰在释放能量，一部分能量只在两元件之间往返转移，电路整体与外部交换能量的规模相对减小，也就是可以限制网络对外交换能量的规模。

③ 无功功率绝不是无用功率，它的用处很大。无功功率比较抽象，它是用于电路内电场与磁场的能量交换，并用来在电气设备中建立和维持磁场的电功率。凡是有电磁线圈的电气设备，要建立磁场就要消耗无功功率。比如，40 W 的日光灯，除需 40 W 有功功率（镇流器也需消耗一部分有功功率）来发光外，还需 80 Var 左右的无功功率供镇流器的线圈建立交变磁场用。由于它对外不做功，才被称为"无功"。电动机需要建立和维持旋转磁场，使转子转动，从而带动机械运动，电动机的转子磁场就是靠从电源取得无功功率建立的。变压器也同样需要无功功率，才能使变压器的一次线圈产生磁场，在二次线圈感应出电压。因此，没有无功功率，电动机就不会转动，变压器不能变压，交流接触器不会吸合，所有设备的磁场无法建立，电气设备也就不会运行。

因此，供电系统中除了对用户提供有功功率外，还要提供无功功率，两者缺一不可；否则电气设备将无法运行。

4. 视在功率 S

视在功率的定义式为

$$S = UI \tag{4-62}$$

视在功率的单位是 V·A（伏安）。发电机和变压器的容量是由它们的额定电压和额定电流的乘积决定的，因此，视在功率通常用来表示电力设备的容量。

有功功率 P、无功功率 Q 和视在功率 S 之间存在一定的关系，可以用"功率三角形"将它们联系在一起，图 4-49 所示为功率三角形。

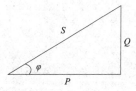

图 4-49 功率三角形

其中：

$$\begin{cases} S = \sqrt{P^2 + Q^2} \\ \varphi = \arctan\dfrac{Q}{P} \end{cases} \tag{4-63}$$

例 4.19　已知一阻抗 Z 上电压、电流参考方向一致，并分别为 $\dot{U} = 220\angle 60^\circ$ V，$\dot{I} = 2\angle 30^\circ$ A。求 Z、$\cos\varphi$、P、Q、S。

解　据式（4–46），有 $Z = \dfrac{\dot{U}}{\dot{I}} = \dfrac{220\angle 60^\circ}{2\angle 30^\circ} = 110\angle 30^\circ$ Ω

$$\text{阻抗角}\qquad \varphi = 30^\circ$$

$$\cos\varphi = 0.866$$

据式（4–60）～式（4–63），有

$$P = UI\cos\varphi = 220\times 2\times \cos 30^\circ = 381\,(\text{W})$$

$$Q = UI\sin\varphi = 220\times 2\times \sin 30^\circ = 220\,(\text{Var})$$

$$S = UI = 220\times 2 = 440\ \text{V}\cdot\text{A}$$

或

$$S = \sqrt{P^2 + Q^2} = \sqrt{381^2 + 220^2} = 440\,(\text{V}\cdot\text{A})$$

例 4.20　图 4–50 所示是用三表法测量电感线圈参数 R、L 的试验电路。已知电压表的读数为 150 V，电流表的读数为 0.4 A，功率表的读数为 36 W，电源的频率为 50 Hz。试求电感线圈的参数 R、L 的值。

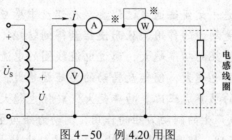

图 4–50　例 4.20 用图

解　据式（4–48），有　　$|Z| = \dfrac{U}{I} = \dfrac{150}{0.4} = 375\,(\Omega)$

功率表的读数表示电感线圈吸收的有功功率，而 $P = UI\cos\varphi = 36$，所以

$$\cos\varphi = \frac{P}{UI} = \frac{36}{150\times 0.4} = 0.6$$

故　　　　　　　　　　阻抗角 $\varphi = 53^\circ$

根据 $Z = R + \mathrm{j}X_L = R + \mathrm{j}\omega L = |Z|\angle\varphi$，则

$$R = |Z|\cos\varphi = 375\times 0.6 = 225\,(\Omega)$$

$$X_L = |Z|\sin\varphi = 375\times \sin 53 = 300\,(\Omega)$$

因为　　　　　　　　　　$X_L = 2\pi f L$

得

$$L = \frac{300}{2\times 3.14\times 50} = 0.955\,(\text{H}) = 955\ \text{mH}$$

另一种方法是利用功率表的读数，表示的是电阻吸收有功功率直接求出电阻，即

$$I^2 R = 36$$

$$R = \frac{36}{I^2} = \frac{36}{0.4^2} = 225\,(\Omega)$$

再根据 $|Z| = \sqrt{R^2 + (\omega L)^2}$ ，可以求得

$$\omega L = 2\pi f L = \sqrt{375^2 - 225^2} = 300\,(\Omega)$$

则

$$L = \frac{300}{2 \times 3.14 \times 50} = 0.955\,(\text{H}) = 955\ \text{mH}$$

 【知识拓展】单相电度表

图4-51　单相电度表

电能表是用来测量电路中消耗电能的仪表，又称电度表、千瓦小时表。根据相数不同，可分为单相电度表和三相电能表。目前，家庭用户基本是单相电度表，如图4-51所示。工业动力用户通常是三相电度表。

当把电能表接入被测电路时，电流线圈和电压线圈中就有交变电流流过，这两个交变电流分别在它们的铁芯中产生交变的磁通；交变磁通穿过铝盘，在铝盘中感应出涡流；涡流又在磁场中受到力的作用，从而使铝盘得到转矩（主动力矩）而转动。负载消耗的功率越大，通过电流线圈的电流越大，铝盘中感应出的涡流也越大，使铝盘转动的力矩就越大，即转矩的大小与负载消耗的功率成正比。功率越大，转矩也越大，铝盘转动也就越快。铝盘转动时，又受到永久磁铁产生的制动力矩的作用，制动力矩与主动力矩方向相反；制动力矩的大小与铝盘的转速成正比，铝盘转动得越快，制动力矩也越大。当主动力矩与制动力矩达到暂时平衡时，铝盘将匀速转动。负载所消耗的电能与铝盘的转数成正比。铝盘转动时，带动计数器，把所消耗的电能指示出来。

思考题

（1）已知正弦交流电路的端电压为 $u = 100\sqrt{2}\sin(314t + 30°)\ \text{V}$ ，端电流为 $i = 2\sqrt{2}\sin(314t - 30°)\ \text{A}$ ，则电路的有功功率 P 是多少？

（2）电感元件和电容元件的有功功率是多大？说明什么问题？与电阻元件一样吗？

（3）有功功率、无功功率和视在功率三者是什么关系？

（4）无功功率真的是无用功率吗？

4.4.2　正弦交流电路功率因数提高

1. 功率因数

1）功率因数

有功功率与视在功率的比值称为电路的功率因数，用 λ 表示，即

正弦交流电路
功率下

$$\lambda = \frac{P}{S} = \cos\varphi \qquad\qquad (4-64)$$

功率因数无量纲，其大小取决于电路负载的参数，该值在 0～1 之间。

2）提高功率因数的意义

在交流电路中，一般负载多为电感性负载，如常用的交流感应电动机、日光灯等，通常它们的功率因数都比较低。交流感应电动机在额定负载时，功率因数为 0.8～0.85，轻载时只有 0.4～0.5，空载时更低，仅为 0.2～0.3，不装电容器的日光灯的功率因数为 0.45～0.6。而功率因数是电力系统的一个重要技术数据。由于功率因数的存在，作为电源的发电设备将无法输出最大功率。例如，有一个额定电流为 10 A、额定电压为 220 V、视在功率为 2 200 V·A的发电机，如果给功率因数为 0.5 的用电设备（负载）供电，当负载消耗 1 100 W 的有功功率时，电路的电流就达到了 10 A，这时，发电机达到最大输出电流，负载就不能再增加了，这对发电机来说是一种浪费。提高功率因数，说明电路用于建立磁场，与外电路进行能量交换的无功功率减小，从而提高了电源设备的利用率，还能减小线路的供电损失。所以，提高功率因数有着重大的经济意义。

2. 提高功率因数的方法

提高功率因数最简便的方法，就是在感性负载的两端并联一个容量合适的电容器。这是因为电力系统中多数设备均为感性，其运行时建立的磁场必须与外电路不断交换能量而要求一定的无功功率。而电容的无功功率和电感的无功功率符号相反，标志着它们在能量储存和释放方面的互补作用。利用这种互补作用，在感性负载的两端并联电容器，由电容器代替电源就近提供感性负载所要求的部分和全部无功功率，从而提高网络的功率因数。因而在日光灯电路中，给镇流器和日光灯的支路两端并联一电容器后，不但不影响日光灯工作，还会提高功率因数。接线电路如图 4-52 所示。

图 4-52　日光灯并联电容接线

并联电容电路如图 4-53（a）所示，日光灯由电阻元件 R 和电感元件 L 串联组成。其两端并联电容器之前，电路中的电流 $\dot{I}_1$ 滞后电压 $\dot{U}$ 的相位差为 φ_1，此时的功率因数为 $\cos\varphi_1$。并联电容后，负载的电流并未改变，还是 $\dot{I}_1$；但由于电容电流的存在，电路的端口电流由 $\dot{I}_1$ 变为 $\dot{I}$，设滞后端口电压 $\dot{U}$ 的相位差为 φ，此时的功率因数为 $\cos\varphi$。显然，$\cos\varphi > \cos\varphi_1$，即功率因数得到了提高。相量图如图4-53（b）所示。从相量图还可以看出，并联电容后，电路的端口电流 $\dot{I}$ 和并联电容前电路的电流 $\dot{I}_1$ 相比减小了，从而输电线的损耗 $P_R = I^2 R_{线}$ 减少了。

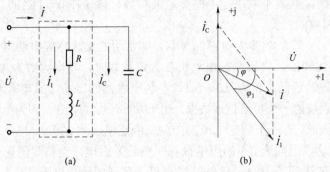

图4-53　功率因数的提高

并联电容前，电路的无功功率为

$$Q = UI_1 \sin \varphi_1$$

并联电容后，电路的无功功率为

$$Q' = UI \sin \varphi$$

由于并联电容而补偿的无功功率 Q_C 为二者之差，即

$$Q_C = Q - Q' = UI_1 \sin \varphi_1 - UI \sin \varphi$$

$$= UI_1 \frac{\cos \varphi_1}{\cos \varphi_1} \sin \varphi_1 - UI \frac{\cos \varphi}{\cos \varphi} \sin \varphi$$

$$= P \tan \varphi_1 - P \tan \varphi$$

即补偿的无功功率为

$$Q_C = P(\tan \varphi_1 - \tan \varphi)$$

另

$$Q_C = \frac{U^2}{X_C} = \omega C U^2$$

代入上式可得

$$C = \frac{P}{\omega U^2}(\tan \varphi_1 - \tan \varphi) \tag{4-65}$$

并联电容后，电路整体的功率因数高于感性负载本身的功率因数。并联电容没有影响负载的复阻抗，因而也不会改变负载的功率因数。

所谓的"提高电路的功率因数"，并不是指提高感性负载的功率因数。这是因为负载并联电容后，并没有影响负载的复阻抗，不会改变负载的功率因数，而是指电路整体的功率因数高于感性负载本身的功率因数。

例4.21　图4-54所示为日光灯等效电路，已知 $P = 40$ W，$U = 220$ V，$I = 0.45$ A，工频。试求：① 日光灯功率因数；② 若把功率因数提高到0.9，需补偿的无功功率 Q_C 和要给日光灯两端并联一多大的电容量 C？

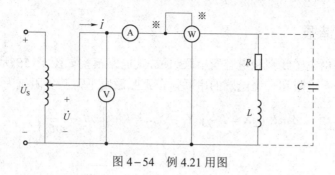

图 4-54　例 4.21 用图

解　① 工频 $f = 50$ Hz　则

$$\omega = 2\pi f = 2 \times 3.14 \times 50 = 314 \, (\text{rad/s})$$

据式（4-60）　　$P = UI\cos\varphi_1$

则

$$\cos\varphi_1 = \frac{P}{UI} = \frac{40}{220 \times 0.45} = 0.4$$

② $\cos\varphi_1 = 0.4$，得　$\varphi_1 = \arccos 0.4 = 66.4°$

$\cos\varphi = 0.9$，得　$\varphi = \arccos 0.9 = 25.8°$

据式（4-65），有　　$C = \dfrac{P}{\omega U^2}(\tan\varphi_1 - \tan\varphi)$

$$= \frac{40}{314 \times 220^2}(\tan 66.4° - \tan 25.8°)$$

$$= 6.97 \, (\mu F)$$

$$Q_C = P(\tan\varphi_1 - \tan\varphi) = 40(\tan 66.4° - \tan 25.8°) = 72 \, (\text{Var})$$

思考题

（1）给感性负载串联一个电容能否提高电路的功率因数？如果在实际中采用串联一个电容的方法会出现什么问题？

（2）用并联电容的方法提高电路的功率因数时，是否并联的电容越大越好？

4.5　谐振电路测试分析

谐振现象是正弦交流电路中一种特殊的现象，它是频率选择的基础。例如，收音机或者电视机接收器选台的能力，即选择某个电台的发射频率，同时屏蔽其他电台的频率，就是基于谐振的原理。谐振是指在含有电感、电容和电阻组件组成的线性无源二端网络对某一频率的正弦激励（达稳态时）所表现的端口电压和端口电流同相的现象。发生谐振的电路，称为谐振电路，由电感线圈和电容器组成的串联及并联谐振电路，其谐振相应地称为串联谐振和并联谐振，下面就两种电路的谐振条件和特征进行分析。

串联谐振和
并联谐振上

4.5.1 串联谐振

串联谐振电路由电感线圈和电容器串联组成,其电路模型如图4-55所示: 电感线圈等效成一个电阻和一个电感的串联, 在正弦激励下, 其复阻抗为

谐振测量仿真

$$Z = R + jX = R + j(X_L - X_C) = R + j\left(\omega L - \frac{1}{\omega C}\right)$$

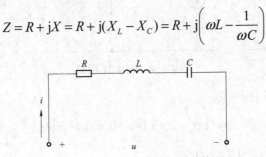

图4-55 串联谐振电路

1. 谐振条件

如果要使电路发生谐振,即端口电压和端口电流同相,就需要其复阻抗的虚部为零,即 $X = X_L - X_C = \omega L \frac{1}{\omega C} = 0$,所以 RLC 串联电路的谐振条件为

$$X_L = X_C \tag{4-66}$$

$$\omega L = \frac{1}{\omega C} \tag{4-67}$$

2. 固有频率

当电源角频率 $\omega = \omega_0$（或 $f = f_0$）时, 电路发生串联谐振, 得

$$\omega_0 = \frac{1}{\sqrt{LC}} \tag{4-68}$$

$$f_0 = \frac{1}{2\pi\sqrt{LC}} \tag{4-69}$$

式中 ω_0——电路的固有角频率;

f_0——电路的固有频率。

由式（4-69）可知, RLC 组成的串联电路发生谐振的谐振频率 ω_0 和 f_0 仅取决于电路参数 L 和 C, 当 L 和 C 一定时, 就有一个对应的谐振频率 ω_0 和 f_0, 这是电路本身的固有性质。对于 RLC 串联电路, 只有当信号源（电源）的频率和电路的固有频率相等时, 电路才会发生谐振。因此, 在实际应用中, 可以采用两种方法使电路发生谐振: 一种是固定电路参数, 改变信号源的频率 f, 使 $f = f_0$ 电路发生谐振; 另一种是当信号源频率固定时, 改变电路参数 L 或 C, 改变电路的固有频率, 使 $f_0 = f$ 电路满足谐振条件而发生谐振, 这个过程称为调谐。

3. 串联谐振的特性

（1）谐振阻抗、特性阻抗、品质因数。

谐振时, 电抗 $X = 0$, 故

$$Z_0 = R \tag{4-70}$$

为纯电阻，且阻抗最小。

感抗和容抗大小相等，把它们定义为电路的特性阻抗，用 ρ 表示，即

$$\begin{cases} \rho = X_{L0} = \omega_0 L = \dfrac{1}{\sqrt{LC}} \times L = \sqrt{\dfrac{L}{C}} \\[4mm] \rho = X_{C0} = \dfrac{1}{\omega_0 C} = \dfrac{1}{\dfrac{1}{\sqrt{LC}}C} = \sqrt{\dfrac{L}{C}} \end{cases} \tag{4-71}$$

特性阻抗单位是 Ω，是一个只与电路参数 L、C 有关而与频率无关的常量。在工程技术中，用谐振电路的特性阻抗 ρ 与电路电阻 R 的比值来表征谐振电路的性能，定义为谐振电路的品质因数，用字母 Q 表示，即

$$Q = \frac{\rho}{R} = \frac{\omega_0 L}{R} = \frac{1}{R\omega_0 C} = \frac{1}{R}\sqrt{\frac{L}{C}} \tag{4-72}$$

（2）谐振电流。

谐振时，电路中的电流为

$$\dot{I} = \frac{\dot{U}_{S}}{Z_0} = \frac{\dot{U}_{S}}{R} \tag{4-73}$$

若激励为电压源，在电压源有效值不变的前提下，谐振时，由于阻抗最小，则电流最大，且与外加电压源 $\dot{U}_{S}$ 同相。

（3）谐振电压。

$$\dot{U}_{R0} = \dot{I}_0 R = \frac{\dot{U}_{S}}{R}R = \dot{U}_{S} \tag{4-74}$$

由于谐振时电流最大，根据欧姆定律，电阻电压值也达到最大，且等于电源电压。

$$\dot{U}_{L0} = \mathrm{j}\dot{I}_0 X_{L0} = \mathrm{j}\frac{\dot{U}_{S}}{R}X_{L0} = \mathrm{j}\frac{X_{L0}}{R}\dot{U}_{S} = \mathrm{j}Q\dot{U}_{S} \tag{4-75}$$

$$\dot{U}_{C0} = -\mathrm{j}\dot{I}_0 X_{C0} = -\mathrm{j}\frac{\dot{U}_{S}}{R}X_{C0} = -\mathrm{j}\frac{X_{C0}}{R}\dot{U}_{S} = -\mathrm{j}Q\dot{U}_{S} \tag{4-76}$$

电感电压 $\dot{U}_L$ 和电容电压 $\dot{U}_C$ 大小相等，相位相反，如图 4−56 所示。

在实际电路中，Q 值一般为 50～200（$Q \gg 1$），所以串联谐振时，电感和电容上的电压有效值为电源电压的 Q 倍（$U_{L0} = U_{C0} = QU_{S}$），所以，串联谐振常被称为电压谐振。电路谐振时在高 Q 值电路中，当电路发生谐振时，电感和电容上的电压可能会高出电源电压许多倍。特别对于电力系统来说，由于电源本身电压较高，如果电路在接近于串联谐振的情况下工作，在电感和电容两端将出现过电压，从而烧毁电气设备。所以，在电力系统中必须选择适当的 L 和 C，以避免谐振的发生。

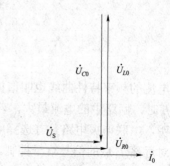

图 4−56　串联谐振时电压与电流相量图

例 4.22 如图 4–55 所示电路中，$R = 10\ \Omega$，$L = 50\ \mu H$，$C = 200\ pF$，求电路的谐振频率 ω_0、f_0、特性阻抗 ρ 和品质因数 Q；若电源电压 $U_S = 1\ mV$，试确定谐振电流 I_0、电容电压 U_{C0} 和电感电压 U_{L0}。

解

$$\omega_0 = \frac{1}{\sqrt{LC}} = \frac{1}{\sqrt{50 \times 10^{-6} \times 200 \times 10^{-12}}} = 9.98 \times 10^6\ (\text{rad/s})$$

$$f_0 = \frac{\omega_0}{2\pi} = \frac{9.98 \times 10^6}{2\pi} = 1.59\ (\text{MHz})$$

$$\rho = \sqrt{\frac{L}{C}} = \sqrt{\frac{50 \times 10^6}{200 \times 10^{-12}}} = 500\ (\Omega)$$

$$Q = \frac{\rho}{R} = \frac{500}{10} = 50$$

$$I_0 = \frac{U_S}{R} = \frac{1}{10} = 0.1\ (\text{mA})$$

$$U_{L0} = U_{C0} = Q U_S = 50 \times 1 = 50\ (\text{mV})$$

练习：若 $C = 100\ pF$ 时，电路的谐振频率 ω_0、f_0、特性阻抗 ρ 和品质因数 Q 将变为多少？

（4）串联谐振电路的频率特性。

电路的频率特性是指电路中的电压、电流和阻抗等各量随频率（角频率）的变化关系。对于 RLC 串联谐振电路，电流的频率特性为

$$I = \frac{U_S}{|Z|} = \frac{U_S}{\sqrt{R^2 + \left(\omega L - \dfrac{1}{\omega C}\right)^2}} = \frac{U_S}{R\sqrt{1 + \left(\dfrac{\omega_0 L}{R}\right)^2 \left(\dfrac{\omega}{\omega_0} - \dfrac{\omega_0}{\omega}\right)^2}}$$

$$= \frac{I_0}{\sqrt{1 + Q^2\left(\dfrac{f}{f_0} - \dfrac{f_0}{f}\right)^2}}$$

则

$$\frac{I}{I_0} = \frac{1}{\sqrt{1 + Q^2\left(\dfrac{f}{f_0} - \dfrac{f_0}{f}\right)^2}} \tag{4–77}$$

电流的频率特性曲线也叫谐振曲线，如图 4–57 所示。由电流的谐振曲线分析可知，当 $f = f_0$ 时，回路中的电流最大，若 f 偏离 f_0 时，电路中的电流将减小，偏离越远减小越多。这说明，串联谐振电路具有选择所需频率信号的能力，即可通过调谐选出 f_0 点附近的信号，同时对远离 f_0 点的信号给予抑制。这种能够选择谐振频率附近电流而抑制远离谐振频率的电流特性称为电路的选频特性，又称选择性。所以，在实际电路中常作为选频电路。同时，观察曲线可以看出，电路的品质因数 Q 值越大，谐振曲线越尖锐，电路的选择性越好；相反，若 Q 值小，则曲线越平坦，回路的选择性越差。电路的品质因数 Q 决定了电路的选择性能。为了使选择性好，选频电路是不是 Q 值越大越好呢？

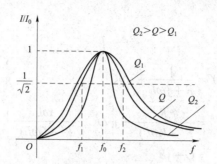

图 4-57　串联谐振电路的电流谐振曲线

　　一个实际的传输信号往往不是单一频率的信号，而是占有一定的频率范围，这个范围叫频带。例如，无线电调幅广播电台信号的频带宽度为 9 kHz，调频广播电台信号的频带宽度为 200 kHz。这就希望电路的谐振曲线不要太尖锐；否则，会把一部分需要的信号也抑制掉。因而要求电路允许一定频率范围的信号通过，这个一定的频率范围称为电路的通频带。

　　谐振电路的通频带是指当外加信号电压不变时，电路中的电流 I 不小于谐振电流 I_0 的 $(1/\sqrt{2})$ 倍的频率范围，即当 $I \geqslant \dfrac{1}{\sqrt{2}} I_0$ 时对应的频率范围。通频带反映了一个电路的信号通过能力。

　　根据声学研究，如果信号功率不低于原有最大值的一半，人的听觉辨别不出，这是定义通频带的实践依据。

　　在图 4-57 中，频率从 f_1 到 f_2 的范围就是电路的通频带，通频带用 BW 表示。可以证明，电路的通频带为

$$\mathrm{BW} = f_2 - f_1 = \frac{f_0}{Q} \tag{4-78}$$

　　电路的通频带 BW 与电路的品质因数 Q 成反比，品质因数 Q 越大，通频带 BW 越窄。电路的选择性能和电路的信号通过能力这二者相互矛盾，在实际工作中必须根据需要适当选择 BW 与 Q 取值。

例 4.23　求 $C = 200$ pF 的通频带。

解　据式（4-78），有　　　　　$\mathrm{BW} = \dfrac{f_0}{Q} = \dfrac{1.59 \times 10^6}{50} = 31.8\,(\mathrm{kHz})$

　　练习：若 $C = 100$ pF 时，通频带 BW 是多少？

※4.5.2　并联谐振

　　并联谐振电路模型如图 4-58 所示。电感线圈等效成一个电阻和一个电感的串联，图中的电阻即为线圈的电阻。为了便于将并联谐振电路同串联谐振电路进行比较，对并联谐振电路同样定义其固有频率、特性阻抗和品质因数为

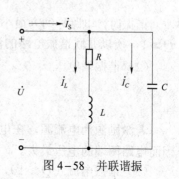

图 4-58　并联谐振

$$\omega_0 = \frac{1}{\sqrt{LC}}, \quad \rho = \sqrt{\frac{L}{C}}, \quad Q = \frac{\rho}{R}$$

1. 谐振条件

电路的复导纳为

$$Y = \frac{1}{R + j\omega L} + j\omega C$$

$$= \frac{R}{R^2 + (\omega L)^2} + j\left[\omega C - \frac{\omega L}{R^2 + (\omega L)^2}\right]$$

$$= G + jB$$

并联谐振时，端口电压与端口电流同相，电路呈现纯电阻性，电路的电纳为零，即复导纳的虚部为零，则并联谐振的条件为

$$\omega C - \frac{\omega L}{R^2 + (\omega L)^2} = 0$$

即

$$\omega C = \frac{\omega L}{R^2 + (\omega L)^2}$$

在实际电路中，由于满足 $Q \gg 1$ 且 $\omega_0 L \gg R$，上式可化简为

$$\omega_0 L \approx \frac{1}{\omega_0 C} \tag{4-79}$$

2. 谐振频率

当 $Q \gg 1$ 时，并联谐振电路发生谐振时的角频率和频率分别为

$$\omega_0 = \frac{1}{\sqrt{LC}} \tag{4-80}$$

$$f_0 = \frac{1}{2\pi\sqrt{LC}} \tag{4-81}$$

3. 谐振特征

（1）谐振阻抗

$$Z_0 = \frac{R^2 + (\omega L)^2}{R} \tag{4-82}$$

$$= \frac{L}{RC} = Q^2 R$$

谐振时，电路导纳为最小值，则电路阻抗为最大值，且是纯电阻。在电子技术中，因为 $Q \gg 1$，所以并联谐振电路的谐振阻抗很大，一般在几十千欧至几百千欧之间。

（2）谐振端电压

$$\dot{U}_0 = \dot{I}_S Z_0 = \dot{I}_S \frac{L}{RC}$$

若激励源为电流源，在电流源有效值不变的情况下，由于谐振时电路的阻抗为最大值，因而电路两端的电压最大。

（3）谐振电流（$Q \gg 1$），相量如图 4-59 所示。

$$\dot{I}_{C0} = \frac{\dot{U}_0}{-j\dfrac{1}{\omega_0 C}} = \frac{\dot{U}_0}{\dfrac{1}{j\omega_0 C}} = j\omega_0 C\dot{U}_0 = j\omega_0 C\frac{\rho^2}{R}\dot{I}_s = jQ\dot{I}_s \tag{4-83}$$

$$\dot{I}_{L0} = \dot{I}_s - \dot{I}_{C0} = \dot{I}_s - jQ\dot{I}_s = (1-jQ)\dot{I}_s \approx -jQ\dot{I}_s \tag{4-84}$$

即有

$$I_{L0} = I_{C0} = QI_s \tag{4-85}$$

式（4-85）表示两条支路的电流近似相等，均为总电流的 Q 倍，相位相反。因此，并联谐振又称为电流谐振。

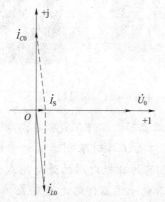

图 4-59　并联谐振电路的相量图

【技能训练】日光灯电路

日光灯电路见图 4-60，主要是由灯管、镇流器、启辉器（也称启动器）、开关四部分组成。

技能：日光灯电路实验

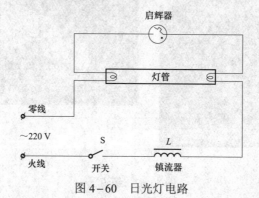

图 4-60　日光灯电路

1. 电路组成

（1）日光灯管。日光灯管是一个在真空情况下充有一定数量的氩气和少量水银的玻璃管，管的内壁涂有荧光材料，两个电极用钨丝绕成，上面涂有一层加热后能发射电子的物质。管内氩气既可帮助灯管点燃，又可延长灯管寿命。各种形状的日光灯管如图 4-61 所示。

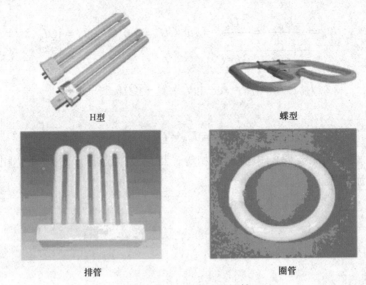

H型   蝶型

排管   圈管

图 4-61　常见日光灯管

（2）镇流器。镇流器又称为限流器。其作用是：在灯管启辉瞬间产生一个比电源电压高得多的自感电压帮助灯管启辉；灯管工作时限制通过灯管的电流不致过大而烧毁灯丝，即"升压和稳压"。20 世纪 70 年代前的日光灯用的是电感式镇流器（用漆包线绕制在硅钢片上），如图 4-62（a）所示。随着电子元器件的迅速发展，现在用得较多的是电子镇流器，如图 4-62（b）所示。相比较电感式镇流器，电子镇流器具有省电、网络系统能效高、重量轻、噪声小的特点。

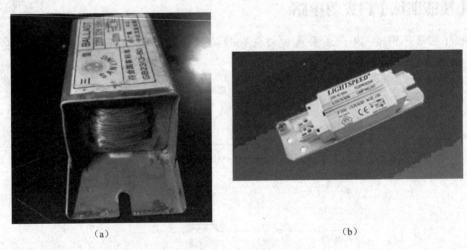

（a）   （b）

图 4-62　镇流器

（a）电感式镇流器；（b）电子镇流器

（3）启辉器。启辉器由一个启辉管（氖泡）和一个小容量的电容组成。氖泡内充有氖气，并装有两个电极，一个是固定的静触片，另一个是用膨胀系数不同的双金属片制成的倒 U 形可动的动触片，启辉器在电路中起自动开关作用。电容是防止灯管启辉时对无线电接收机的干扰，如图 4-63 所示。

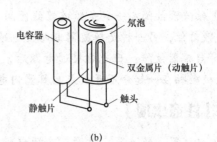

图 4-63　启辉器

（a）启辉器；（b）启辉器原理图

2. 工作原理

（1）启辉阶段。当接通电源瞬间，由于启辉器没工作，电源电压都加在启辉器内氖泡的两电极之间，电极瞬间击穿，管内的气体导电，使 U 形双金属片受热膨胀伸直而与固定电极接通。这时日光灯的灯丝通过启辉器的电极与电源构成一个闭合回路。灯丝因有电流（称为启动电流或预热电流）通过开始预热，水银蒸发变为水银蒸气，为管子导通创造了条件。同时，启辉器两端电极接通后电极间电压为零，无辉光，泡内冷却。当冷却到一定程度时，双金属片恢复到原来状态，与固定片分开。在此瞬间，回路中的电流突然断电，于是镇流器两端产生一个比电源电压高得多的感应电压，连同电源电压一起加在灯管两端，使灯管内的惰性气体电离，管内发生弧光放电。辐射出紫外线，紫外线激励灯管内壁的荧光粉后发出可见光。由于灯管电压较低，不足以使启辉器再次启动。如果一次未能启动灯管，启辉器将反复通断，直到灯管正常工作为止。

（2）工作阶段。灯管启辉后，镇流器由于其高电抗，两端电压增大；启辉器两端电压大为减少，氖气不再辉光放电，电流由灯管内气体导电形成回路，灯管进入工作状态。在正常工作时灯管两端电压较低（30 W 灯管的两端电压约 80 V）。

3. 安装工艺要求

① 镇流器与开关串接在相线（火线）上（相线先接开关，再接镇流器）。

② 启辉器与灯管两端灯脚并联。

③ 电源的零线与灯管的一端引线直接连接。

④ 接头处连接要牢固，绝缘胶布包扎要规范，电线走向要有条理。

⑤ 灯管、镇流器、启辉器三者功率要一致。

4. 安装步骤

① 根据元件明细表检查各个配件。

② 组装：把灯座、镇流器、启辉器座固定在灯架上。

③ 接线：按照图纸正确接线。

④ 固定灯架。

⑤ 安装灯管，通电试验。

5. 故障排除

① 灯管出现故障：灯不亮而且灯管两端发黑，用万用表的电阻挡测量一下灯丝是否断开。

② 镇流器故障：一种是镇流器线匝间短路，其电感减小，致使感抗 X_L 减小，使电流过大而烧毁灯丝；另一种是镇流器断路使电路不导通灯管不亮。

③ 启辉器故障：日光灯接通电源后，只见灯管两头发亮，而中间不亮，这是由于启辉器两电极碰黏在一起分不开或是启辉器内电容被击穿（短路），重新更换启辉器即可。

 【注意事项】

① 启辉器、镇流器、灯管三者须配套。

② 因为所用灯架是金属材料的，应注意绝缘，以免短路或漏电，发生危险。

③ 灯管在使用过程中不可用湿布擦拭，以防触电。

④ 日光灯不能频繁启动，启动一次相当于点燃 2 h。

⑤ 日光灯管被打破的同时，灯管中的汞蒸气大部分已经溢散出来，一旦经呼吸道进入人体，就会长存人体内，伤害神经系统。内含的汞及萤光粉会造成污染环境与土壤水质，因而灯管损坏后不要随意丢弃。

⑥ 注意安全文明生产。

 【知识拓展】

1. 普通日光灯的优点

① 比白炽灯省电。发光效率是白炽灯的 5～6 倍。

② 日光灯的发光颜色比白炽灯更接近日光，光色好，且发光柔和。

③ 白炽灯寿命短，普通白炽灯的寿命只有 1 000～3 000 h。日光灯寿命较长。一般有效寿命是 3 000～6 000 h。

2. LED（发光二极管）日光灯的优点

① 节能：亮度与普通灯管一致时节电 3/4。

② 绿色环保：无紫外光、红外光等辐射，不含汞等有害物质。

③ 寿命长：正常使用为 5 万～8 万小时。

④ 无噪声：无须镇流器、启辉器。

⑤ 无频闪：恒流工作，光线柔和，启动快，无闪烁，保护眼睛。

⑥ 色彩丰富：可制作各种发光颜色的灯管。

⑦ 适用范围广。

 思考题

（1）RLC 串联电路发生谐振的条件是什么？为什么在谐振时电路的电流最大？

（2）当电路工作在谐振频率时，电路是电阻性，那么当工作频率低于谐振频率或者高于谐振频率时，电路的性质分别是什么？

（3）并联电路在谐振时阻抗是最小还是最大？电流是最大还是最小？

项 目 小 结

（1）按正弦规律变化的电压和电流称为正弦交流电压和正弦交流电流，统称为正弦量。正弦量的三要素是指正弦量的振幅值（最大值）、角频率、初相位。它们分别表示正弦量变化的幅度、变化的快慢和初始状态。相位差是反映两个同频率正弦量之间关系的一个重要方面。按照相位差的大小，两个同频率正弦量之间的相位关系有超前、滞后、同相、反相以及正交等。正弦量有 3 种表示方法，即瞬时值解析式表示法、波形图表示法、相量表示法。相量和正弦量是一一对应关系，不是相等关系，相量是复数，其运算遵守复数的运算规则。

（2）非正弦周期信号是由一系列不同频率的正弦信号叠加而成。

（3）正弦交流电路中，对任意无源二端网络，定义等效复阻抗和复导纳。在电压、电流关联参考方向下，有 $\dot{U} = Z\dot{I}$ 和 $\dot{I} = Y\dot{U}$，其中 Z 是复阻抗，$Z = |Z| \angle \varphi = R + jX$；$Y$ 是复导纳，$Y = |Y| \angle \varphi' = G + jB$。单个元件上的电压和电流关系的相量表达式是分析正弦交流电路的基础。

（4）正弦交流电路的分析方法是相量法，分析的理论依据是相量形式的基尔霍夫定律，即 $\sum \dot{I}_\lambda = \sum \dot{I}_{出}$ 和 $\sum \dot{U} = 0$，分析的基本方法是建立相量模型。将电压和电流用相量表示；将无源二端网络（包含元件）用复阻抗和复导纳表示，直流电路的分析方法可以类推到正弦交流电路中。移相和滤波电路是 RC 和 RL 电路的基本应用。

（5）由于在正弦交流电路中，既有耗能元件也有储能元件，所以，正弦交流电路的功率计算和直流电路相比相对复杂。

反映电路实际消耗的功率是有功功率，即 $P = UI\cos\varphi$。

反映电路为建立交变电场（电容元件）或建立交变磁场（电感元件）而和外电路交换的功率是无功功率，即 $Q = UI\sin\varphi$。

反映电路容量的是视在功率，即 $S = UI$。

有功功率和视在功率的比值是功率因数，即 $\lambda = \cos\varphi$。

提高功率因数可以充分利用电源设备的容量，减小电路的损耗。对于感性负载，方法是给负载两端并联一个电容器。

（6）谐振现象是含有电感和电容的电路在满足一定条件下发生的一种特殊现象。实际的谐振电路是由电感线圈和电容器的串联和并联组成。串联谐振电路和并联谐振电路的谐振条件都是 $X_L = X_C$，当电源频率和电路固有频率 f_0 相同时，电路发生谐振，端口电压和端口电流同相。

项 目 测 试

（1）我国民用照明电压的频率、周期、有效值和幅值分别是多少？

（2）已知某正弦交流电流在时间 $t = 0$ 时的值为 0.5 A，并已知其初相角为 30°。求该电流的有效值。

（3）额定电压为 220 V 的灯泡，接在 220 V 正弦交流电路时，其实际承受的最大电压为多少伏？灯泡能否正常工作？若是一只电容器，耐压为 220 V，若也接在 220 V 正弦交流电路中，电容器能否正常工作？

（4）3 个频率均为 50 Hz 的正弦交流电流 i_1、i_2、i_3，其振幅值分别为 0.05 A、0.5 A 和 1 A，已知 i_1 滞后 i_3 为 $60°$，i_1 超前 i_2 为 $30°$。如果以 i_3 为参考正弦量，试写出 i_1、i_2 和 i_3 的瞬时值表达式。

（5）写出下列各正弦量对应的相量。

① $u_1 = 220\sqrt{2}\sin(\omega t + 100°)$ V   ② $u_2 = 100\sqrt{2}\sin(\omega t - 180°)$ V

③ $i_1 = 10\sqrt{2}\sin(\omega t + 30°)$ A   ④ $i_2 = 14.14\cos(\omega t - 90°)$ A

（6）写出下列相量对应的正弦量解析式（$f = 100$ Hz）

① $\dot{I}_1 = 5\angle 45°$ A   ② $\dot{I}_2 = j15$ mA

③ $\dot{I}_3 = 10\angle 30°$ mA   ④ $\dot{U}_1 = 380\angle 120°$ V

⑤ $\dot{U}_2 = 220\angle -90°$ V   ⑥ $\dot{U}_3 = -110\angle 30°$ V

（7）已知 $u_1 = 220\sqrt{2}\sin(\omega t - 30°)$ V，$u_2 = 220\sqrt{2}\sin(\omega t + 30°)$ V。求 $u_1 + u_2$、$u_1 - u_2$。

（8）两个同频率的正弦电压的有效值分别为 30 V 和 40 V，试问：

① 什么情况下，$u_1 + u_2$ 的有效值为 70 V？

② 什么情况下，$u_1 + u_2$ 的有效值为 50 V？

③ 什么情况下，$u_1 + u_2$ 的有效值为 10 V？

（9）已知电阻阻值 $R = 100$ Ω，通过电阻的电流 $i = 4\sqrt{2}\sin(628t - 105°)$ A，取电压、电流关联参考方向，求：① 电阻的端电压 u 及 $\dot{U}$；② 画出电压和电流的相量图。

（10）一个额定功率为 220 V/500 W 的电熨斗，接在 220 V 的工频电源上，求电熨斗的电流。如果每天使用 1 h，30 天共耗多少度电？如果电源频率改为 60 Hz，上述计算值是否有变化？

（11）已知电感 $L = 0.1$ H，接在电压 $\dot{U} = 220\angle 30°$ V 的电源上，电源频率 $f = 1\,000$ Hz，取电压、电流关联参考方向，求电感元件的感抗 X_L、电流 $\dot{I}_L$，画相量图。

（12）在电视机的电源滤波电路中有一个电感为 0.6 mH 的线圈，试计算它对 50 Hz 的电源感抗和对 100 kHz 的微波干扰信号的感抗。

（13）已知电容元件的端电压 $u_C = 220\sqrt{2}\sin(1\,000t + 60°)$ V，通过电容元件的电流为 $i_C = 10\sqrt{2}\sin(1\,000t + 150°)$ A，求该电容元件的容抗 X_C 以及电容 C。

（14）为了提高负载的功率因数，将一个 250 V/4.7 μF 无极性电容与感性负载并联接在工频 220 V 的电源上，求电容支路的电流，并以电压为参考量，画出电容电压与电容电流的相量图。

（15）在 RLC 串联电路中，已知电阻 $R = 150$ Ω，电感 $L = 0.3$ H，电容 $C = 2.0$ μF。电源电压 $u = 220\sqrt{2}\sin(1\,000t + 90°)$ V。

试求：① 电路的复阻抗；② 电路的电流 i；③ 各元件上的电压瞬时值解析式；④ 判定电路性质。

（16）在图 4–64 所示电路中，已知 $R = 50$ Ω，$L = 31.8$ mH，$C = 318$ μF。求电源电压为 220 V，频率分别为 50 Hz 和 1 kHz 两种情况下各元件所流过的电流，并以电源电压为参考量，画出 $\dot{I}_R$、$\dot{I}_L$、$\dot{I}_C$ 和 $\dot{I}$ 的相量图。

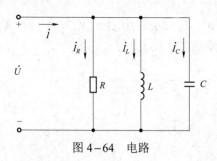

图 4-64 电路

（17）电路如图 4-64 所示，已知 $R=10\ \Omega$，$\omega L = 40\ \Omega$，$\dfrac{1}{\omega C}=20\ \Omega$。试确定电路复导纳 Y，并判定电路性质。

（18）在图 4-65 所示电路中，已知电压表 V_1、V_2 的读数均为 100 V，试确定电路中电压表 V 的读数。

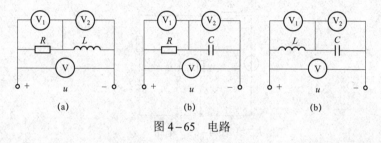

(a)   (b)   (b)

图 4-65 电路

（19）在图 4-66 所示电路中，A、B、C 3 个照明灯相同，3 种元件的 $R=X_L=X_C$，试问接于交流电源上时，照明灯的亮度有什么不同？若改接到电压相同的直流电源上，稳定后，与接交流电源时相比，各照明灯亮度有什么变化？

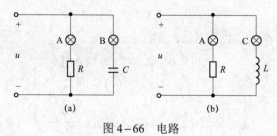

(a)   (b)

图 4-66 电路

（20）将一个电感线圈接在 12 V 直流电源上，通过的电流为 0.8 A；改接在 1 kHz、12 V 的交流电源上，通过的电流为 0.6 A。求此线圈的电阻和电感。

（21）电路如图 4-67 所示，已知：$R=1\ \text{k}\Omega$，$C=1\ \mu\text{F}$，$\omega = 1\ 000\ \text{rad/s}$。确定示电路的等效复阻抗。

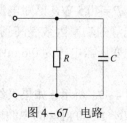

图 4-67 电路

（22）电路如图 4–68 所示，已知 $R = 20\ \Omega$，$X_L = 15\ \Omega$，$X_C = 30\ \Omega$，$\dot{U}_S = 220\angle 0°\ \text{V}$，试确定电路总复阻抗 Z 及电路电流 $\dot{I}$、$\dot{I}_1$、$\dot{I}_2$。

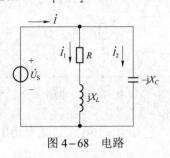

图 4–68　电路

（23）电路如图 4–69 所示，已知 $u_S = \sqrt{2}\sin(2t - 45°)\ \text{V}$，$R_1 = R_2 = 5\ \Omega$，$L = 2.5\ \text{H}$，要使 R_0 获得最大功率，C_0 应为何值？

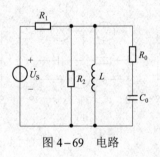

图 4–69　电路

（24）电路图 4–70 所示，用三表法测量一个线圈的参数，得到下列测量数据：电压表的读数为 55 V，电流表的读数为 1.1 A，功率表的读数为 36.3 W，已知电源的频率为 50 Hz。试求该线圈的参数 R 和 L。

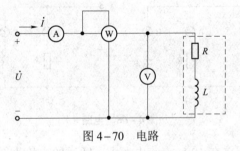

图 4–70　电路

（25）已知正弦交流电路的端电压为 $u = 100\sqrt{2}\sin(314t + 30°)\ \text{V}$，端电流为 $i = 0.4\sqrt{2}\sin(314t - 23.1°)\ \text{A}$，试计算电路的 P、Q、S 和功率因数 λ。

（26）日光灯电路在日光灯正常工作时可以看成一个 R、L 串联电路。今测其实际工作电压 $U = 220\ \text{V}$，电流 $I = 0.37\ \text{A}$，功率 $P = 40.5\ \text{W}$，已知电源的频率为 50 Hz，试求其参数 R 和 L，并求其功率因数。若要将该日光灯的功率因数提高到 0.9，应当并联多大的电容？

（27）调幅半导体收音机的中频变压器电感为 0.6 mH，问应并联多大的电容才能谐振在 465 kHz 的中频频率上。

（28）某收音机的输入电路如图 4–71 所示。如果天线回路中电感为 0.33 mH，可变电容应在多大范围内调节才能收听到 530～1 600 kHz 的中波段广播。

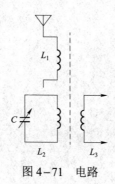

图4-71　电路

（29）RLC 串联电路中，已知 $R=2\ \Omega$，$L=10\ \text{mH}$，$C=1\ \mu\text{F}$，试求发生串联谐振时谐振角频率 ω_0、谐振频率 f_0、电路的特性阻抗 ρ 和品质因数 Q。

项目 5

三相交流电路

 【项目描述】

现在的日常生活中使用到的电气设备,如空调、冰箱、照明等就是使用了三相交流电中的其中一相,如图5-1所示。

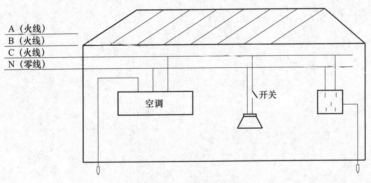

图5-1 单相负载

但是在工业生产(如三相交流电机)中的三相负载,则三相交流电中的三相都需要使用,如图5-2所示。

这种供电方式也叫三相制供电。三相制是由3个同频率、等幅值和相位上依次相差120°的正弦交流电源组合而成的三相交流电源供电的体系。

三相交流电之所以得到如此广泛的应用,是因为三相交流电与单相交流电相比具有很多优点。

1. 节能高效

(1)制造三相电的发生装置(如三相发电机和变压器)比制造同样尺寸的单相电发生装置(如单相发电机和单相变压器)省材料。

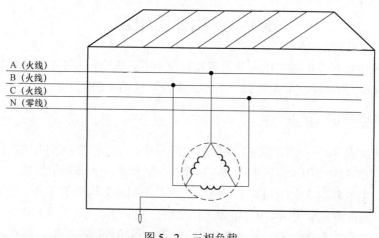

图5-2 三相负载

（2）在输送功率相同、电压相同和距离、线路损失相同的情况下，采用三相制输电比采用单相输电时可节约25%的线材，经济效益明显。

（3）三相交流发电机比同尺寸的单相交流发电机输出和传递的功率大，而且效率高。

2. 简单方便

（1）三相发电机、变压器的结构及制造简单、性能可靠，且使用和维护方便。

（2）需要三相电供电的三相异步电动机与需要单相电供电的单相异步电动机相比较，在输出相同功率的情况下，具有结构及制造简单、体积小、价格低、噪声小、性能好且工作可靠等优点。

正是因为三相电具有如此多的优点，所以三相电一直是电力系统发电、输电和配电的主要方式。

本章将在第4章中所述正弦交流电的基础上，分析三相交流电路中三相交流电源、三相负载的连接，三相电路分析，以及三相电路的功率计算。

 【知识目标】

（1）了解三相交流电路的一些基本概念。

（2）掌握三相负载连接方式及其电压与电流的关系。

（3）掌握对称三相电路的分析与计算方法。

（4）掌握简单不对称三相电路的分析与计算方法。

（5）掌握三相电路功率的分析方法。

 【技能目标】

（1）能够正确进行三相交流电路的连接。

（2）能够正确测量三相交流电路的电压、电流和功率。

（3）能够检测并排除三相交流电路的故障。

5.1 三相交流电源

为三相交流电路提供电能的电源称为三相交流电源，是一个由 3 个频率相同、振幅相等、相位依次互差 120° 的单相交流电源按一定方式组合而成的电源。

5.1.1 三相交流电的产生

三相交流电源是利用（电磁感应）动磁生电的原理，由三相交流发电机产生的。三相交流发电机的结构示意图如图 5-3 所示，主要由转子和定子组成，定子也称为电枢，电枢是由 3 个绕组（由线圈绕在铁芯上制成）构成的。为了区分 3 个绕组，绕组的首端分别用 A、B、C 表示，末端分别用 X、Y、Z 表示，即 AX、BY、CZ 这 3 个绕组。每个绕组称为一相，即 A、B、C 三相，每相绕组的匝数、形状、参数都相同，在空间上彼此相差 120°。转子是一个可以旋转的磁极，由永久磁铁或电磁铁组成，在发电机工作时，转子在外部动力带动下以角速度 ω 旋转，这样在 3 个绕组上都会感应出随时间按正弦规律变化的电势，这 3 个电势的振幅和频率相同，且由于 3 组绕组在空间位置上相差 120°，故相位差互为 120°，这样的 3 个电动势称为三相对称电动势，即三相对称电源。

若不考虑三相绕组的电阻和电抗，三相电源可用 3 个电压源进行等效，其电路符号如图 5-4 所示。

对称三相
交流电源

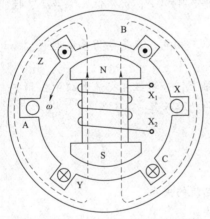

图 5-3 三相交流发电机结构示意图

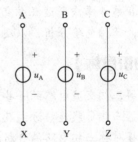

图 5-4 三相电源电路符号

若以 A 相作为参考正弦量，则 B 相滞后 A 相 120°，C 相超前 A 相 120°，三相电源各相的解析式为

$$\begin{cases} u_A = U_m \sin \omega t = \sqrt{2} U_P \sin \omega t \\ u_B = U_m \sin(\omega t - 120°) = \sqrt{2} U_P \sin(\omega t - 120°) \\ u_C = U_m \sin(\omega t + 120°) = \sqrt{2} U_P \sin(\omega t + 120°) \end{cases} \quad （5-1）$$

各相对应的相量表达式为

$$\begin{cases} \dot{U}_A = U_P \angle 0° \\ \dot{U}_B = U_P \angle -120° = \dot{U}_A \angle -120° \\ \dot{U}_C = U_P \angle 120° = \dot{U}_A \angle 120° \end{cases} \qquad (5-2)$$

三相交流电源各相的波形如图 5-5 所示，各相相量图如图 5-6 所示。从相量图不难看出，这组对称三相正弦交流电压的相量和等于零，即 $\dot{U}_A + \dot{U}_B + \dot{U}_C = 0$。

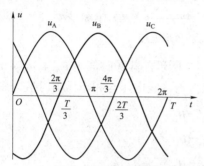

图 5-5　三相交流电源的波形

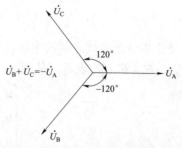

图 5-6　三相交流电源的相量图

三相交流电压瞬时值达到正的振幅的先后顺序称为相序。如果三相电压的相序为 A 相→B 相→C 相，则称为正序；若 3 个电动势的相序为 A 相→C 相→B 相，则称为逆序，若不加特殊说明，三相交流电源的相序均指正序。在实际应用中往往要事先判定好三相电源的相序，如三相电动机的旋转磁场方向与加到电动机上的三相电源的相序有关。工业上一般用黄、绿、红三色分别作为 A 相、B 相和 C 相的标志。

5.1.2　三相交流电源的连接

三相电源的每相都可以作为独立电源，分别向负载供电，但是在实际应用中，三相发电机的每相电压源并不是各自独立供电的，而是通过一定方式连接在一起供电的。

三相电源的连接方式有星形（Y）连接和三角形（△）连接。

1. 三相电源的星形（Y）连接

将三相交流电源的 3 个绕组的末端连在一起，首端分别与负载相连的接法为三相电源的星形连接。

三相交流
电源连接

1）电路结构

如图 5-7 所示，三相绕组的末端连接在一起而形成的公共点 N 称为中性点，简称中点。由中性点引出的线称为中性线，简称中线，俗称零线；由三相绕组的首端引出的 3 根线，称为端线（也称为相线），俗称火线。这样的供电线路称为三相四线制 Y_n。在低电压供电时，多采用三相四线制，无中性线的供电线路可称为三相三线制 Y。

2）电压特点

三相电源采用星形连接时，可以得到两组电压，即相电压和线电压。

相电压是指端线与中性线之间的电压，也就是每相电源的电压，方向由绕组的首端指向末端，如图 5-7 所示。由于三相电源是对称的，所以 3 个相电压也是对称的，即它们的振幅相等、频率相同，相位依次互差 120°。3 个相电压瞬时值用 u_A、u_B、u_C 表示；有效值用 U_A、U_B 和 U_C 表示，3 个相电压有效值 $U_A = U_B = U_C$，用 U_P 表示。

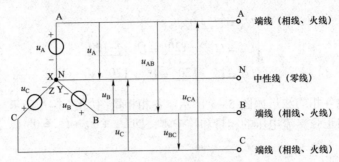

图 5-7　三相电源的星形连接

线电压是指端线与端线之间的电压，如图 5-7 所示，其瞬时值用 u_{AB}、u_{BC}、u_{CA} 表示，有效值用 U_{AB}、U_{BC} 和 U_{CA} 表示。从图 5-7 可以得出，线电压与相电压瞬时值关系为

$$\begin{cases} u_{AB} = u_A - u_B \\ u_{BC} = u_B - u_C \\ u_{CA} = u_C - u_A \end{cases}$$

（5-3）

线电压与相电压用相量表示，则关系为

$$\begin{cases} \dot{U}_{AB} = \dot{U}_A - \dot{U}_B \\ \dot{U}_{BC} = \dot{U}_B - \dot{U}_C \\ \dot{U}_{CA} = \dot{U}_C - \dot{U}_A \end{cases}$$

（5-4）

三相电源星形连接时，线电压、相电压相量图如图 5-8 所示。

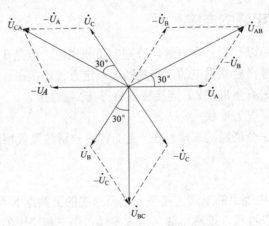

图 5-8　线电压与相电压的相量图

因为

$$\dot{U}_{AB} = \dot{U}_A - \dot{U}_B = \dot{U}_A - \dot{U}_A \angle -120°$$

$$= \dot{U}_A - \dot{U}_A \left(-\frac{1}{2} - j\frac{\sqrt{3}}{2} \right) = \dot{U}_A \left(\frac{3}{2} + j\frac{\sqrt{3}}{2} \right)$$

即

$$\dot{U}_{AB} = \sqrt{3} \dot{U}_A \angle 30°$$

同理可得

$$\dot{U}_{BC} = \sqrt{3}\dot{U}_B\angle 30°$$

$$\dot{U}_{CA} = \sqrt{3}\dot{U}_C\angle 30°$$

因为 3 个相电压是对称的，则有

$$\dot{U}_{AB} + \dot{U}_{BC} + \dot{U}_{CA} = 0 \tag{5-5}$$

3 个线电压也是对称的，即它们的振幅相等、频率相同，相位依次互差 120°，具有

$$\begin{cases} \dot{U}_{AB} = \sqrt{3}\dot{U}_A\angle 30° \\ \dot{U}_{BC} = \sqrt{3}\dot{U}_B\angle 30° = \dot{U}_{AB}\angle -120° \\ \dot{U}_{CA} = \sqrt{3}\dot{U}_C\angle 30° = \dot{U}_{AB}\angle 120° \end{cases} \tag{5-6}$$

3 个线电压有效值 $U_{AB} = U_{BC} = U_{CA}$，用 U_L 表示。

对于三相对称电源，有

$$U_L = \sqrt{3}U_P \tag{5-7}$$

通过以上分析知道，三相对称电源作星形连接时，3 个线电压和 3 个相电压都是对称的，各线电压的有效值等于相电压有效值的 $\sqrt{3}$ 倍，而且各线电压在相位上比其对应的相电压超前 30°。

【特别提示】

通常所说的 220 V、380 V 电压，就是指三相对称电源作星形连接时的相电压和线电压的有效值。

已知三相四线制供电系统，线电压为 380 V，相电压的大小为

$$U_P = \frac{\sqrt{3}}{3}U_L = \frac{380}{\sqrt{3}} = 220（\text{V}）$$

例 5.1　星形连接的对称三相电源中，已知线电压 $u_{AB} = 380\sqrt{2}\sin\omega t$ V，试求出其他各线电压和各相电压的解析表达式。

解　根据星形对称三相电源的特点，求得各线电压分别为

$$u_{BC} = 380\sqrt{2}\sin(\omega t - 120°) \text{ V}$$

$$u_{CA} = 380\sqrt{2}\sin(\omega t + 120°) \text{ V}$$

$$u_{AB} \rightarrow \dot{U}_{AB} = 380\angle 0° \text{ V}$$

依据式（5-6），则

$$\dot{U}_A = \frac{\dot{U}_{AB}}{\sqrt{3}\angle 30°} = \frac{380\angle 0°}{\sqrt{3}\angle 30°} = 220\angle -30° \text{ V}$$

$$u_A = 220\sqrt{2}\sin(\omega t - 30°) \text{ V}$$

根据对称性，则其余两相相电压分别为

$$u_B = 220\sqrt{2}\sin(\omega t - 150°) \text{ V}$$

$$u_C = 220\sqrt{2}\sin(\omega t + 90°) \text{ V}$$

2. 三相电源的三角形（△）连接

将三相电源的 3 个绕组首尾依次相连形成一个闭合回路，再从两两连接点引出端线，这样的连接方式称为三相电源的三角形连接。

1）电路结构

如图 5-9 所示，三相电源的 3 个绕组中 A 相绕组的尾端 X 与 B 相绕组的首端 B，B 相绕组的尾端 Y 与 C 相绕组的首端 C，C 相绕组的尾端 Z 与 A 相绕组的首端 A 顺次相连，并从各相电源的首端分别引线，就构成了三相电源的三角形连接。

2）电压特点

三相电源的三角形连接只有 3 个端点，引出 3 根端线，如图 5-9 所示，很明显，各线电压就等于各相应的相电压，即

$$\begin{cases} \dot{U}_{AB} = \dot{U}_A \\ \dot{U}_{BC} = \dot{U}_B \\ \dot{U}_{CA} = \dot{U}_C \end{cases} \tag{5-8}$$

由于相电压 $\dot{U}_A$、$\dot{U}_B$、$\dot{U}_C$ 对称，则线电压也对称，即

$$\dot{U}_{AB} + \dot{U}_{BC} + \dot{U}_{CA} = 0$$

得

$$U_L = U_P \tag{5-9}$$

其相量图如图 5-10 所示。

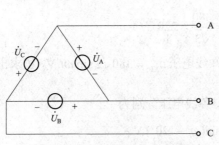

图 5-9　三相电源的三角形连接

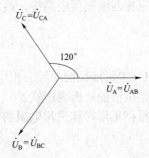

图 5-10　线电压与相电压的相量图

因此，当对称三相电源做三角形连接时，如果连接正确，在绕组内部是没有环路电流通过的。一旦连接错误（如某一相接反），电源回路会形成很大的电流，将会烧毁电源设备。

【特别提示】

三相电源作三角形连接时必须严格按照每一相的尾端与次一相的首端依次连接。在判别不清时，应保留最后两端钮不接（如 Z 端与 A 端），成为开口三角形，用电压表测量开口处电压，如果读数为零，表示接法正确，再接成封闭三角形。

思考题

（1）三相四线制供电系统中可提供哪两种电压？

（2）正序对称三相正弦交流电压，已知其中 B 相电压 $u_B = 220\sqrt{2}\sin(314t - 30°)$ V，则求 u_A、u_C，并且求 $u_A + u_B + u_C$。

（3）对称三相电压源作星形连接，每相电压有效值均为 220 V，但其中 B 相接反了，如图 5-11 所示，则电压 U_{AB} 的有效值等于多少？

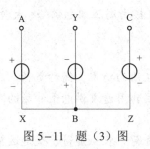

图 5-11　题（3）图

【知识拓展】

电力系统

电能是现代社会使用的主要能源，它既清洁又方便，因而在人们的生产、生活等诸方面得到广泛的应用。电能是二次能源，它是由煤炭、水力、石油、天然气、太阳能及原子能等一次能源转换而来的。电能以功率形式表达时，俗称为电力。它的生产、传输和分配是通过电力系统来实现的。由发电机、输配电线路、变压设备、配电设备、保护电器和用电设备等组成一个总体，即为电力系统。电力系统中从发电厂将电能输送到用户的部分则为电力网。

1. 发电、输电和配电

发电厂是电力系统中提供电能的部分。发电厂按转化为电能的一次能源的不同，可分为火力发电厂、水力发电厂、核能发电厂、风力发电厂、地热发电厂、潮汐能发电厂和太阳能发电厂等。我国目前由于煤矿资源和水力资源比较丰富，火力发电和水力发电占据了主导地位，核电的发展也相当快，其所占的地位日趋重要，而风力发电、地热发电、潮汐能发电、太阳能发电还只在局部地区使用。但太阳能和风能等是取之不尽、没有污染的绿色能源，是应该大力发展的，在未来一次能源短缺的社会中，其重要性必将更加突显。各种发电厂中的发电机几乎都是三相交流发电机。如图 5-12 所示电能从发电厂传输到用户要经过电力网，电力网分为输电网和配电网两大部分。电力网的电压等级分为低压（1 kV 以下）、中压（1～10 kV）、高压（10～330 kV）、超高压（330～1 000 kV）、特高压（1 000 kV 以上）。我国常

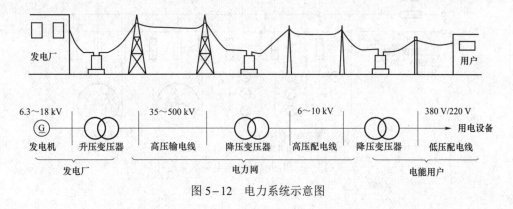

图 5-12　电力系统示意图

用的输电电压等级有 35 kV、110 kV、220 kV、330 kV、500 kV 等多种；常用的配电电压为高压 10 kV 或 6 kV、低压 380 V/220 V。

2. 工厂供电系统

工厂配电一般有 6～10 kV 高压和 380 V/220 V 低压两种。对于容量较大的泵、风机等一些采用高压电动机传动的设备，直接由高压配电供给；大量的低压电气设备需要 380 V/220 V 电压，由低压配电供给。

3. 电力负荷

电力系统中所有用电设备所耗用的功率，简称负荷。在电力系统中，发电机的发电与负荷用电是一个统一的整体。负荷因其用途或供电条件等的不同，有各种分类方法。我国主要是按产业分类和按用途分类。

按产业分类，可分为工矿业负荷、农业负荷、交通运输负荷、市政及居民负荷（其中包括一般商业负荷）。

按用途分类，可分为照明负荷、电力负荷。电力负荷根据能量转换的不同，又可分为动力负荷、电热负荷、电解负荷及整流负荷。

此外，在规划和设计中，按照对供电可靠性要求的不同，还分为一类负荷、二类负荷、三类负荷。其中一类负荷对供电可靠性的要求最严格。一类负荷是指中断供电将造成人身伤亡者、重大的政治经济影响的负荷，应有两个或两个以上独立电源供电。二类负荷是指中断供电将造成较大的政治经济影响的负荷，尽可能要有两个独立的电源供电。三类负荷是指不属于一、二类电力负荷，对供电没有特别要求的供电。

5.2 三相交流负载

三相电路的负载分为两类：一类是像电灯这样的两根引出线的负载，叫做单相负载，如风扇、烙铁、冰箱等；另一类是像三相电动机这样的负载，叫做三相负载。这些负载在三相四线制供电系统中，负载连接如图 5-13 所示。使用任何电气设备时，都要求负载所承受的电压应等于它的额定电压。因此，负载要有一定的连接方法来满足负载对电压的要求。

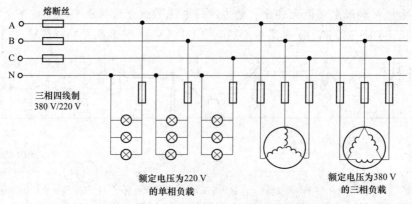

图 5-13 三相四线制供电电路负载连接

5.2.1　三相交流负载的星形（Y）连接

三相交流　技能三相负
负载连接　载星型连接

图 5-13 所示为常见的照明电路和动力电路，包括大量的单相负载（如照明灯具）构成的三相负载和对称的三相负载（如三相异步电动机）。这些单相负载被接在每条相线与中性线之间，组成的这种负载连接方式称为星形连接。

1. 电路结构

三相负载的星形（Y）连接的电路原理如图 5-14 所示。图中 Z_A、Z_B 和 Z_C 分别表示 A、B、C 三相的负载。三相负载的首端分别接到电源的 3 根相线上，其末端连接在一起，接到电源的中性线上，就形成了三相负载的星形（Y）连接。

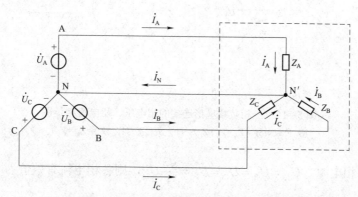

图 5-14　三相负载的星形连接电路原理

像这样把各相负载分别接在每条相线与中性线之间的供电形式称为三相四线制，目前我国低压配电系统普遍采用三相四线制，线电压是 380 V，相电压为 220 V。平时所接触的负载，如电灯、电视机、电冰箱、电风扇等家用电器，它们工作时都是用两根导线接到电路中，采用的就是三相四线制。

2. 电压、电流的基本关系

1）电压关系

如图 5-14 所示，三相负载星形（Y）连接时，由于各相负载是分别接在每条相线与中性线之间的，若略去输电线上的电压降，则各相负载两端的电压就等于电源的相电压，也就是 $\dfrac{1}{\sqrt{3}}$ 倍电源的线电压。由于电源的相电压是对称的，所以 3 个负载的电压也是对称的，即它们的振幅相等、频率相同，相位依次互差 120°。

2）电流关系

在三相电路中，流过端线的电流，称为线电流，其有效值通用符号为 I_L。流过每相负载的电流称为相电流，其有效值通用符号为 I_P。从图 5-14 可以看出，星形连接的负载，其线电流等于相电流，即 $I_L = I_P$。根据欧姆定律，各相电流相量为

$$\begin{cases} \dot{I}_A = \dfrac{\dot{U}_A}{Z_A} \\[2mm] \dot{I}_B = \dfrac{\dot{U}_B}{Z_B} \\[2mm] \dot{I}_C = \dfrac{\dot{U}_C}{Z_C} \end{cases} \qquad (5-10)$$

三相负载星形连接时，相电压和相电流的相量图如图 5-15 所示。

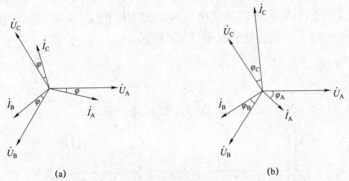

(a)   (b)

图 5-15　三相负载星形连接的相电压、相电流相量图

(a) 负载对称（$Z_A = Z_B = Z_C$）；(b) 负载不对称（$Z_A \neq Z_B \neq Z_C$）

由于对称三相电源，$U_A = U_B = U_C = U_P = \dfrac{\sqrt{3}}{3} U_L$，则各相电流有效值为

$$\begin{cases} I_A = \dfrac{U_P}{|Z_A|} = \dfrac{\sqrt{3} U_L}{3|Z_A|} \\[3mm] I_B = \dfrac{U_P}{|Z_B|} = \dfrac{\sqrt{3} U_L}{3|Z_B|} \\[3mm] I_C = \dfrac{U_P}{|Z_C|} = \dfrac{\sqrt{3} U_L}{3|Z_C|} \end{cases} \qquad (5-11)$$

流过中线的电流定义为中线电流，三相四线制的中线电流为

$$\dot{I}_N = \dot{I}_A + \dot{I}_B + \dot{I}_C = \frac{\dot{U}_A}{Z_A} + \frac{\dot{U}_B}{Z_B} + \frac{\dot{U}_C}{Z_C}$$

若三相负载的复阻抗相等，即 $Z_A = Z_B = Z_C = Z$，称三相负载对称。在三相负载对称的电路中，由于三相负载的电压对称，因此负载上流过的相电流也对称，如图 5-15（a）所示，即它们的振幅相等、频率相同，相位依次互差 120°，则有

$$\dot{I}_N = \dot{I}_U + \dot{I}_V + \dot{I}_W = 0 \qquad (5-12)$$

如三相异步电动机及三相电炉等对称负载，当采用星形连接时，就不需接中性线。再比如：在高压输电时，由于三相负载都是对称的三相变压器，所以也都采用三相三线制供电。

三相对称负载作星形连接时，中性线电流为零。此时中性线可以省去，如图 5-16 所示，并不影响三相负载的正常工作，各相负载的相电压仍为对称的电源相电压，这样三相四线制就变成了三相三线制。例如，三相电动机的三相绕组的首端分别接在相线上，而末端接在一起，这时三相电动机的每相负载承受的是电源相电压，这种供电方式的特点是 3 根导线就可以完成三相负载的供电连接，这就是典型的三相三线制。

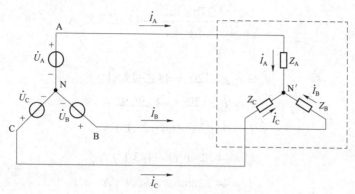

图 5-16 三相三线制电路

但实际上多个单相负载接到三相电路中构成的三相负载不可能完全对称。当三相负载不对称时，各相负载相电流的大小就不相等，相位差也不一定是 120°，如图 5-15（b）所示。因此，中性线电流不一定为零。

即三相负载不对称，相电流不对称，得中线电流为

$$\dot{I}_N = \dot{I}_A + \dot{I}_B + \dot{I}_C \neq 0 \qquad (5-13)$$

此时中性线绝不可断开。因为当有中性线存在时，它能使作星形连接的各相负载即使在不对称的情况下，也均有对称的电源相电压，从而保证了各相负载能正常工作；如果中性线断开，各相负载的电压就不再等于电源的相电压，这时，阻抗较小的负载的相电压可能低于其额定电压；阻抗较大的负载的相电压可能高于其额定电压，使负载不能正常工作，甚至会造成严重事故。所以，在三相四线制电路中不但不能去掉中线，还要保证中线可靠连接，有时中性线还采用钢芯导线来加强其机械强度，以免断开；接头处应连接牢固，并且在中线上不允许安装开关或熔断器。另外，在连接三相负载时，应尽量使其平衡，以减少中性线的电流。如实际供电的住宅小区由于各楼层负载不尽相同，也不可能在同一时间内使用，所以这是一个典型的不对称负载，应尽量均衡地分别接到三相电路中去，而不应把它们集中在三相电路中的某一相电路里。

3. 三相负载星形（Y）连接电路分析

1）负载对称

在三相四线制中，如果三相负载对称，则每相负载中的相电流也对称，这样在电路计算时，就可以只对一相电路进行计算，另两相电流可根据对称性直接写出，该方法称为单相法。

三相电路分析

例 5.2 某对称三相电路，负载为 Y 形连接，每相的电阻 $R = 3\ \Omega$，感抗 $X_L = 4\ \Omega$。电源电压对称，其中 $u_{AB} = 380\sqrt{2}\sin(\omega t + 60°)$ V 忽略输电线路阻抗。求负载的相电流、线电流和中性线电流。

解 因负载对称，采用单相法分析电路。

$$u_{AB} \rightarrow \dot{U}_{AB} = 380\angle 60°\ \text{V}$$

负载为 Y 形连接，据式（5-8）得 $\quad \dot{U}_{\mathrm{A}} = \dfrac{1}{\sqrt{3}\angle 30°}\dot{U}_{\mathrm{AB}} = \dfrac{380\angle 60°}{\sqrt{3}\angle 30°} = 220\angle 30°\ \mathrm{V}$

Y 形连接下，线电流等于相电流，所以线电流与相应的相电流为

$$\dot{I}_{\mathrm{A}} = \frac{\dot{U}_{\mathrm{A}}}{3+\mathrm{j}4} = \frac{220\angle 30°}{3+\mathrm{j}4} = 44\angle -23.1°\ \mathrm{A}$$

根据对称性，得

$$\dot{I}_{\mathrm{B}} = \dot{I}_{\mathrm{A}}\angle -120° = 44\angle -143.1°\ \mathrm{A}$$

$$\dot{I}_{\mathrm{C}} = \dot{I}_{\mathrm{A}}\angle 120° = 44\angle 96.9°\ \mathrm{A}$$

所以，得

$$i_{\mathrm{A}} = 44\sqrt{2}\sin(\omega t - 23.1°)\ \mathrm{A}$$

$$i_{\mathrm{B}} = 44\sqrt{2}\sin(\omega t - 143.1°)\ \mathrm{A}$$

$$i_{\mathrm{C}} = 44\sqrt{2}\sin(\omega t + 96.9°)\ \mathrm{A}$$

因三相电路对称，中线电流为

$$\dot{I}_{\mathrm{N}} = \dot{I}_{\mathrm{A}} + \dot{I}_{\mathrm{B}} + \dot{I}_{\mathrm{C}} = 0$$

2）负载不对称

在三相四线制中，当三相负载星形连接负载不对称时，可将各相分别看作单相电路进行计算分析。

例 5.3 如图 5-17 所示的三相电路，电源电压对称。设电源线电压 $u_{\mathrm{AB}} = 380\sqrt{2}\sin(314t + 30°)\ \mathrm{V}$。负载为电灯组，若 $R_{\mathrm{A}} = 5\ \Omega$、$R_{\mathrm{B}} = 10\ \Omega$、$R_{\mathrm{C}} = 20\ \Omega$，求线电流及中性线电流。

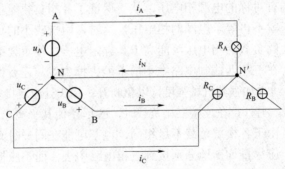

图 5-17　例 5.3 用图

解 已知：$\dot{U}_{\mathrm{AB}} = 380\angle 30°\ \mathrm{V}$，$\dot{U}_{\mathrm{A}} = 220\angle 0°\ \mathrm{V}$

$$\dot{I}_{\mathrm{A}} = \frac{\dot{U}_{\mathrm{A}}}{R_{\mathrm{A}}} = \frac{220\angle 0°}{5} = 44\angle 0°\ \mathrm{A}$$

$$\dot{I}_{\mathrm{B}} = \frac{\dot{U}_{\mathrm{B}}}{R_{\mathrm{B}}} = \frac{220\angle -120°}{10} = 22\angle -120°\ \mathrm{A}$$

$$\dot{I}_{\mathrm{C}} = \frac{\dot{U}_{\mathrm{C}}}{R_{\mathrm{C}}} = \frac{220\angle +120°}{20} = 11\angle 120°\ \mathrm{A}$$

即

$$i_{\mathrm{A}} = 44\sqrt{2}\sin\omega t\ \mathrm{A}$$

$$i_{\mathrm{B}} = 22\sqrt{2}\sin(\omega t - 120°)\ \mathrm{A}$$

$$i_C = 11\sqrt{2}\sin(\omega t + 120°)\,A$$

中性线电流为

$$\dot{I}_N = \dot{I}_U + \dot{I}_V + \dot{I}_W = 44\angle 0° + 22\angle{-120°} + 11\angle 120° = 29\angle{-19°}\,A$$

即

$$i_N = 29\sqrt{2}\sin(\omega t - 19°)\,A$$

例 5.4　照明系统故障分析，电路如图 5-18 所示，$U_L = 380$ V。

（1）A 相短路：中性线未断时，求各相负载电压，中性线断开时，求各相负载电压。

（2）A 相断路：中性线未断时，求各相负载电压；中性线断开时，求各相负载电压。

解　（1）A 相短路。

① 中性线未断，如图 5-19 所示。此时 A 相短路电流很大，将 A 相熔断丝熔断，但 B 相和 C 相未受影响，其相电压仍为 220 V，能正常工作。

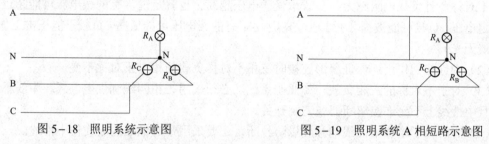

图 5-18　照明系统示意图　　　　　图 5-19　照明系统 A 相短路示意图

② 中性线断开时，如图 5-20 所示，此时负载中性点 N 即为 A，因此负载各相电压为

$$U_B = U_C = U_L = 380\,V$$

此种情况下，B 相和 C 相的电灯组由于承受电压都是线电压 380 V，超过额定电压（220 V），这是不允许的。

（2）A 相断路。

① 中性线未断，如图 5-21 所示，此种情况下，B 相和 C 相的电灯组仍承受 220 V 电压，能正常工作。

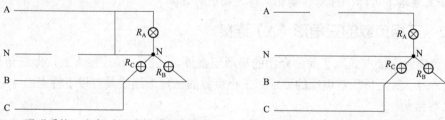

图 5-20　照明系统 A 相短路且中性线断开示意图　　图 5-21　照明系统 A 相断路示意图

② 中性线断开，如图 5-22 所示。此时三相电路变为单相电路，如图 5-23 所示。由图可求得

$$U_B = \frac{R_B}{R_B + R_C} \times U_L$$

$$U_C = \frac{R_C}{R_B + R_C} \times U_L$$

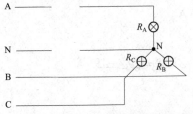

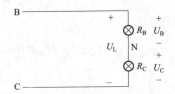

图 5-22　照明系统 A 相断路且中线断开示意图　　　图 5-23　照明系统 A 相断路且中性线断开等效电路

当 $R_B < R_C$ 时，$U_B < 220\ V$，$U_C > 220\ V$。

从计算结果看，B 相负载因为所加电压低于 220 V 额定电压，不能正常工作；C 相负载则因为所加电压高于 220 V 额定电压，将会造成过压损坏。

通过对照明系统故障的分析，可知以下几点。

（1）不对称三相负载作星形连接且无中性线时，由于负载阻抗的不对称，三相负载的相电压不对称，且负载电阻越大，负载承受的电压越高。也就是说，有的相电压可能超过负载的额定电压，负载可能被损坏（灯泡过亮烧毁）；有的相电压可能低些，负载不能正常工作（灯泡暗淡无光）。

（2）中性线的作用：保证星形连接时三相不对称负载的相电压对称不变。

（3）对于不对称的三相负载，如照明系统，必须采用三相四线制供电方式，中线不能去掉，且中性线上不允许接熔断器或刀闸开关。

（4）有时为了增加中性线的强度以防拉断，还要采用带有钢芯的导线作中性线。

【特别提示】

负载星形连接三相电路的分析和计算要点如下。

① 各负载的电压＝电源相电压（线路的阻抗忽略不计）。

② 各线电流＝相应负载的相电流。

③ 中线电流 $\dot{I}_N = \dot{I}_A + \dot{I}_B + \dot{I}_C$。

④ 如果电路对称，只需计算其中一相，另两相根据对称性直接写出（大小相等、频率相同、相位依次互差 120°）。

⑤ 如果电路不对称，可看作单相电路逐相进行计算。

5.2.2　三相负载的三角形（△）连接

三相负载的连接方式除了前面介绍的星形连接外，还有一种连接方式，即三角形（△）连接，也是为了满足负载对电压的要求。三相负载的三角形连接具有以下特点。

1. 电路结构

将三相负载分别接在三相电源的两根相线之间的接法，称为三相负载的三角形连接，电路原理结构如图 5-24 所示。三相负载三角形连接的特点是每相负载首尾相连，形成一个闭合回路，并且 3 个连接点分别连在三相电源的 3 根相线上。

2. 电压与电流的基本关系

1）电压关系

从图 5-24 中可以看出，三相负载作三角形连接时，由于电源线电压对称，因此不论负载是否对称，各相负载所承受的电压均为对称的电源线电压。

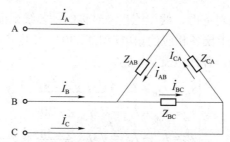

图 5–24　三相负载三角形连接的电路原理结构

2）电流关系

从图 5–24 中还可以看出，三相负载作三角形连接时，相电流与线电流是不一样的，下面仅分析三相负载对称时的电流特点。

（1）相电流。

因为电源线电压对称，当三相负载对称时，则各相电流也是对称的，即 3 个相电流的大小相等、相位差互为 120°，各相电流的方向与该相的电压方向一致。各相电流分别为 $\dot{I}_{AB}$、$\dot{I}_{BC}$ 和 $\dot{I}_{CA}$，有效值一般用 I_P 表示，用 Z_P 表示各相负载，则有

$$\begin{cases} \dot{I}_{AB} = \dfrac{\dot{U}_{AB}}{Z_{AB}} \\[2mm] \dot{I}_{BC} = \dfrac{\dot{U}_{BC}}{Z_{BC}} \\[2mm] \dot{I}_{CA} = \dfrac{\dot{U}_{CA}}{Z_{CA}} \end{cases} \tag{5–14}$$

若负载对称，即 $Z_{AB} = Z_{BC} = Z_{CA} = Z_P$，则各相电流为

$$\begin{cases} \dot{I}_{AB} = \dfrac{\dot{U}_{AB}}{Z_{AB}} = \dfrac{\dot{U}_{AB}}{Z_P} \\[2mm] \dot{I}_{BC} = \dfrac{\dot{U}_{BC}}{Z_{BC}} = \dfrac{\dot{U}_{BC}}{Z_P} = \dfrac{\dot{U}_{AB} \angle -120°}{Z_P} = \dot{I}_{AB} \angle -120° \\[2mm] \dot{I}_{CA} = \dfrac{\dot{U}_{CA}}{Z_{CA}} = \dfrac{\dot{U}_{CA}}{Z_P} = \dfrac{\dot{U}_{AB} \angle 120°}{Z_P} = \dot{I}_{AB} \angle 120° \end{cases} \tag{5–15}$$

得

$$\dot{I}_{AB} + \dot{I}_{BC} + \dot{I}_{CA} = 0$$

三相负载相电流对称。

（2）线电流。

各线电流仍用 $\dot{I}_A$、$\dot{I}_B$ 和 $\dot{I}_C$ 表示，有效值用 I_A、I_B 和 I_C 表示，一般用 I_L 表示，其方向规定为电源流向负载。根据基尔霍夫第一定律可知

$$\begin{cases} \dot{I}_A = \dot{I}_{AB} - \dot{I}_{CA} \\ \dot{I}_B = \dot{I}_{BC} - \dot{I}_{AB} \\ \dot{I}_C = \dot{I}_{CA} - \dot{I}_{BC} \end{cases} \tag{5–16}$$

若负载对称，相电流是对称的，线电流也是对称的，各线电流大小相等，相位依次互差 120°，并且各线电流在相位上比各相应的相电流滞后 30°。相电流与线电流相量图如图 5-25 所示。从相量图中可以看出，各线电流分别为

$$\begin{cases} \dot{I}_A = \dot{I}_{AB} - \dot{I}_{CA} = \sqrt{3}\dot{I}_{AB}\angle{-30°} \\ \dot{I}_B = \dot{I}_{BC} - \dot{I}_{AB} = \sqrt{3}\dot{I}_{BC}\angle{-30°} \\ \dot{I}_C = \dot{I}_{CA} - \dot{I}_{BC} = \sqrt{3}\dot{I}_{CA}\angle{-30°} \end{cases} \quad (5-17)$$

且

$$I_A = I_B = I_C = I_L = \sqrt{3}I_P$$

即三相对称负载作三角形连接时，相电流对称，线电流也对称，有

$$\dot{I}_A + \dot{I}_B + \dot{I}_C = 0$$

并且线电流的有效值是相电流有效值的 $\sqrt{3}$ 倍，在相位上线电流滞后于相对应的相电流 30°。

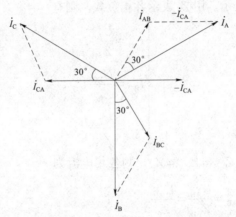

图 5-25　三相负载三角形连接相电流与线电流相量关系

3. 三相负载三角形（△）连接电路分析

在这里只分析三相负载对称三角形连接计算分析方法。对于三相负载三角形（△）连接的电路，如果三相负载是对称的，采用单相法计算。即仍先计算其中一相，另两相则可以根据电路的对称性直接写出。

例 5.5　三角形接法的对称三相负载，各相负载的复阻抗 $Z = (6 + j8)\,\Omega$，外加线电压 $U_L = 380\,V$。试求正常工作时负载的相电流和线电流大小。

解　由于正常工作时是对称电路，故可归结到一相来计算。

每相阻抗　　$|Z| = \sqrt{R^2 + X^2} = \sqrt{6^2 + 8^2} = 10\,(\Omega)$

则相电流为　　$I_P = \dfrac{U_L}{|Z_P|} = \dfrac{380\,V}{10} = 38\,(A)$

线电流为　　$I_L = \sqrt{3}I_P = \sqrt{3} \times 38 = 65.8\,(A)$

例 5.6　对称三相负载作三角形连接于线电压 $U_L = 100\sqrt{3}\,V$ 的三相电源上，每相负载阻抗为 $Z = 10\angle{60°}\,\Omega$，求相电流和线电流。

　　解　由于正常工作时是对称电路，故可归结到一相来计算，采用单相法；当负载为三角形连接时，相电压等于线电压。设 $\dot{U}_{AB}=100\sqrt{3}\angle 0°$ V，则相电流为

$$\dot{I}_{AB}=\frac{\dot{U}_{AB}}{Z}=\frac{100\sqrt{3}\angle 0°}{10\angle 60°}=10\sqrt{3}\angle -60°\,(\text{A})$$

其余两相电流根据对称性，得

$$\dot{I}_{BC}=\dot{I}_{AB}\angle -120°=10\sqrt{3}\angle -180°\ \text{A}$$

$$\dot{I}_{CA}=\dot{I}_{AB}\angle 120°=10\sqrt{3}\angle 60°\ \text{A}$$

线电流为

$$\dot{I}_{A}=\sqrt{3}\dot{I}_{AB}\angle -30°=30\angle -90°\ \text{A}$$

$$\dot{I}_{B}=\dot{I}_{A}\angle -120°=30\angle -210°=30\angle 150°\ \text{A}$$

$$\dot{I}_{C}=\dot{I}_{A}\angle 120°=30\angle 30°\ \text{A}$$

　　例 5.7　三相对称负载，每相负载的电阻 $R=60\ \Omega$、电抗 $X=80\ \Omega$，电源线电压为 380 V，试比较两种接法下的线电流、相电流，并说明负载若错接将会产生什么后果。

　　解　负载的每相阻抗为 $|Z|_{P}=\sqrt{R^2+X^2}=\sqrt{60^2+80^2}=100\,(\Omega)$

电源的相电压 $U_{P}=\dfrac{\sqrt{3}}{3}U_{L}=220$ V。

（1）当负载采用星形连接时，有

$$I_{L}=I_{P}=\frac{U_{P}}{|Z_{P}|}=\frac{220}{100}=2.2\,(\text{A})$$

（2）当负载按三角形连接时，有

$$I_{P}=\frac{U_{L}}{|Z_{P}|}=\frac{380}{100}=3.8\,(\text{A})$$

$$I_{L}=\sqrt{3}I_{P}=\sqrt{3}\times 3.8=6.6\,(\text{A})$$

　　从以上计算结果可知，同一个三相对称负载，星形连接时相电流为 2.2 A，三角形连接时相电流为 3.8 A，其比值为 $\dfrac{2.2}{3.8}=\dfrac{\sqrt{3}}{3}$ 倍，即三角形连接时的相电流是星形连接时的相电流的 $\sqrt{3}$ 倍。星形连接时的线电流为 2.2 A，三角形连接时的线电流为 6.6 A，其比值为 $\dfrac{6.6}{2.2}=3$，即三角形连接时的线电流是星形连接时线电流的 3 倍。

　　通过以上分析还可以看出，在同样电源电压作用下，如果将应该星形连接的负载错接成三角形连接，负载会因为 $\sqrt{3}$ 倍的过载而烧毁；反之，如果将应该三角形连接的负载错接成星形连接，负载会因电压不足而无法正常工作。

　　综上所述，三相负载既可以呈星形连接，也可以呈三角形连接，具体如何连接，应根据负载的额定电压和电源电压的数值而定。其遵循的原则为应使加于每相负载上的电压等于其额定电压，而与电源的连接方式无关。具体方法如下。

　　① 负载的额定电压等于电源的线电压时应作三角形连接。

② 负载的额定电压等于 $\frac{\sqrt{3}}{3}$ 电源线电压时应作星形连接。

例如，对线电压为 380 V 的三相电源来说，当每相负载的额定电压为 220 V 时，负载应连接成星形；当每相负载的额定电压为 380 V 时，则应连接成三角形。

【特别提示】

对称负载三角形连接三相电路的分析和计算要点如下。

① 各负载的相电压＝电源线电压（线路阻抗忽略不计），即 $\dot{U}_P = \dot{U}_L$。

② 各线电流＝相应负载相电流的 $\sqrt{3}$ 倍且滞后 30°，即 $\dot{I}_L = \sqrt{3}\dot{I}_P \angle -30°$。

③ 分析对称三相电路，采用单相法。即只需计算其中一相，另两相根据对称性直接写出（大小相等、频率相同、相位依次互差 120°）。

思考题

（1）对称三相电源作星形连接，线电压的有效值是相电压有效值的多少倍？线电压的相位超前于对应相电压的相位多少度？

（2）三相对称负载作星形连接时，线电流与相电流的关系如何？中线电流为多少？

（3）三相四线制供电系统中，中性线的作用是什么？

【知识拓展】

1. 保护接地和保护接零

电气设备应有保护接地或保护接零。在正常情况下，电气设备的外壳是不带电的，但其绝缘损坏时，外壳就会带电，此时人体触及就会触电。通常对电气设备实行保护接地或保护接零，这样即使电气设备因绝缘损害漏电，人体触及它也不会触电。

1）保护接地

保护接地就是将电气设备的外壳、金属框架用电阻很小的导线和接地极可靠地连接，如图 5-26（a）所示。通常采用埋在地下的自来水管作为接地体。它适用于 1 000 V 以下、电

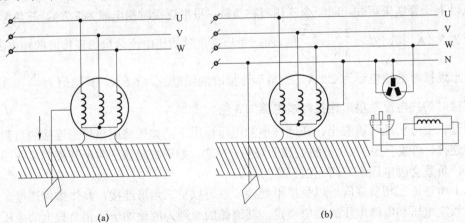

图 5-26　保护接地和保护接零

（a）保护接地；（b）保护接零

源中性线不直接接地的供电系统中电气设备的安全保护。采用保护接地后，电气设备的外壳与大地做了可靠连接，且接地装置电阻很小，当人体接触到漏电的设备外壳时，外壳与大地间形成两条并联支路，由于人体电阻大，故大部分电流经接地支路流入大地，从而保证了人身安全。接地电阻越小人越安全，电力部门规定接地电阻不得超过 4 Ω。

2）保护接零

图 5-26（b）所示的为保护接零，它将电气设备的外壳、金属框架用电阻很小的导线和供电系统中的零线可靠地连接。它适用于 1 000 V 以下、中性线直接接地（三相四线制）的供电系统中电气设备的安全保护。接零后，当电气设备的绝缘损害发生短路时，由于中性线的电阻很小，因而短路电流很大。短路电流将使电路中的保护电器动作，或使熔断丝熔断而切断电源，从而消除触电危险。

这里应特别注意，在同一供电系统中严禁同时采用保护接地和保护接零措施，否则会导致带电范围扩大，增加触电的危险。

2. 低压供电系统

在三相交流电力系统中，作为供电电源的发电机和变压器的中性点有 3 种运行方式，即电源中性点不接地、中性点经高阻抗接地和中性点直接接地。前两种运行方式称为小接地电流系统或中性点非直接接地系统，后一种运行方式称为大接地电流系统或中性点直接接地系统。

我国 3~66 kV 系统，特别是 3~10 kV 系统一般采用中性点不接地的运行方式。如果单相接地电流大于一定数值（3~10 kV），系统中接地电流大于 30 A，20 kV 及以上系统中接地电流大于 10 A，应采用中性点经消弧线圈接地的运行方式。对于 110 kV 及以上的系统，一般采用中性点直接接地的运行方式。我国 220 V/380 V 低压配电系统，广泛采用中性点直接接地的运行方式，而且在中性点引出中性线（代号 N）、保护线（代号 PE）或保护中性线（代号 PEN）。

中性线（N 线）与相线形成单相回路，连接额定电压为相电压（220 V）的单相用电设备。流经中性线的电流为三相系统中的不平衡电流和单相电流，同时，中性线还起到减小负荷中性点电位偏移的作用。

保护线（PE 线）是为保障人身安全、防止发生触电事故用的接地线。电力系统中所有设备的外露可导电部分（指正常不带电但故障情况下可能带电的易被触及的导电部分，如金属外壳、金属构架等）均应通过保护线接地，可在设备发生接地故障时减小触电危险。

保护中性线（PEN 线）兼有中性线（N 线）和保护线（PE 线）的功能。

在低压配电系统中，根据三相电力系统和电气装置外露可导电部分的对地关系，保护接地可分为 TT 系统、IT 系统和 TN 系统 3 种不同类型。TT、IT 和 TN 中第一个字母表示电力系统的对地关系，T 表示电源变压器中性点直接接地，I 则表示电源变压器中性点不接地（或通过高阻抗接地）；第二个字母表示电气装置外露可导电部分的对地关系，T 表示电气设备的外壳直接接地，但和电网的接地系统没有联系，N 表示电气设备的外壳与系统的接地中性线相连。一般将 TT、IT 系统称为保护接地，TN 系统称为保护接零。

1）TT 系统

TT 系统是指电源的中性点接地，而电气设备的外壳、底座等外露可导电部分接到设备上与电力系统接地点无关的独立接地装置上。其工作原理如图 5-27 所示，图中 PE 为保护接地线，当发生单相碰壳故障时，接地电流经保护线 PE、设备接地装置 R_d、大地、电源的工作接地装置 R_0 所构成的回路流过。此时，若有人触及带电的外壳，则由于设备接地装置的电阻远小于人体的电阻，根据并联电流的分配规律，接地电流主要通过接地电阻，而通过人体的电流很小，从而对人体起到保护作用。

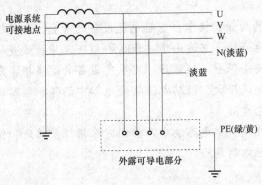

图 5-27 TT 系统工作原理

在 TT 系统中，保护接地降低了触电电压，分流了触电电流，起到了一定的保护作用，但如果不能及时切断电源，则设备外壳始终带电，这时电源相电压降落在两个接地电阻上，设备外壳的对地电压大约是相电压的一半左右，这对人体来说仍然是危险的，也可能会引起电击事故。因此，TT 系统应该安装漏电保护器，以提高切除故障设备电源的灵敏度。

TT 系统适用于负荷小而分散的农村低压电网，也广泛应用于城镇、居民区和由公共变压器供电的小型工业企业和民用建筑中。对于接地要求较高的数据处理设备和电子设备，可优先考虑使用 TT 系统，因其设备接地装置与工作接地装置分开，故 TT 系统正常运行时接地电位稳定，不会有干扰电流侵入。

2）IT 系统

在电源中性点不接地的三相三线制供电系统中，将用电设备的外露可导电部分通过接地装置与大地作良好的导电连接，这样的系统称为 IT 系统，如图 5-28 所示。在 IT 系统中，当电气设备的绝缘损坏，某一相碰壳时，接地电流经保护线 PE、设备接地装置、大地和分布电容所构成的回路流过，此电流比 TT 系统中的接地电流小得多。此时若有人触及带电的外壳，流过人体的电流极小，能够保障人身安全，不需要立即切断故障回路，故可维持供电的连续性。IT 系统没有中性线 N，只有线电压没有相电压。供电线路简单，成本低，发生接地

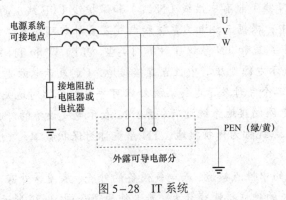

图 5-28 IT 系统

故障时能延续一段时间供电，供电连续性好，正常情况下保护接地线 PE 不带电，和 TT 系统一样，接地电位稳定。

IT 系统适用于某些不间断供电要求较高的场所，但不适用于有大量三相及单相用电设备混合使用的场所。IT 系统只在煤矿、应急电源、医院手术室等一些场所被采用，其他地方因普遍采用的是电源中性点接地的三相四线制供电系统，故而很少被采用。

3）TN 系统

在电源中性点接地的供电系统中，将用电设备的外露可导电部分与中性线可靠连接，这样的系统称为 TN 系统。TN 系统在低压供电系统中得到普遍采用。根据其保护线是否与工作零线分开，TN 系统又可分为 TN–C 系统、TN–S 系统、TN–C–S 系统等几种。

（1）TN–C 系统（三相四线制）。

这种供电系统中工作零线兼作保护线，称为保护中性线，用 PEN 表示，如图 5–29（a）所示。在 TN–C 系统中，一旦用电设备某一相绕组的绝缘损坏而与外壳相通时，就形成单相短路，其电流很大，足以将这一相的熔丝烧断或使电路中的自动开关断开，因而使外壳不再带电，保证了人身安全和其他设备或电路的正常运行。

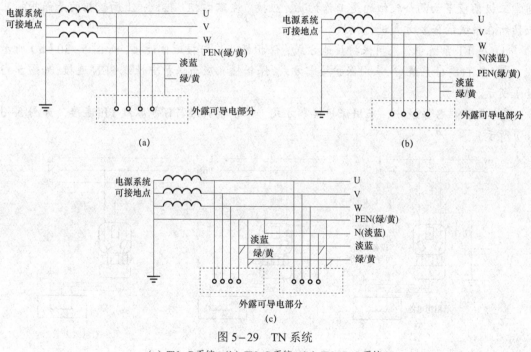

图 5–29　TN 系统

（a）TN–C 系统；（b）TN–S 系统；（c）TN–C–S 系统

为了确保安全，严禁在中性线的干线上装设熔断器和开关。除了在电源中性点进行工作接地外，还要在中性线干线的一定间隔距离及终端进行多次接地，即重复接地。

TN–C 方式供电系统只适用于三相负载基本平衡的场合，如普遍用于有专用变压器、三相负荷基本均衡的工业企业。如果三相负载严重不平衡，工作零线上有较大不平衡电流，则对地有一定电压，与保护线连接的用电设备外露可导电部分都将带电。如果中性线断线，则漏电设备的外露可导电部分带电，人触及会触电。

（2）TN–S 系统（三相五线制）。

TN-S 系统如图 5-29（b）所示。在 PE 线上的其他设备产生电磁干扰，是一个较为完善的系统，适用于对安全要求较高以及对电磁干扰要求较严格的场所，如有火灾或爆炸危险的工业厂房、有附设变电所的高层建筑和重要的民用建筑以及国家的政治、经济和文化中心、科研单位、邮电通信、电子行业等都应采用 TN-S 系统。

（3）TN-C-S 系统（三相四线制与三相五线制混合系统）。

该系统是 TN-C 与 TN-S 系统的综合，兼有两个系统的特点。供电线路进户前采用三相四线制，即采用 TN-C 系统，施工方便，成本低廉，进户后采用三相五线制，即 TN-S 系统，如图 5-29（c）所示。施工时，将 TN-C 系统的 N 线在入户时重复接地，并在接地点另外引出 PE 线，在该点以后 N 线与 PE 线不应有任何电气连接，这样在户内便成为 TN-S 系统。

TN-C-S 系统适用于配电系统环境条件较差而局部用电对安全可靠性要求较高的场所。例如，在建筑施工临时供电中，如果前部分是 TN-C 方式供电，而施工规范规定施工现场必须采用 TN-S 方式供电，则可以在供电系统后部分现场总配电箱中分出 PE 线。

4）单相三极插座的接线

单相三极插座在工厂、办公楼及家庭中广泛应用，其接线是否正确对安全用电至关重要。通常三极插座下面两个较细的是工作插孔，应按"左零右相"接线；上面较粗的是保护插孔，应按所在系统的保护方式进行接线。

① 在 TT 系统中，采用保护接地方式，保护插孔应与接地体连接，如图 5-30（a）所示。

② 在 TN-C 系统中，采用保护接零方式，保护插孔应与保护中性线 PEN 连接，如图 5-30（b）所示。

③ 在 TN-S 系统中，采用保护接零方式，保护插孔应与保护零线 PE 连接，如图 5-30（c）所示。

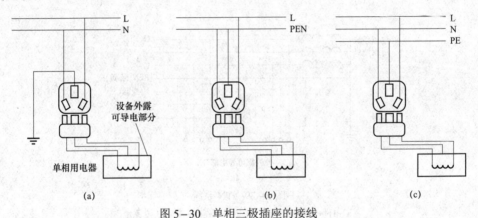

图 5-30 单相三极插座的接线

（a）TT 系统中；（b）TN-C 系统中；（c）TN-S 系统中

保护线的连接必须正确、牢靠。在 TN 系统中还要注意，保护线必须连接在 PEN 的干线上，不可把保护线就近接在用电设备的中性线端子上，这样当中性线断开时，即使设备不漏电，也会将相线的电位引至外壳造成触电事故。

但是，在三相四线制的供电系统中，多采用单相两线制供给单相用户，要将三极插座的保护插孔连接到 PEN 的干线上往往难以实现。在这种情况下，宁可将保护插孔空着，也决不可采用错误的接法。解决这一问题最有效的办法是大力推进和应用 TN-S 或 TN-C-S 系统。

TN-S 系统有专门的保护零线，一般采用单相三线制供给单相用户，即一根相线 L、一根工作零线 N、一根保护线 PE，如图 5-30（c）所示。使用时接线方便，能很好地起到保护作用。

 思考题

（1）三相负载接在三相电源中，若各相负载的额定电压等于电源的线电压，应作什么连接？若各相负载的额定电压等于电源线电压的 $\frac{1}{\sqrt{3}}$ 时，应作什么连接？

（2）电路如图 5-31 所示，已知三相负载电阻 $R_A = R_B = R_C = 4.7 \text{ k}\Omega$，作三角形连接后，接到线电压为 380 V 的三相对称电源上，则图中电流表 A_1 的读数为多少？电流表 A_2 的读数为多少？电压表 V_1 的读数为多少？电压表 V_2 的读数为多少？

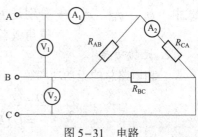

图 5-31 电路

【知识拓展】

三相交流异步电动机的 Y-Δ 降压启动

三相交流异步电动机的定子绕组可以看成三相对称负载，在实际应用中定子绕组可以根据情况接成星形或三角形。Y-Δ 降压启动就是把正常工作时定子绕组为三角形连接的电动机，在启动时接成星形，等电动机达到一定转速后再改接成三角形连接。因为在三角形连接方式下正常运行的较大功率的电动机（输出功率大于 10 kW），电动机启动的瞬间电流特别大，为正常工作电流的 4~7 倍，这对电网的冲击非常大，影响电动机的使用寿命及其他负载的正常工作。所以，为了减小启动电流，就经常采用 Y-Δ 降压启动的方法。Y-Δ 降压启动的特点是，启动电压是原电压的 $1/\sqrt{3}$ 倍，启动电流是原启动电流的 1/3，启动力矩是原力矩的 1/3，所以简单、有效、成本低。Y-Δ 降压启动方法虽然简单、有效，但只能将启动电流和启动转矩降到 1/3，启动转矩既小又不可调，仅适用于正常运行时为 Δ 接法的电动机作空载或轻载启动，且电机功率也有限制，一般在 132 kW 以下。采用降压启动的有关规定如下。

（1）由公用低压网络供电时，容量在 10 kW 及以上者，应采用降压启动。

（2）由小区配电室供电者，经常启动的容量在 10 kW，不经常启动的容量在 14 kW 以上的应采用降压启动。

（3）由专用变压器供电者，电压损失值超过 10%（经常启动的电动机）或 15%（不经常启动的电动机）的，应采用降压启动。

5.3 三相电路的功率

在三相电路中，无论负载是否对称，也不管负载采用星形连接还是三角形连接，三相电路的有功功率、无功功率和视在功率都是各相功率的总和。

三相交流
电路功率

5.3.1 三相功率的一般关系

1. 有功功率

三相电路总的有功功率等于各相有功功率之和，即

$$P = P_A + P_B + P_C$$
$$= U_A I_A \cos\varphi_A + U_B I_B \cos\varphi_B + U_C I_C \cos\varphi_C \qquad (5-18)$$
$$= I_A^2 R_A + I_B^2 R_B + I_C^2 R_C$$

式中　φ_A，φ_B，φ_C——分别是 A 相、B 相、C 相的功率因数角，数值上等于各相负载的阻抗角或者等于各相电压与电流的相位差。

2. 无功功率

三相电路总的无功功率等于各相无功功率之和，即

$$Q = Q_A + Q_B + Q_C$$
$$= U_A I_A \sin\varphi_A + U_B I_B \sin\varphi_B + U_C I_C \sin\varphi_C \qquad (5-19)$$
$$= I_A^2 X_A + I_B^2 X_B + I_C^2 X_C$$

式中　φ_A，φ_B，φ_C——分别是 A 相、B 相、C 相的功率因数角，数值上等于各相负载的阻抗角或者等于各相电压与电流的相位差。

3. 视在功率

三相电路总的视在功率与总有功功率和总无功功率的关系为

$$S = \sqrt{P^2 + Q^2} \qquad (5-20)$$

可见，一般情况下三相电路总的视在功率并不等于各相视在功率之和，即 $S \neq S_A + S_B + S_C$。以上功率计算与负载的连接方式无关。

5.3.2 对称三相电路的功率关系

每一相的有功功率都为

$$P_P = U_P I_P \cos\varphi_P$$

则三相总有功功率为

$$P = 3U_P I_P \cos\varphi_P \qquad (5-21)$$

式中　φ_P——相电压与相电流的相位差，由负载的阻抗角决定，即 $\varphi_P = \arctan\dfrac{X_P}{R_P}$；

U_P，I_P——每相负载上的相电压和相电流。

当负载为星形（Y）连接时，有

$$U_P = \frac{\sqrt{3}}{3} U_L$$
$$I_P = I_L$$

则

$$P = 3U_P I_P \cos\varphi_P = 3 \times \frac{\sqrt{3}}{3} U_L I_L \cos\varphi_P = \sqrt{3} U_L I_L \cos\varphi_P$$

当负载为三角形（Δ）连接时，有

$$U_P = U_L$$

$$I_P = \frac{\sqrt{3}}{3} I_L$$

则

$$P = 3U_P I_P \cos\varphi_P = 3U_L \times \frac{\sqrt{3}}{3} I_L \cos\varphi_P = \sqrt{3} U_L I_L \cos\varphi_P$$

由此可见，当三相负载对称时，无论采用星形连接还是三角形连接，三相电路的有功功率在形式上可以统一写成

$$P = \sqrt{3} U_L I_L \cos\varphi_P \qquad (5-22)$$

同理，可以得到当三相负载对称时，三相电路的无功功率、视在功率的计算公式为

$$Q = 3U_P I_P \sin\varphi_P = \sqrt{3} U_L I_L \sin\varphi_P \qquad (5-23)$$

$$S = 3U_P I_P = \sqrt{3} U_L I_L \qquad (5-24)$$

虽然当三相负载对称时，三相电路的功率计算公式在形式上是统一的，但实际计算出的功率值是不一样的，因为同样在线电压作用下，同一三相负载采用星形连接和三角形连接时的线电流是不一样的，因此两种情况下电路的功率并不相同。这一点在计算三相电路的功率时必须注意。

例 5.8　有一三相对称负载，每相的电阻 $R = 30\ \Omega$，感抗 $X_L = 40\ \Omega$，电源线电压 $U_L = 380$ V，试求三相负载星形连接和三角形连接两种情况下电路的有功功率，并比较所得的结果。

解

$$\left| Z_P \right| = \sqrt{R^2 + X_L^2} = \sqrt{30^2 + 40^2} = 50\,(\Omega)$$

$$U_P = \frac{U_L}{\sqrt{3}} = \frac{380}{\sqrt{3}} = 220\,(\text{V})$$

$$\cos\varphi_P = \frac{R}{\left| Z_P \right|} = \frac{30}{50} = 0.6$$

（1）当三相负载作星形连接时，有

$$I_L = I_P = \frac{U_P}{\left| Z_P \right|} = \frac{220}{50} = 4.4\,(\text{A})$$

$$\begin{aligned} P_Y &= \sqrt{3} U_L I_L \cos\varphi_P \\ &= \sqrt{3} \times 380 \times 4.4 \times 0.6 = 1.742\ 4\,(\text{kW}) \end{aligned}$$

（2）当三相负载作三角形连接时，有

$$I_P = \frac{U_L}{\left| Z_P \right|} = \frac{380}{50} = 7.6\,(\text{A})$$

$$I_L = \sqrt{3} I_P = \sqrt{3} \times 7.6 = 13.2\,(\text{A})$$

$$\begin{aligned} P_\Delta &= \sqrt{3} U_L I_L \cos\varphi_P \\ &= \sqrt{3} \times 380 \times 13.2 \times 0.6 = 5.227\ 2\,(\text{kW}) \end{aligned}$$

比较（1）和（2）的结果，有 $\dfrac{P_\Delta}{P_Y}=3$。

通过上述计算可知，虽然当三相负载对称时，三相电路的功率计算公式在形式上是统一的，但在同样电源电压作用下，同一三相负载采用星形连接和三角形连接两种情况下电路的功率并不相同，且 $P_\Delta=3P_Y$。这说明电路消耗的功率与负载连接方式有关，要使负载正常运行，必须正确地连接电路。

5.3.3　三相电路的功率因数

三相电路的功率因数，在电路不对称时，各相功率因数不同，可以用一个等效功率因数来代替，即 $\lambda'=\cos\varphi'=\dfrac{P}{S}$，但其值没有实际意义。

若三相负载是对称的，则有 $\lambda'=\cos\varphi'=\dfrac{P}{S}=\dfrac{\sqrt{3}U_L I_L\cos\varphi_P}{\sqrt{3}U_L I_L}=\cos\varphi_P=\lambda$。此时，三相电路的功率因数就是每相的功率因数。

5.3.4　对称三相电路的瞬时功率

在三相对称电路中，假设 $u_A(t)=\sqrt{2}U_P\sin\varphi t$，则 $i_A(t)=\sqrt{2}I_P\sin(\omega t-\varphi)$，各相的瞬时功率为

$$
\begin{aligned}
p_A(t)&=u_A(t)i_A(t)\\
&=\sqrt{2}U_P\sin\omega t\cdot\sqrt{2}I_P\sin(\omega t-\varphi)\\
&=2U_P I_P\sin\omega t\cdot\sin(\omega t-\varphi)\\
&=U_P I_P[\cos\varphi-\cos(2\omega t-\varphi)]\\
&=U_P I_P\cos\varphi-U_P I_P\cos(2\omega t-\varphi)
\end{aligned}
$$

$$
\begin{aligned}
p_B(t)&=u_B(t)i_B(t)\\
&=\sqrt{2}U_P\sin(\omega t-120°)\cdot\sqrt{2}I_P\sin(\omega t-120°-\varphi)\\
&=2U_P I_P\sin(\omega t-120°)\cdot\sin(\omega t-120°-\varphi)\\
&=U_P I_P[\cos\varphi-\cos(2\omega t-240°-\varphi)]\\
&=U_P I_P\cos\varphi-U_P I_P\cos(2\omega t-240°-\varphi)
\end{aligned}
$$

$$
\begin{aligned}
p_C(t)&=u_C(t)i_C(t)\\
&=\sqrt{2}U_P\sin(\omega t+120°)\cdot\sqrt{2}I_P\sin(\omega t+120°-\varphi)\\
&=2U_P I_P\sin(\omega t+120°)\cdot\sin(\omega t+120°-\varphi)\\
&=U_P I_P[\cos\varphi-\cos(2\omega t+240°-\varphi)]\\
&=U_P I_P\cos\varphi-U_P I_P\cos(2\omega t+240°-\varphi)
\end{aligned}
$$

可见，$p_A(t)$、$p_B(t)$、$p_C(t)$ 中都含有一个交变分量，它们的幅值相等、频率相同、相位依次互差 120°，这 3 个交变分量相加的和为零，所以

$$
p_A(t)+p_B(t)+p_C(t)=3U_P I_P\cos\varphi=P
$$

这说明在三相对称电路中，虽然各相功率是随时间变化的，但三相瞬时总功率是不随时

间变化的常数，就等于三相电路的平均功率。这种对称三相电路也称为平衡三相电路。所以，作为三相对称负载的三相电动机的转矩是恒定不变的，运行平稳。而单相交流电路的瞬时功率是变化的，所以需要单相交流电供电的单相电动机的转矩不是恒定的，运行也就不稳定。这就是广泛使用三相电的主要原因。

【特别提示】

同样的负载，接成三角形时的有功功率是接成星形时的有功功率的3倍。无功功率和视在功率也都是这样。

思考题

（1）计算对称三相正弦交流电路总有功功率的公式 $P = \sqrt{3}U_L I_L \cos\varphi$ 中的 φ 角是指的是什么？

（2）同一组三相对称负载接在同一三相电源下时，作三角形连接时的线电流是作星形连接时线电流的多少倍？作三角形连接时的三相总有功功率是作星形连接时三相总有功功率的多少倍？

【知识拓展】

安全用电

安全用电

正确地利用电能可造福人类，但使用不当也会造成设备损坏及人身伤亡，对从事工程、技术人员来说，一定要懂得一些安全用电的常识和技术，在工作中采取相应的安全措施，正确使用电器，以防止人身伤害和设备损坏，避免造成不必要的损失。那么电流对人体的作用怎样呢？

1. 电流对人体的作用

人体因接触带电体，引起死亡或局部受伤的现象称为触电。按人体受伤害的程度不同，触电可分为电击和电伤两种。电击是指电流通过人体，影响呼吸系统、心脏和神经系统，造成人体内部组织的破坏乃至死亡。电伤是指在电弧作用下或熔断丝熔断时，对人体外部的伤害，如烧伤、金属溅伤等。调查表明，绝大部分的触电事故都是由电击造成的。电击伤害的程度取决于通过人体电流的大小、持续时间、电流频率以及电流通过人体的途径等。

1）人体电阻

人体电阻与皮肤的状态、电路参数、周围环境、生理刺激以及年龄、性别有关。

① 与皮肤的状态有关，角质层损伤、皮肤表面潮湿、汗液和皮肤受到导电性物质污染等都将使人体阻抗下降。

② 与电路参数有关，电流越大、电压越高、接触面积越大、电流持续时间越长等都将使人体阻抗下降。

③ 与周围环境有关，环境温度越高、环境中氧气分压越低等都将使人体阻抗下降。

④ 与生理刺激有关，突然的疼痛、声音、光线的刺激，也将使人体阻抗下降。

一般认为，干燥的皮肤在低电压下具有相当高的电阻，约×10^5 Ω；当电压在500～1 000 V时，这一电阻便下降为1 000 Ω；女子的人体阻抗比男子的小，儿童的比成人的小，青年人的比中年人的小。遭受突然的生理刺激时，人体阻抗明显降低。

2）电流强度对人的伤害

人体允许的安全工频电流为 30 mA；工频危险电流为 50 mA。

3）电流频率对人体的伤害

电流频率为 40～60 Hz 时对人体的伤害最大。实践证明，直流电对血液有分解作用，而高频电流不仅没有危害，还可以用于医疗保健等。

4）电流持续时间与路径对人体的伤害

电流通过人体的时间越长，则伤害越大。电流的路径通过心脏会导致神经失常、心跳停止、血液循环中断，危险性最大。其中，电流流经从右手到左脚的路径是最危险的。

5）电压对人体的伤害

触电电压越高，通过人体的电流越大就越危险。因此，把 36 V 以下的电压定为安全电压。工厂进行设备检修使用的手灯及机床照明都采用安全电压。通过人体内的工频电流超过 50 mA（0.05 A）时，就使人难以独自摆脱电源因而招致生命危险。由此可知，人体所触及的电压大小、时间长短和触电时的人体情况是决定触电伤害程度的主要因素。一般人体的电阻可按 1 000 Ω 来估计，而通过人体的电流和持续时间的乘积为 50 mA·s（毫安秒）时是一个危险的极限。因此，一般情况下 65 V 以上的电压就是危险的，潮湿时 36 V 的电压就有危险，因此，在潮湿环境里，以 24 V 或 12 V 为安全电压。

2. 触电方式

1）接触正常带电体

（1）电源中性点接地的单相触电。

这时人体处于相电压下，图 5-32 所示的情况危险较大。

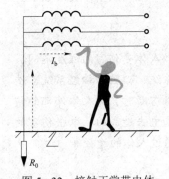

图 5-32　接触正常带电体

通过人体电流为

$$I_b = \frac{U_p}{R_0 + R_b} = 219 \text{ mA} \gg 30 \text{ mA （安全工频电流）}$$

式中　U_p——电源相电压，为 220 V；

R_0——接地电阻，为 4 Ω；

R_b——人体电阻，为 1 000 Ω。

（2）电源中性点不接地系统的单相触电。

人体接触某一相时，通过人体的电流取决于人体电阻 R_b 与输电线对地绝缘电阻 R' 的大小。正常情况下，输电线绝缘良好，绝缘电阻 R' 较大，对人体的危害性就减小，人是安全的。特殊情况下，若在高压不接地电网中，导线与地面间的绝缘可能不良（R' 较小）甚至有一相接地，这时就危及人身安全，如图 5-33 所示。

（3）双相触电。

双相触电是指人体同时触及带电设备或线路中的两相导体而发生的触电方式。这时人体处于线电压下，如图 5-34 所示，此时通过人体的电流更大，触电后果更为严重。

2）接触正常不带电的金属体

当电气设备内部绝缘损坏而与外壳接触，将使其外壳带电。此时，如果人体触及故障电气设备的外壳，可能会造成触电。这种触电方式称为间接接触触电，相当于单相触电。大多

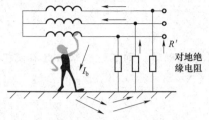

图 5-33　电源中性点不接地系统的单相触电

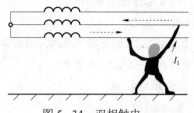

图 5-34　双相触电

数触电事故属于这一种。电气设备和装置中能够触及的部分，正常情况下不带电，故障情况下可能带电。

3）跨步电压触电

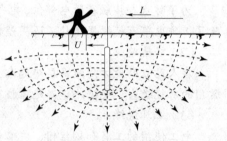

图 5-35　跨步电压触电

在高压输电线断线落地时，有强大的电流流入大地，在接地点周围产生电压降，如图 5-35 所示。当人体接近接地点时，两脚之间承受跨步电压，有可能使电流流过人体的重要器官，造成严重的触电事故。跨步电压的大小与人和接地点距离、两脚之间的跨距、接地电流大小及人与地面的绝缘性能等因素有关，一般在 20 m 之外，跨步电压就降为零。如果误入接地点附近，应双脚并拢或单脚跳出危险区。

此外，还有雷击电击、感应电压电击、静电电击和残余电荷电击等触电方式。

3. 电气事故的原因

1）违章操作

① 违反"停电检修安全工作制度"，因误合闸造成维修人员触电。

② 违反"带电检修安全操作规程"，使操作人员触及电器的带电部分。

③ 带电移动电气设备。

④ 用水冲洗或用湿布擦拭电气设备。

⑤ 违章救护他人触电，造成救护者一起触电。

⑥ 对有高压电容的线路检修时未进行放电处理导致触电。

2）施工不规范

① 误将电源保护接地与零线相接，且插座火线、零线位置接反使机壳带电。

② 插头接线不合理，造成电源线外露，导致触电。

③ 照明电路的中线接触不良或安装保险，造成中线断开，导致家电损坏。

④ 照明线路敷设不合规范造成搭接物带电。

⑤ 随意加大熔断丝的规格，失去短路保护作用，导致电器损坏。

⑥ 施工中未对电气设备进行接地保护处理。

3）产品质量不合格

① 电气设备缺少保护设施造成电器在正常情况下损坏和触电。

② 带电作业时，使用不合理的工具或绝缘设施造成维修人员触电。

③ 产品使用劣质材料，使绝缘等级、抗老化能力很低，容易造成触电。

④ 生产工艺粗制滥造。

⑤ 电热器具使用塑料电源线

4）偶然情况

电力线突然断裂使行人触电；狂风吹断树枝将电线砸断；雨水进入家用电器使机壳漏电等偶然事件均会造成触电事故。

4. 安全用电措施

1）绝缘保护

绝缘保护是用绝缘体把可能形成的触电回路隔开，以防止触电事故的发生，常见的有外壳绝缘、场地绝缘和工具绝缘等方法。

（1）外壳绝缘。

为了防止人体触及带电部位，电气设备的外壳常装有防护罩，有些电动工具和家用电器，除了工作电路有绝缘保护外，还用塑料外壳作为第二绝缘。

（2）场地绝缘。

在人站立的地方用绝缘层垫起来，使人体与大地隔离，可防止单相触电和间接接触触电。常用的有绝缘台、绝缘地毯、绝缘胶鞋等。

（3）工具绝缘。

电工使用的工具如钢丝钳、尖嘴钳、剥线钳等，在手柄上套有耐压500 V的绝缘套，可防止工作时触电。另外一些工具如电工刀、活络扳手则没有绝缘保护，必要时可戴绝缘手套操作，而冲击钻等电动工具使用时必须戴绝缘手套、穿绝缘鞋或站在绝缘板上操作。

2）安全电压

一般人体的最小电阻可按800 Ω来估计，而通过人体的工频致命电流为45 mA左右，因此，一般情况下36 V左右以下的电压为安全电压，但在潮湿环境里，以24 V或12 V为安全电压。表5-1是我国国家标准规定的安全电压等级及选用举例。

表5-1 安全电压等级及选用举例

安全电压（交流有效值）		选用举例
额定值/V	空载上限值/V	
42	50	在有触电危险的场所使用的手持电动工具等
36	43	在矿井中多导电粉尘等场所使用的行灯等
24	29	可供某些人体可能偶然触及的带电设备选用
12	15	
6	8	

3）漏电保护

漏电保护是用来防止因设备漏电而造成人体触电危害的一种安全保护。该保护装置称为漏电保护器，也称为触电保护器。除用来防止因设备漏电而造成人体触电危害外，同时还能防止由漏电引起火灾和用于监测或切除各种一相碰地的故障。有的漏电保护器还兼有过载、过压或欠压及缺相等保护功能。

5. 安全用电常识

为了保障人身、设备的安全，国家颁布了一系列规定和规程，工作人员应认真遵守这些规定和规程。为了避免发生触电事故，在工作中要特别重视以下几点。

（1）工作前必须检查工具、仪表和防护用具是否完好。

（2）任何电气设备未经证明无电时，一律视为有电，不准用手触及。

（3）更换熔丝时应先切断电源，切勿带电操作。如确实有必要带电操作，则应采取安全措施。例如，站在橡胶板上或穿绝缘靴、戴绝缘手套等，操作时应有专人在场进行监督，以防发生事故。熔丝的更换不得擅自加粗，更不能用铜丝代替。

（4）电气设备维修时，要与设备带电部分保持安全距离，见表5-2。

表5-2　工作人员工作中正常活动范围与带电设备的安全距离

电压等级/kV		10 及以下	20～35	22	60～110	220	330
安全距离/m	无遮拦	0.70	1.00	1.20	1.50	2.00	3.00
	有遮拦	0.35	0.6	0.9	1.5	2.00	3.00

（5）数人进行电工作业时，要有相应的呼答措施，即在接通电源前告知他人，并确定对方已经知道的情况下才能送电。

（6）遇有人触电时，如在开关附近，应立即切断电源。对低压电路，如附近无开关，则应尽快用干燥的木棍、竹竿等绝缘棒打断导线，或用绝缘棒把触电者拨开，切勿亲自用手去接触触电者。

（7）电气设备发生火灾，应先切断电源，并使用 1211 灭火器或二氧化碳灭火器灭火，严禁用水或泡沫灭火器。

 【技能训练】

1. 单相和三相四线电度表连接

电表的接线形式很多，有单相电表的接法，也有三相电表的接法；有直接接线式，也有经过电流互感器和电压互感器接线的。但是总的来说只有两种回路，即电压回路和电流回路。电表接线的一般原则是：电流线圈与负载串联，或接在电流互感器的二次侧，电压线圈与负载并联或接在电压互感器的二次侧。

1）单相电度表接线原理

如果负载的功率在电度表允许的范围内，即流过电度表电流线圈的电流不至于导致线圈烧毁，就可以采用直接接入法。单相电度表共有4个接线端子，从左至右按1、2、3、4编号，接线通常有两种，一般是1、3接进线，2、4接出线，如图5-36（a）所示；另一种是按1、2接进线，3、4接出线。无论何种接法，相线（火线）必须接入电表的电流线圈的端子。由于有些电表的接线特殊，具体的接线方法需要参照接线端子盖板上的接线图去接。

在低电压大电流中的线路中，应使用电流互感器进行电流变换，电表电流线圈经电流互感器与负载相连，其中 S_1 端子和 S_2 端子是电流互感器二次侧的始端和末端。接法有两种：① 单相电度表内 5 和 1 端未断开时的接法，由于表内短接片没有断开，所以互感器二次侧的末端 S_2 端子禁止接地；② 单相电度表内 5 和 1 端短接片已断开时的接法，由于表内短接片已断开，所以互感器二次侧的末端 S_2 端子应该接地，如图5-36（b）所示。同时，电压线圈5 和 4 端应该接于电源两端。

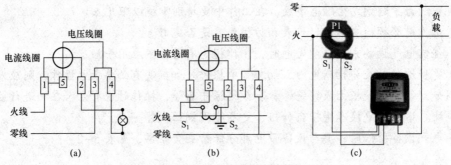

图 5-36 单相电度表接线

(a) 直接接入电表接线图；(b) 经电流互感器接入电表接线图；(c) 经电流互感器接入电表实物图

无论是直接接入法还是经电流互感器接入法，接线时电压和电流必须同相。例如，U相的电流互感器 S_1 端子和 S_2 端子接到电度表的 1、3 端子后，电度表的电压端子 2 就必须从 U 相取电源，绝对不能从 V 相或 W 相上取电源。

2）三相四线制电度表接线原理

三相四线有功电表由 3 个驱动部件组成，称三元件电表，有 11 个接线端，此电表常用在动力和照明混合的供电电路中。接线如图 5-37 所示。

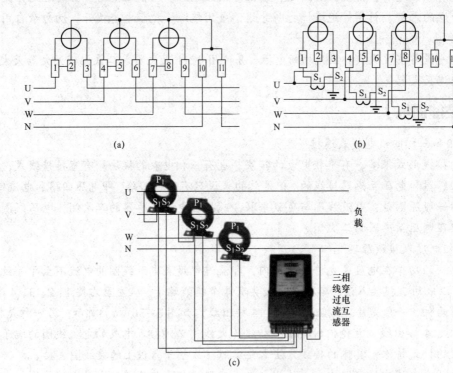

图 5-37 三相四线制电度表接线

(a) 直接接入电表接线图；(b) 经电流互感器接入电表接线图；(c) 经电流互感器接入电表实物图

图 5-37（a）所示为三相四线有功电表直接接入，火线 U、V、W 分别接在 1、4、7 端，3、6、9 端接负载，零线接 10 号端，11 号端接负载另一端。

图 5-37（b）所示为三相四线有功电表经电流互感器接入，火线 U、V、W 分别接电压

线圈 2、5、8 端，其连片应拆下，11 端接零线；电度表 1、4、7 端分别接电流互感器二次侧首端 S_1，3、6、9 端分别接二次侧末端 S_2。为保证安全，电流互感器二次侧末端 S_2 应分别接地。图 5-37（c）所示为接线的实物图，无论是直接接入法还是经电流互感器接入法，注意电流互感器与电表的接线，接线时电压和电流必须同相。

2. 三相功率的测量

在三相四线制电路中，如果负载对称，只要用一块功率表测出一相负载的功率，如图 5-38 所示，再将读数乘以 3，便得到三相总功率。如果负载不对称，则要用 3 块功率表分别测出每一相的功率，3 块表的功率相加，即为三相负载总功率。

在三相三线制电路中，不论负载是否对称，都可以采用两块功率表测量三相电路功率，称为二表法，电路如图 5-39 所示。在这里，每块表的读数并无意义，但两块表读数之和却是三相总功率。可以看作一个简单的证明。

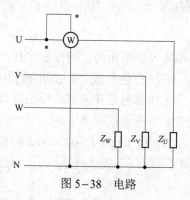

图 5-38　电路

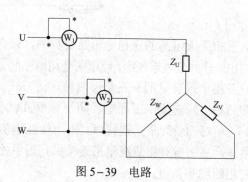

图 5-39　电路

三相电路的总瞬时功率为

$$p = p_A + p_B + p_C = u_A i_A + u_B i_B + u_C i_C$$

式中　u_A、u_B、u_C 和 i_A、i_B、i_C——分别为各相负载的相电压和相电流。

由于三相三线制电路中没有中线，故

$$i_A + i_B + i_C = 0$$

于是

$$i_C = -(i_A + i_B)$$

代入上述三相瞬时功率的表达式，得到

$$
\begin{aligned}
p &= u_A i_A + u_B i_B - u_C(i_A + i_B) \\
&= i_A(u_A - u_C) + i_B(u_B - u_C) \\
&= i_A u_{AC} + i_B u_{BC}
\end{aligned}
$$

式中　u_{AC}——A、C 端线间的线电压 $u_{AC} = u_A - u_C$；

u_{BC}——B、C 端线间的线电压 $u_{BC} = u_B - u_C$。

三相功率在一个周期内的平均值为

$$
\begin{aligned}
P_{av} &= \frac{1}{T}\int_0^T u_{AC} i_A \mathrm{d}t + \frac{1}{T}\int_0^T u_{BC} i_B \mathrm{d}t \\
&= U_{AC} I_A \cos\psi_1 + U_{BC} I_B \cos\psi_2 = P_1 + P_2
\end{aligned}
$$

式中　ψ_1——线电压 U_{AC} 和线电流 I_A 之间的相位差；

　　　ψ_2——线电压 U_{BC} 和线电流 I_B 之间的相位差。

用两块功率表分别测出以上两部分功率，即 $P_1 = U_{AC}I_A\cos\psi_1$ 和 $P_2 = U_{BC}I_B\cos\psi_2$，则两表读数之和就是三相总功率。两块功率表的接线规则是：两表的电流线圈分别串联接入任意两端线（注意：电流※端必须接到电源侧）；两表电压线圈的※端分别接到该表电流线圈所在的该相，另一端则同时接到没有接电流线圈的第三相。只有三相三线制电路才能用二表法测量三相功率。还应注意，用二表法测量对称三相负载的功率时，如果负载功率因数 $\cos\varphi < 0.5$，则将有一块功率表的指针反向偏转；三相负载不对称时，也可能出现一表指针反向偏转的现象。在这种情况下，应将指针反偏的功率表的任一线圈反接，这时三相总功率是两表读数之差。

项 目 小 结

（1）三相交流电源的三相电压是对称的，即大小相等、频率相同、相位依次互差 $120°$。在三相四线制供电系统中，线电压是相电压的 $\sqrt{3}$ 倍，且在相位上超前于相应的相电压 $30°$。

（2）三相负载有星形和三角形两种连接方式，至于采用哪种连接方式，应根据负载的额定电压和三相电压的线电压而定，即使每相负载承受的电压等于额定电压。

（3）三相对称负载星形连接时，则中性线电流为零，即 $\dot{I}_N = \dot{I}_A + \dot{I}_B + \dot{I}_C = 0$，可再用三相三线制供电；三相不对称负载星形连接时，则中性电流不等于零，即 $\dot{I}_N = \dot{I}_A + \dot{I}_B + \dot{I}_C \neq 0$，只能采用三相四线制供电。

（4）三相对称电路的计算可归结到一相进行，求得一相的电压和电流后，可根据对称关系得出其他两相的结果。

在计算三相对称电路时要注意两个 $\sqrt{3}$ 的关系。

星形连接时，$U_L = \sqrt{3}U_P$，但 $I_L = I_P$；

三角形连接时，$I_L = \sqrt{3}I_P$，但 $U_L = U_P$。

（5）三相对称电路的功率为

$$P = \sqrt{3}U_L I_L \cos\varphi$$

$$Q = \sqrt{3}U_L I_L \sin\varphi$$

$$S = \sqrt{3}U_L I_L$$

$$\lambda = \cos\varphi$$

式中　φ——相电压与相电流的相位差，即每相负载的阻抗角或功率因数角。

如果三相负载不对称，三相的总功率等于分别计算的 3 个单相功率之和。

项 目 测 试

（1）三相电路中负载的连接方法有几种？由单相照明负载构成的三相不对称电路一般都连接成什么形式？

（2）某三相异步电动机，每相绕组的等效电阻 $R=8\ \Omega$，等效感抗 $X_L=6\ \Omega$，现将此电动机连成星形接于线电压为 380 V 的三相电源上，则相电压为多少？相电流为多少？线电流为多少？

（3）电路如图 5-40 所示，已知三相负载电阻 $R_A=R_B=R_C=2.2\ \mathrm{k}\Omega$，作星形连接后。接到线电压为 380 V 的三相对称电源上，则图中电流表 A_1 的读数为多少？电流表 A_2 的读数为多少？电压表 V_1 的读数为多少？电压表 V_2 的读数为多少？

（4）图 5-41 所示对称星形连接三相电路中，已知各相电流均为 5 A。若图中 m 点处发生开路，则此时的中线电流为多少？

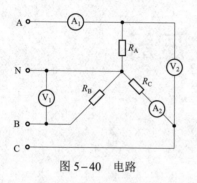

图 5-40　电路

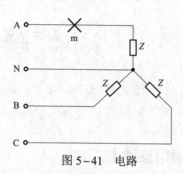

图 5-41　电路

（5）图 5-42 所示三角形连接对称三相电路中，已知线电压为 U_L，若图中 P 点处发生断路，则电压 U_{Bm} 为多少？

（6）有一星形连接的三相负载，每相的电阻 $R=75\ \Omega$，感抗 $X_L=100\ \Omega$，接在对称三相电源上，设电源相电压 $u_A=220\sqrt{2}\sin(\omega t+30°)$ V，求相电流 i_A、i_B、i_C。

（7）电路如图 5-43 所示，已知 $R=200\ \Omega$，$X_L=200\ \Omega$，$X_C=200\ \Omega$，电源对称星形连接，线电压为 380 V。求 3 个线电流以及中线电流相量。

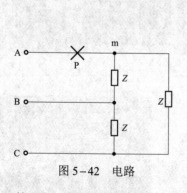

图 5-42　电路

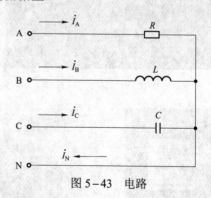

图 5-43　电路

（8）某三相对称负载作三角形连接，已知三相对称电源线电压为 380 V，测得线电流为 15 A，三相负载功率 $P=8.5$ kW，则该三相对称负载的功率因数为多少？

（9）线电压为 380 V 的三相四线制对称电路中，每相负载的 $Z=160+\mathrm{j}120\ (\Omega)$。① 画出电路图；② 求各相电流及中线电流；③ 求三相负载的 P、Q、S。

（10）有一台三相电动机绕组为 Y 接，测得其线电压为 380 V，线电流为 21.3 A，电动机的功率为 12.5 kW。试求电动机每相绕组的参数 R 与 X_L。

项目 6

磁路和变压器

 【项目描述】

在电力系统中，远距离输电的基本环节如图 6-1 所示。

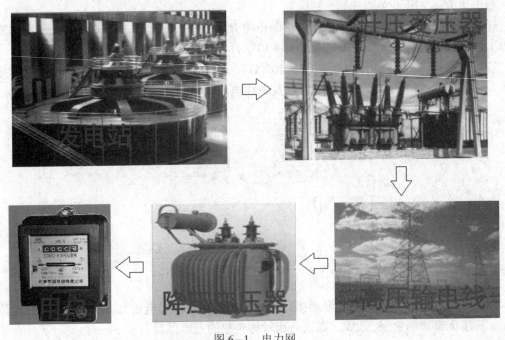

图 6-1　电力网

在发电厂内生产出电能后，使用升压变压器将电压提升，然后通过高压输电向远处送电；到达目的地后，根据不同的需求再用降压变压器经 2~3 次降压才输送给用户。当人们走在马路上，经常会看见电线杆上的变压器（杆上式变电所）。变压器是一种用于电能转换的电气设备，它可以把一种电压、电流的交流电能转换成相同频率的另一种电压、电流的交流电能。

变压器几乎在所有的电子产品中都要用到，它原理简单，但根据不同的使用场合（不同的用途），变压器的绕制工艺会有不同的要求。

变压器基本结构如图 6-2 所示。

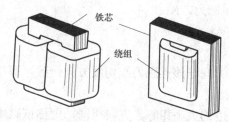

图 6-2 变压器基本结构

本项目从变压器的组成入手，分别介绍磁场的基本物理量、铁磁材料的基本知识及磁路的基本定律、简单磁路的分析和计算方法、电磁铁的基本工作原理及应用、互感线圈电路的分析、变压器电路的基本结构和工作原理，并利用项目技能训练——变压器同名端的测试，来巩固和检测知识点的掌握情况。

【知识目标】

（1）理解磁场基本物理量的意义。
（2）了解铁磁材料的基本知识及磁路的基本定律。
（3）掌握简单磁路的分析和计算方法。
（4）了解电磁铁的基本工作原理及应用，掌握简单电磁铁电路的分析和计算方法。
（5）互感线圈电路的同名端。
（6）互感线圈电路分析。
（7）了解变压器的基本结构、工作原理，理解变压器额定值的意义。

【技能目标】

（1）能够正确进行简单磁路的分析和计算。
（2）正确判断互感线圈电路的同名端。
（3）能够正确进行变压器电压、电流和阻抗的变换计算。

6.1 磁场的基本物理量及定律

磁场基本概念

6.1.1 磁场的基本物理量

1. 磁感应强度 B

磁感应强度是定量描述磁场中各点磁场强弱和方向的物理量。试验表明，处于磁场中某点的一小段与磁场方向垂直的通电导体，如果通过它的电流为 I，其有效长度（即垂直磁力线的长度）为 l，则它所受到的电磁力 F 与 I 的比值是一个常数。当导体中的电流 I 或有效长度 l 变化时，此导体受到的电磁力 F 也要改变，但对磁场中确定的点来说，不论 I 和 l 如何变化，比值 $F/(Il)$ 始终保持不变。这个比值就称为磁感应强度，即

$$B = \frac{F}{Il} \tag{6-1}$$

式中　B——磁感应强度，T；

　　　F——通电导体所受电磁力，N；

　　　I——导体中的电流，A；

　　　l——导体的长度，m。

磁感应强度是矢量，其方向与该点磁力线切线方向一致，即与放置于该点的可转动的小磁针静止时 N 极的指向一致。

若磁场内各点磁感应强度的大小相等、方向相同，则称该磁场为均匀磁场。

2. 磁通量 Φ

磁通量 Φ（或称为磁通）是表示穿过某一截面 S 的磁感应强度矢量 $\boldsymbol{B}$ 的通量，也可理解为穿过该截面的磁力线总数。在匀强磁场中，如果 S 与 $\boldsymbol{B}$ 垂直，则有

$$\Phi = BS \tag{6-2}$$

式中　Φ——磁通，Wb；

　　　S——与磁场垂直的面积，m²。

由此可见，磁感应强度在数值上可以看成与磁场方向垂直的单位面积所通过的磁通，所以磁感应强度又称为**磁通密度**。

当磁场方向与面积不垂直时，则磁通为

$$\Phi = BS \sin\theta \tag{6-3}$$

式中　θ——磁场方向 $\boldsymbol{B}$ 与面积 S 的夹角。

3. 磁导率 μ

磁导率 μ 是表示物质导磁性能的物理量，它表明了物质对磁场的影响程度。例如，对结构一定的长螺线管来说，电流增大时，磁场中各点的磁感应强度也增强，铁芯线圈的磁场就比空心线圈的磁场强得多。也就是说，在磁场中放入不同的磁介质，磁场中各点的磁感应强度将受到影响。这是由于磁介质具有一定的磁性，产生了附加磁感应强度。在磁场中衡量物质导磁性能的物理量称为磁导率，用 μ 表示。在电流大小以及导体几何形状一定的情况下，磁导率越大，对磁感应强度的影响就越大。

不同介质的磁导率不同。由试验测出，真空中的磁导率是一个常数，往往更好比较各种物质的导磁性能，将任一物质的磁导率与真空中的磁导率的比值称为该物质的相对磁导率，用 μ_r 表示，即

$$\mu_r = \frac{\mu}{\mu_0} \tag{6-4}$$

式中　μ_0——真空磁导率，$\mu_0 = 4\pi \times 10^{-7}$ H/m；

　　　μ——物质的磁导率。

任一物质的磁导率

$$\mu = \mu_0 \mu_r \tag{6-5}$$

相对磁导率是没有单位的，它随磁介质的种类不同而不同，其数值反映了磁介质磁化后对原磁场影响的程度，它是描述磁介质本身特性的物理量。

用相对磁导率可以方便、准确地衡量物质的导磁能力，并以此分铁磁性材料和非铁磁性材料。自然界中大多数物质的导磁性能较差，如空气、木材、铜、铝等，其相对磁导率 $\mu_r \approx 1$，称为非铁磁材料物质；只有铁、钴、镍及其合金等，其相对磁导率 $\mu_r \gg 1$，称为铁磁材料。这种物质中产生的磁场要比真空中产生的磁场强千倍甚至万倍以上。例如，铸铁的 μ_r 为 200～400；铸钢的 μ_r 为 500～2 200；常用硅钢片的 μ_r 为 7 500 左右。通常把铁磁性物质称为强磁性物质，它在电工技术方面得到广泛应用。

4. 磁场强度 H

在分析计算各种磁性材料中的磁感应强度与电流的关系时，还要考虑磁介质的影响。为了区别导线电流与磁介质对磁场的影响以及计算上的方便，引入一个仅与导线中电流和载流导线结构有关而与磁介质无关的辅助物理量来表示磁场的强弱，称为磁场强度，用 H 表示，即

$$H = \frac{B}{\mu} \quad 或 \quad B = \mu H \qquad (6-6)$$

磁场强度是矢量，单位为 A/m，其方向与磁场中该点的磁感应强度的方向一致。式（6-6）不能说明 B 与 H 成正比，即它们之间有线性关系，只有在非磁性材料时才成立。

6.1.2 磁通连续性原理和全电流定律

1. 磁通连续性原理

磁场的磁感线总是连续而闭合的，这意味着对于磁场中任意的闭合曲面 S，穿进的磁通量必定等于穿出的磁通量，即通过任意闭合曲面 S 的净磁通量必定恒为零，即

$$\oint_s \boldsymbol{B} \cdot \mathrm{d}S = 0 \qquad (6-7)$$

式中　B——磁感应强度；

　　　S——任一闭合面。

这就是磁场的"高斯定理"，它反映了磁通量的连续性，也被称为"磁通连续性原理"，是表征磁场基本性质的一个定理。

2. 全电流定律

全电流定律也称安培环路定律，是计算磁场的基本定律。其定义为：在磁场中，磁场强度矢量沿任意闭合回线（常取磁通路径作为闭合回线）的线积分，等于穿过闭合回路所围面积的电流的代数和，即

$$\oint_l \boldsymbol{H}\mathrm{d}l = \sum I \qquad (6-8)$$

式中　l——闭合回路的长度，m；

　　　I——闭合回路内包围的电流，A。

全电流定律中电流正负的规定：凡是电流方向与闭合回线围绕方向之间符合右手螺旋定则的电流作为正，反之为负，如图 6-3 所示。

I_1 为正，I_2 为负，这里 $\sum I = I_1 - I_2$。

在均匀磁场中 $Hl = NI$，NI 为线圈匝数与电流的乘积，称

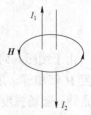

图 6-3　全电流定律正、负的规定

221

为磁通势，用字母 F 表示，则有

$$F = NI \qquad\qquad (6-9)$$

磁通势的单位是 A，磁通由磁通势产生。

安培环路定律将电流与磁场强度联系起来，在电工技术上，通常只应用最简单的全电流定律。

例 6.1 环形线圈如图 6-4 所示，线圈匝数为 N，电流为 I，其中介质是均匀的，磁导率为 μ，试计算线圈内部各点的磁场强度。

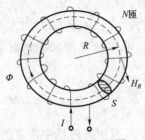

图 6-4 例 6.1 用图

解 取磁通作为闭合回路，以磁通的环绕方向作为回线的绕行方向（图 6-4），环形线圈内某处的半径为 R，据式（6-8）则有

$$\oint_l H dl = \sum I$$

$$H_R \cdot 2\pi R = NI$$

则半径 R 处的磁场强度为

$$H_R = \frac{NI}{2\pi R}$$

例 6.2 有一均匀密绕在圆环上的线圈，如图 6-5（a）所示。设线圈的外半径 $R_1 = 162.5 \text{ mm}$，内半径 $R_2 = 137.5 \text{ mm}$，线圈匝数 $N = 1\,500$ 匝，电流 $I = 0.45 \text{ A}$。求圆环内为非铁磁材料时的磁通 Φ。

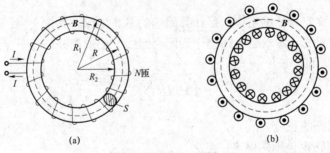

图 6-5 例 6.2 用图

解 由于线圈几何形状的对称性，在圆环内的磁力线都是同心圆且同一磁力线上各点的磁场强度 H 都相等，并与磁力线的切线方向一致。以半径为 R 的磁力线作为闭合回线，根据全电流定律，磁场强度 H 与闭合磁力线的长度 l 的乘积应等于半径为 R 的磁力线内所包围的电流的总和。由图 6-5（b）可知，电流总和为 IN，据式（6-8）则有

$$H = \frac{NI}{2\pi R}$$

由于环境为非铁磁材料，其磁导率为 $\mu \approx \mu_0 = 4\pi \times 10^{-7}$ H/m，则半径为 R 处的磁感应强度为

$$B = \mu_0 H = \mu_0 \frac{NI}{2\pi R}$$

在 $R = R_1$ 处（即圆环的最外圆），磁感应强度 B 最小，在 $R = R_2$ 处（即圆环的最内圆），磁感应强度 B 最大。在实用中常取圆环中心线上的磁感应强度作为平均值，因此螺线管圈内的平均值为

$$B = \mu_0 \frac{NI}{2\pi \frac{(R_1 + R_2)}{2}} = 4\pi \times 10^{-7} \frac{1\,500 \times 0.45}{2\pi \times \frac{(162.5 + 173.5) \times 10^{-3}}{2}} = 8 \times 10^{-4}（\text{T}）$$

$$S = \pi \left(\frac{R_1 - R_2}{2}\right)^2 = 3.14 \times \left(\frac{162.5 - 137.5}{2}\right)^2 = 491（\text{mm}^2）$$

$$\Phi = BS = 8 \times 10^{-4} \times 491 \times 10^{-6} = 3.9 \times 10^{-7}（\text{Wb}）$$

【知识拓展】

1. 通电导体磁场方向判定

磁感应强度的方向与产生该磁场的电流之间的方向关系可用右手螺旋法则来确定：大拇指指向电流方向，四指则指向磁感应强度方向。

（1）通电直导体的磁场方向，如图 6-6 所示。

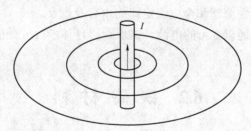

图 6-6　通电直导体的磁场方向

（2）环形通电导体磁场方向，如图 6-7 所示。

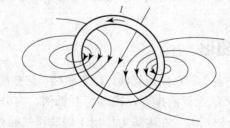

图 6-7　环形通电导体磁场方向

（3）通电螺线管磁场方向，如图 6-8 所示。

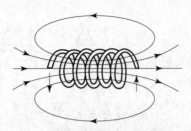

图6-8　通电螺线管磁场方向

2. 磁场中带电导体力的方向判定

磁场中通电导体受力的方向、磁场方向、导体中电流的方向三者之间的关系，可用左手定则来判断，如图6-9所示。

(a)　　　　　　　　　(b)

图6-9　磁场中带电导体力的方向判定
（a）磁场中通电导体所受作用力；（b）左手定则

思考题

（1）磁场的基本物理量有哪些？它们各自的物理意义及相互关系怎样？

（2）试说明磁通连续性原理和全电流定律的内容及意义。

（3）有一长直导体，通以3 A的电流，试求距离导体50 cm处的磁感应强度B和磁场强度H（介质为空气）。

6.2　铁　磁　材　料

铁磁材料主要指铁、镍、钴及其合金等，是制造变压器、电机和电器等各种用电设备的主要材料。铁磁材料的磁导率很大，具有铁芯的线圈，其磁场远比没有铁芯线圈的磁场强，所以电动机变压器等电气设备都要采用铁芯作磁路，其磁性能对电磁设备的性能和工作状态影响较大。

6.2.1　铁磁材料的磁化

磁化和磁化曲线

铁磁材料内部存在着许多小的自然磁化区，称为磁畴。这些磁畴犹如小的磁铁，在无外磁场作用时呈杂乱无章的排列，磁场相互抵消，对外不显磁性，如图6-10（a）所示。当有外磁场时，在磁场力作用下磁畴将按照外磁场方向顺序排列，产生一个很强的附加磁场，此时称铁磁材料被磁化。磁化后，附加磁场与外磁场相叠加，从而使铁磁材料内的磁场大大增强，铁磁材料具有很强的可磁化特性，如图6-10（b）所示。

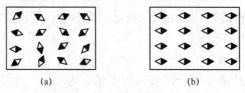

图6-10 铁磁材料磁畴示意图
(a) 磁化前；(b) 磁化后

6.2.2 磁化曲线

1. 磁化曲线的定义

磁化曲线是用来描述铁磁性物质磁化特性的。铁磁性物质的磁感应强度 B 随磁场强度 H 变化的曲线，称为磁化曲线，也叫 $B-H$ 曲线。

2. 磁化曲线的测定

图 6-11（a）给出了测定磁化曲线的试验电路。将待测的铁磁物质制成圆环形，线圈密绕于环上。励磁电流由电流表测得，磁通由磁通表测得。

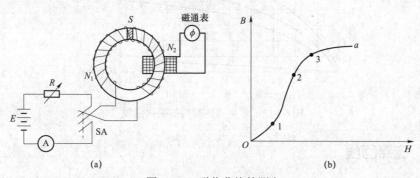

图6-11 磁化曲线的测定
（a）测量磁化曲线示意图；（b）磁化曲线

试验前，待测的铁芯是去磁的（即当 $I=0$ 时，$B=0$）。试验开始，接通电路，使电流 I 由零逐渐增加，即 H 由零逐渐增加，B 随之变化。以 H 为横坐标、B 为纵坐标，将多组 $B-H$ 对应值逐点描出，就是磁化曲线。由图 6-11（b）可以看出，B 与 H 的关系是非线性的，即磁导率 $\mu = \dfrac{B}{H}$ 不是常数。

3. 分析

$B-H$ 曲线分为 3 段。

（1）起始磁化段（曲线的 0~1 段）。曲线上升缓慢，这是由于磁畴的惯性，当 H 从 0 开始增大时，B 增加很慢。

（2）直线段（曲线的 1~2 段）。随着 H 的增大，B 几乎呈直线上升，这是由于磁畴在外磁场作用下大部分都趋向 H 的方向，B 增加很快，曲线较陡。

（3）饱和段（曲线的 2~3 段）。随着 H 的增加，B 的上升又比较缓慢了，这是由于大部分磁畴方向已转向 H 方向，随着 H 的增加只有少数磁畴继续转向，B 的增加变慢。到达 3 点以后，磁畴几乎全部转到外磁场方向，再增大 H 值，也几乎没有磁畴可以转向了，曲线变得平坦，这时的磁感应强度叫饱和磁感应强度。不同的铁磁性物质，B 的饱和值是不同的，但对每一种材料，B 的饱和值却是一定的。对于电机和变压器，通常都是工作在曲线的 2～3 段（即接近饱和的地方）。

4. 磁化曲线的意义

在磁化曲线中，已知 H 值就可查出对应的 B 值。因此，在计算介质中的磁场问题时，磁化曲线是一个很重要的依据。

图 6-12 给出了几种不同铁磁性物质的磁化曲线。从曲线上可以看出，当 $H=0.7\times10^3$ A/m 时，铸铁 $B_a=0.12$ T，铸钢 $B_b=1.04$ T，硅钢片 $B_c=1.2$ T。比较可得，在相同的磁场强度 H 下，硅钢片的 B 值最大，铸铁的 B 值最小，说明硅钢片的导磁性能比铸铁要好得多。

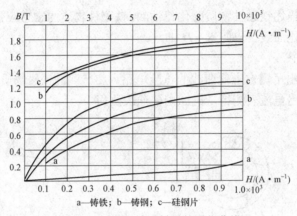

图 6-12 常见铁磁材料的磁化曲线

6.2.3 磁滞回线

上面讨论的磁化曲线，只是反映了铁磁性物质在外磁场由零逐渐增强时的磁化过程。但在很多实际应用中，铁磁性物质是工作在交变磁场中的，所以，有必要研究铁磁性物质反复交变磁化的问题。

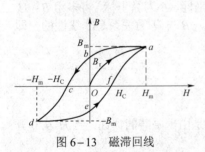

图 6-13 磁滞回线

当磁场强度 H 的大小和方向反复变化时，磁性材料在交变磁场中反复磁化，其磁化曲线是一条回形闭合曲线，称为磁滞回线，如图 6-13 所示。

从图 6-13 中可以看到，当 H 从 0 增加到 H_m 时，B 沿 Oa 曲线上升到饱和值 B_m，随后 H 值从 H_m 逐渐减小，B 值也随之减小，但 B 并不沿原来的 Oa 曲线下降，而是沿另一条曲线 ab 下降；当 H 降为零时，B 下降到 B_r 值。这是由于铁磁材料被磁化后，磁畴已经按顺序排列，即使撤掉外磁场也不能完全恢复到其杂乱无章的排列，而对外仍显示出一定的磁性，这一特性称为**剩磁**，即图中的 B_r 值。永久磁铁的磁性就是由剩磁产生的。要使剩磁消失，必须改变 H 的方向。当 H 向反方向达到 H_C 时，剩磁消失，H_C 称为矫顽力。铁磁材料在磁化过程中，B 的变化落后于 H 的变化，这一现象称为磁滞。

当继续增加反向 H 值时，铁磁材料被反方向磁化，当反向 H 值达到反向最大值 H_m 时，

B 值也随之增加到反方向的饱和值 B_m。当 H 完成一个循环，铁磁材料的 B 值即沿闭合曲线 $abcdefa$ 变化，这个闭合曲线称为磁滞回线。

6.2.4 铁磁材料的磁性能

铁磁材料的磁性能主要表现为高导磁性、磁饱和性和磁滞性。

1. 高导磁性

铁磁材料的磁导率通常都很高，可达 $10^2 \sim 10^4$ 数量级（如坡莫合金的 μ_r 高达 2×10^5），即 $\mu_r \gg 1$。铁磁材料的磁化现象，说明了铁磁材料具有很高的导磁性能，磁性物质的高导磁性被广泛地应用于电工设备中，如电机、变压器及各种铁磁元件的线圈中都放有铁芯。在这种具有铁芯的线圈中通入不太大的电流，便可以产生较大的磁通和磁感应强度。

非铁磁材料不能被磁化，因此其磁导率很小，基本保持不变。

2. 磁饱和性

铁磁材料由于磁化所产生的附加磁场不会随着外加磁场的增强而无限增强，当外加磁场增大到一定程度时，附加磁场的磁感应强度将趋向某一定值，不再随外加磁场的增强而增强，达到饱和。

由磁化曲线（图 6-11）可知，$B-H$ 关系是非线性的，当 H 较小时，B 增长很快，如曲线的 1→2 段，随后 B 的增长就逐渐缓慢了；过了 3 点后，即便 H（或 I）增加很大，B（或 Φ）的数值几乎不再增长，即进入饱和状态。实际工程应用中，称 2 点为"膝"点，3 点为饱和点，通常要求磁性材料工作在曲线的"膝"点附近，以便用小电流产生较强的磁场。

3. 磁滞性

铁磁材料的磁滞特性是在交变磁化中体现出来的。当磁场强度 H 的大小和方向反复变化时，由图 6-13 可知，当 H 已回到零时，B 的值未回到零，而是 $B = B_r$，B 的变化落后于 H 的特性。

6.2.5 铁磁性材料的分类及其应用

铁磁材料在工程技术上应用很广，不同的磁性材料其导磁性能不相同，其磁滞回线和磁化曲线也不同。根据磁滞回线的不同，可将磁性材料分为软磁性材料、硬磁性材料和矩磁性材料 3 类。

1. 软磁性材料

图 6-14（a）所示为软磁材料的磁滞回线。这类材料的剩磁、矫顽力、磁滞损耗都较小，

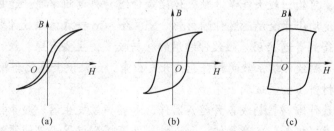

图 6-14 不同磁性材料的磁滞回线
（a）软磁性材料；（b）硬磁性材料；（c）矩磁性材料

磁滞回线狭长，容易磁化，也容易退磁，适用于交变磁场，可用来制造变压器、继电器、电磁铁、电机以及各种高频电磁元件铁芯。

常用的软磁材料有铸钢、铸铁、硅钢片、玻莫合金和铁氧体等，其中硅钢片是制造变压器、交流电动机、接触器和交流电磁铁等电气设备的重要导磁材料；铸铁、铸钢一般用来制造电动机的机壳；而铁氧体是用来制造高频磁路的导磁材料。

2. 硬磁性材料

图 6-14（b）所示为硬磁性材料的磁滞回线。它的剩磁、矫顽力、磁滞损耗都较大，磁滞回线较宽，磁滞特性显著，磁化后能得到很强的剩磁，而不易退磁，因此，这类材料适用于制造永久磁铁。

广泛应用于各种磁电式测量仪表、扬声器、永磁发电机以及通信装置中。常用的硬磁性材料有碳钢、钨钢、铝镍钴合金、钡铁氧体等。

3. 矩磁性材料

矩磁性材料的磁滞回线形状近似于矩形，如图 6-14（c）所示。它的剩磁很大，但矫顽力较小，易于翻转，在很小的外磁场作用下就能磁化，一经磁化便达到饱和值，去掉外磁场，磁性仍能保持在饱和值。矩磁性材料主要用来做记忆元件，如计算机存储器等。

 【知识拓展】

磁致伸缩与磁致伸缩材料

1. 磁致伸缩

磁致伸缩是指铁磁体在被外磁场磁化时，由于其磁化状态的改变而引起它的线度和体积变化的现象，包括体磁致伸缩和线磁致伸缩。体磁致伸缩系数是指体积的相对变化 ΔV 与原体积 V 之比，其绝对值很小，约为 10^{-6}。线磁致伸缩系数是指沿铁磁体磁化方向的长度磁化状态改变前后的相对变化 Δl 与原有长度 l 之比，线磁致伸缩的变化量级为 $10^{-5} \sim 10^{-6}$。线磁致伸缩系数的大小是铁磁物质的属性，不同的铁磁材料，线磁致伸缩系数可以相差很大。磁致伸缩引起的体积和长度变化虽是微小的，但其长度的变化比体积变化大得多，是人们研究应用的主要对象。磁致伸缩效应是焦耳在 1842 年发现的。

2. 磁致伸缩材料

具有磁致伸缩特性的材料，称为磁致伸缩材料。磁致伸缩材料根据其成分不同可分为金属磁致伸缩材料和铁氧体磁致伸缩材料。金属磁致伸缩材料电阻率低，饱和磁通密度高，磁致伸缩系数 λ 大（$\lambda = \Delta l/l$，l 为材料原来的长度，Δl 为在磁场 H 作用下的长度改变量），用于低频大功率换能器，可输出较大能量。铁氧体磁致伸缩材料电阻率高，适用于高频，但磁致伸缩系数和磁通密度均小于金属磁致伸缩材料。Ni-Zn-Co 铁氧体磁致伸缩材料由于磁致伸缩系数 λ 的提高而得到普遍应用。磁致伸缩用的材料较多，主要有镍、铁、钴、铝类合金与镍铜钴铁氧陶瓷。高磁致伸缩系数的材料也被开发出来，如铽铁金属化合物（$TbFe_2$、$TbFe_3$）和非晶体磁致伸缩材料（金属玻璃）等。

工程上常用磁致伸缩材料制成各种超声器件，如超声波发生器、超声接收器、超声探伤器、超声钻头、超声焊机等；回声器件，如声呐、回声探测仪等；机械滤波器、混频器、压力传感器以及超声延迟线等。例如，利用磁致伸缩系数大的硅钢片制取的应力传感器多用于 1 t 以上重量的检测中，其输入应力与输出电压成正比，一般精度为 1%～2%，高的可达 0.3%～

0.5%，磁致伸缩转矩传感器可以测出小扭角下的转矩。

思考题

（1）铁磁材料的磁化曲线具有怎样的特征？

（2）铁磁材料的磁性能有哪些？

（3）已知铸铁的 $B_1 = 0.3$ T，$B_2 = 0.9$ T，$B_3 = 1.1$ T，请从图 6-12 中查出它们各自对应的磁场强度是多少？

6.3　磁路及磁路基本定律

6.3.1　磁路的概念

磁路基本
定律

1. 主磁通和漏磁通

线圈中通过电流就会产生磁场，磁感应线会分布在线圈周围的整个空间。如果把线圈绕在铁芯上，由于铁磁性材料的高导磁性，电流所产生的大部分磁通都局限在铁芯内，经过铁芯、衔铁和工作气隙形成闭合回路，这部分磁通称为主磁通，如图 6-15 所示。还有一小部分磁通没有经过衔铁和工作气隙，而是经过空气自成回路，这部分磁通称为漏磁通。漏磁通相对于主磁通而言，所占的比例很小，所以一般忽略不计。

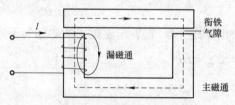

图 6-15　主磁通和漏磁通

2. 磁路

磁路是指磁通经过的闭合路径。其分为有分支磁路和无分支磁路。在无分支磁路中，通过每一个横截面积的磁通都相等。在变压器、电动机等电气设备中，为了把磁通约束在一定的空间范围内，均采用高磁导率的硅钢片等铁磁材料制造铁芯，使绝大部分磁通经过铁芯形成闭合通路，图 6-16 所示为几种电气设备的磁路。图 6-16（a）所示为电磁铁的磁路；图 6-16（b）所示为单相变压器的磁路，它由同一种铁磁材料构成；图 6-16（c）所示为直流电机的

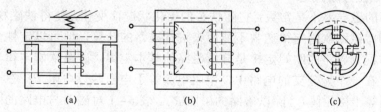

(a)　　　　　　　　　　(b)　　　　　　　　　　(c)

图 6-16　几种电气设备的磁路

（a）电磁铁的磁路；（b）变压器的磁路；（c）直流电机的磁路

磁路。与电路相类似，磁路也可分为无分支磁路和有分支磁路两种。图 6-16（a）和图 6-16（c）为有分支磁路，图 6-16（b）为无分支磁路。

【特别提示】

（1）电磁铁和直流电机的两种磁路常由几种不同的材料构成，而且磁路中还有很短的空气隙。

（2）实际电路中有大量电感元件的线圈中有铁芯。线圈通电后铁芯就构成磁路，磁路又影响电路。因此，电工技术不仅有电路问题，同时也有磁路问题。

6.3.2　磁路欧姆定律

线圈如图 6-17 所示，其中介质是均匀的，磁导率为 μ，若在匝数为 N 的绕组中通以电流 I，磁路的平均长度为 l，线圈内部的磁通为

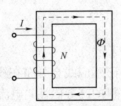

图 6-17　线圈电路

$$\Phi = BS = \mu HS = \mu \frac{NI}{l} S = \frac{NI}{\dfrac{l}{\mu S}} = \frac{Hl}{\dfrac{l}{\mu S}} = \frac{U_{\mathrm{m}}}{R_{\mathrm{m}}} \qquad (6-10)$$

式（6-10）称为磁路的欧姆定律，它表示磁路中的磁通等于磁压降 U_{m} 除以磁阻 R_{m}。

式中　　U_{m}——磁压降，A，$U_{\mathrm{m}} = Hl$；　　　　　　　　　　　　　　　　　　（6-11）

　　　　R_{m}——磁阻，$\mathrm{H^{-1}}$，$R_{\mathrm{m}} = \dfrac{l}{\mu S}$。　　　　　　　　　　　　　　　（6-12）

由式（6-12）可见，磁阻 R_{m} 的大小不但与磁路的长度 l 和横截面积 S 有关，还与磁路材料的磁导率 μ 有关。当 l 和 S 一定时，μ 越大，R_{m} 越小；μ 越小，R_{m} 越大。铁磁材料的 μ 一般很大，所以 R_{m} 很小。而非铁磁材料如空气、纸等的 μ 接近于 μ_0，所以它们的 R_{m} 很大。若磁路中含有空气隙，如图 6-16（a）中电磁铁的磁路所示，磁路中有空气隙时所需要的磁压降要远远大于没有空气隙时的磁压降。所以，当磁路的长度和截面积已确定时，为了减小磁压降（即减小励磁电流或线圈匝数），除了选择高磁导率的磁性材料外，还应当尽可能地缩短磁路中不必要的空气隙长度。

由于铁芯的磁导率不是常数，它随铁芯的磁化状况而变化，使得铁磁物质的磁阻 R_{m} 不是常数，因此磁路欧姆定律通常不能用来进行磁路的计算，但可以定性分析电气设备磁路的工作情况。磁路的欧姆定律是分析磁路的基本定律。磁路欧姆定律与电路欧姆定律形式相似，在一个无分支的电路中，电阻电流等于电压除以电阻 R；在一个无分支的磁路中，磁通等于磁压降 U_{m} 除以磁路的磁阻 R_{m}。表 6-1 对磁路与电路的欧姆定律进行了比较。

表6-1 磁路与电路欧姆定律的对比

电路	磁路
电流 I	磁通 Φ
电阻 $R = \rho \dfrac{l}{S}$	磁阻 $R_{\mathrm{m}} = \dfrac{l}{\mu S}$
电阻率 ρ	磁导率 μ
电压 U	磁压降 $U_{\mathrm{m}} = Hl$
电路欧姆定律 $I = \dfrac{U}{R}$	磁路欧姆定律 $\Phi = \dfrac{U_{\mathrm{m}}}{R_{\mathrm{m}}}$

6.3.3 磁路基尔霍夫定律

与电路类似,磁路也存在基尔霍夫定律,它是分析有分支磁路的重要工具。

1. 磁路基尔霍夫第一定律(KCL)

磁路基尔霍夫第一定律(KCL)表明,对于磁路中的任一节点,通过该节点的磁通代数和为零,即

$$\sum \Phi = 0 \tag{6-13}$$

它是磁通连续性的体现。

如图6-18所示,对于节点A,若把进入节点的磁通取"+"号,离开节点的磁通取"-"号,则有

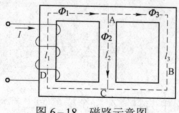

图6-18 磁路示意图

$$\Phi_1 - \Phi_2 - \Phi_3 = 0$$

2. 磁路基尔霍夫第二定律(KVL)

磁路基尔霍夫第二定律(KVL)表明,沿磁路中的任意回路,磁压降 Hl 的代数和等于磁通势 NI 的代数和,即

$$\sum (Hl) = \sum (NI) \tag{6-14}$$

它说明磁路的任意回路中磁压降和磁通势的关系。当某段磁通的参考方向(即 $\boldsymbol{H}$ 的方向)与回路的绕行方向一致时,该段的磁压降 Hl 取"+"号,否则取"-"号;励磁电流的参考方向与回路的绕行方向符合右手螺旋法则时,该段的磁通势 NI 取"+"号,否则取"-"号。

如图6-18所示,对回路BCD,则有

$$H_1 l_1 + H_3 l_3 = NI$$

式中　H_1——CDA 段的磁场强度；

　　　l_1——CDA 段的平均长度；

　　　H_3——ABC 段的磁场强度；

　　　l_3——ABC 段的平均长度。

磁路中的基尔霍夫定律与电路中的基尔霍夫定律相似，可以对比着记忆。表 6-2 对磁路与电路的基尔霍夫定律进行了比较。

表 6-2　磁路与电路的基尔霍夫定律对比

磁路	电路
KCL：$\sum \Phi = 0$	KCL：$\sum I = 0$
KVL：$\sum(Hl) = \sum(NI)$	KVL：$\sum U = 0$

应该指出，磁路与电路只是数学公式形式上有许多相似之处，它们的本质是不同的。

6.3.4　简单磁路的分析计算

计算磁路时，一般磁路各段的尺寸和材料的 $B-H$ 曲线都是已知的，主要任务是按照所定的磁通、磁路，求产生预定的磁通所需要的磁通势 $F = NI$，确定线圈匝数和励磁电流。磁路可分为无分支磁路和有分支磁路。这里只讨论恒定磁通无分支磁路的计算问题。

1. 基本公式

设磁路由不同材料或不同长度和截面积的 n 段组成，则基本公式为

$$NI = H_1 l_1 + H_2 l_2 + H_3 l_3 + \cdots + H_n l_n$$

即

$$NI = \sum_{i=1}^{n} H_i l_i$$

2. 基本步骤

当漏磁通忽略不计时，磁路中的磁通在每个横截面上都相等，这样恒定磁通无分支磁路的计算可按以下步骤进行。

主思路：由磁通 Φ 求磁通势 $F = NI$。

（1）求各段磁感应强度 B_i。

各段磁路截面积不同，通过同一磁通 Φ，故有

$$B_1 = \frac{\Phi}{S_1}, \ B_2 = \frac{\Phi}{S_2}, \cdots, \ B_n = \frac{\Phi}{S_n}$$

（2）求各段磁场强度 H_i。

根据各段磁路材料的磁化曲线 $B_i = f(H_i)$，求 B_1，B_2，…相对应的 H_1，H_2，…，即

$$H_1 = \frac{B_1}{\mu_1}, \ H_2 = \frac{B_2}{\mu_2}, \cdots, \ H_n = \frac{B_n}{\mu_n}$$

（3）计算各段磁路的磁压降 $H_i l_i$。

（4）根据下式求出磁通势 NI，即

$$NI = \sum_{i=1}^{n} H_i l_i$$

例6.3 一个具有闭合的均匀的铁芯线圈，其匝数为300，铁芯中的磁感应强度为0.9 T，磁路的平均长度为 45 cm，试求：① 铁芯材料为铸铁时线圈中的电流；② 铁芯材料为硅钢片时线圈中的电流。

解 ① 查铸铁材料的磁化曲线。当 $B=0.9$ T 时，磁场强度 $H=9\,300$ A/m，则

$$I_{铸铁} = \frac{Hl}{N} = \frac{9\,300 \times 0.45}{300} = 13.95（A）$$

② 查硅钢片材料的磁化曲线。当 $B=0.9$ T 时，磁场强度 $H=260$ A/m，则

$$I_{硅钢片} = \frac{Hl}{N} = \frac{260 \times 0.45}{300} = 0.39（A）< 13.95\ A$$

结论如下。

① 如果要得到相等的磁感应强度，采用磁导率高的铁芯材料可以降低线圈电流。

在例6.3①和②两种情况下，如线圈中通有同样大小的电流0.39 A，要得到相同的磁通 Φ，铸铁材料铁芯的截面积和硅钢片材料铁芯的截面积哪一个比较小？

分析：如线圈中通有同样大小的电流 0.39 A，匝数和磁路的平均长度如已知条件，则铁芯中的磁场强度是相等的，都是 260 A/m。

查磁化曲线可得，$B_{铸铁}=0.05$ T，$B_{硅钢}=0.9$ T，$B_{硅钢}$ 是 $B_{铸铁}$ 的 17 倍。因 $\Phi=BS$，如要得到相同的磁通 Φ，则铸铁铁芯的截面积必须是硅钢片铁芯的截面积的 17 倍。

② 如果线圈中通有同样大小的励磁电流，要得到相等的磁通，采用磁导率高的铁芯材料可使铁芯的用铁量大为降低。

例6.4 有一环形铁芯线圈，其内径为 10 cm、外径为 15 cm，铁芯材料为铸钢。磁路中含有一空气隙，其长度等于 0.2 cm。设线圈中通有 1 A 的电流，如要得到 0.9 T 的磁感应强度，试求线圈匝数。

解 空气隙的磁场强度为

$$H_0 = \frac{B_0}{\mu_0} = \frac{0.9}{4\pi \times 10^{-7}} = 7.2 \times 10^5（A/m）$$

铸钢铁芯的磁场强度：查铸钢的磁化曲线，$B=0.9$ T 时，磁场强度 $H_1=500$ A/m。磁路的平均总长度为

$$l = \pi \times \frac{10+15}{2} = 39.2（cm）$$

铁芯的平均长度为 $\quad l_1 = l - \delta = 39.2 - 0.2 = 39（cm）$

对各段有 $\quad H_0 \delta_0 = 7.2 \times 10^5 \times 0.2 \times 10^{-2} = 1\,440（A）$

$$H_1 l_1 = 500 \times 39 \times 10^{-2} = 195（A）$$

总磁通势为 $\quad NI = H_0 \delta + H_1 l_1 = 1\,440 + 195 = 1\,635（A）$

线圈匝数为 $\quad N = \frac{NI}{I} = \frac{1\,635}{I} = 1\,635（匝）$

可见，磁路中含有空气隙时，由于其磁阻较大，磁通势几乎都降在空气隙上面。所以，线圈匝数一定，磁路中含有空气隙时，由于其磁阻较大，要得到相等的磁感应强度，必须增大励磁电流（设线圈匝数一定）。

思考题

（1）什么是磁路？分哪几种类型？

（2）磁路中的空气隙很小，为什么磁阻却很大？

（3）某磁路存在一个长 2 mm、横截面积为 30 cm^2 的气隙，试求该气隙的磁阻。

（4）有一 40 匝的均匀密绕的环形铁芯线圈，铁芯材料为铸钢。其平均直径为 40 cm，试求要在线圈中心产生 1.25 T 的磁感应强度，线圈中应通以多大的电流？

 【知识拓展】

磁性记录器件

磁性记录器件中，主要有磁头和磁带。

1. 磁头

磁头由 3 个基本部分构成，即环形铁芯、绕在铁芯两侧的线圈和工作气隙。磁头装在一个坡莫合金的外壳中，金属外壳可起磁屏蔽作用。

环形铁芯是由具有良性磁性能的软磁材料制成的。这种铁芯的磁导率高，饱和磁感应强度大，能在线圈电流磁场的磁化下产生很强的磁感应强度，磁滞损耗和涡流损耗小。

磁头从工作性质上分有录音磁头、放音磁头和抹音磁头。在一般简单磁性记录系统中，录音磁头和放音磁头合为一个，叫录放磁头。抹音磁头是为了在录音前消除磁带原来记录的信号。在放音过程中，抹音磁头不起作用。抹音方式分交流抹音和直流抹音两种。

2. 磁带

磁带是用聚酯塑料作为基带，上面涂以硬的强磁性粉制成，这层磁性材料称为磁性层。磁带背面涂有一层润滑剂，这种润滑剂通常用石墨原料制成。根据所用磁粉和制造工艺的不同，磁带可分为普通带、铁铬带和金属带。按上述顺序，性能一个比一个好。根据用途，磁带又分为单声道磁带和立体声磁带。

3. 磁带录音原理

硬磁性材料被磁化以后，还留有剩磁，剩磁的强弱和方向随磁化时磁性的强弱和方向而定。录音磁带是由带基、黏合剂和磁粉层组成。带基一般采用聚碳酸酯或氯乙烯等制成。磁粉是用剩磁强的 r–Fe$_2$O$_3$ 或 CrO$_2$ 细粉。录音时，是把与声音变化相对应的电流，经过放大后送到录音磁头的线圈内，使磁头铁芯的缝隙中产生集中的磁场。随着线圈电流的变化，磁场的方向和强度也作相应的变化。当磁带匀速地通过磁头缝隙时，磁场就穿过磁带并使它磁化。由于磁带离开磁头后留有相应的剩磁，其极性和强度与原来的声音相对应。磁带由精密的伺服机械以稳定和均匀的速度运动，由于磁带紧贴磁头纵向运动，所以，通过磁头缝隙的磁带就被磁化，电信号因此被记录下来，声音也就不断地被记录在磁带上。

要使记录信号重现时，可将磁带以同样速度通过录音磁头，磁带的剩余磁感应强度在放音磁头中产生变化的磁通，使放音磁头的线圈中产生感应电流，把大小变化的感应电流放大送给扬声器，就可重现信号。

6.4　电　磁　铁

电磁铁的应用十分广泛，如工业生产中使用的起重电磁铁，铁路信号系统中的继电器、电气设备中的接触器、继电器、制动器，液压电磁阀，用于锻造加工的电动锤等。其核心部件都是电磁铁，电磁铁是利用通电的铁芯线圈吸引衔铁而工作的电器。

电磁铁由于用途不同其形式各异，图 6-19 是电磁铁的几种常见结构形式，但基本结构相同，都是由① 励磁线圈、② 静铁芯和③ 衔铁（动铁芯）组成。当励磁线圈通电时，静铁芯和衔铁被磁化而相互吸引，使衔铁动作；断电后，电磁力消失，衔铁借助其他非电磁力复位。

电磁铁

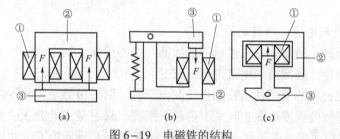

图 6-19　电磁铁的结构
（a）马蹄式起重电磁铁；（b）拍合式继电器；（c）螺管式液压电磁阀

电磁铁根据使用电源不同，分为直流电磁铁和交流电磁铁两大类型。

如果按照用途来划分电磁铁，主要可分成以下 5 种。

（1）牵引电磁铁，主要用来牵引机械装置、开启或关闭各种阀门，以执行自动控制任务。

（2）起重电磁铁，用作起重装置来吊运钢锭、钢材、铁砂等铁磁性材料。

（3）制动电磁铁，主要用于对电动机进行制动以达到准确停车的目的。

（4）自动电器的电磁系统，如电磁继电器和接触器的电磁系统、自动开关的电磁脱扣器及操作电磁铁等。

（5）其他用途的电磁铁，如磨床的电磁吸盘以及电磁振动器等。

6.4.1　交流铁芯线圈

1. 交流铁芯线圈电压与磁通的关系

图 6-20 所示为一交流铁芯线圈。设铁芯内的主磁通随时间按正弦规律变化，即

$$\Phi = \Phi_{\mathrm{m}} \sin \omega t$$

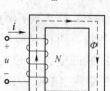

图 6-20　交流铁芯线圈示意图

不计线圈电阻和漏磁通时，线圈两端的电压为

$$u = N\frac{\mathrm{d}\Phi}{\mathrm{d}t} = \omega N\Phi_\mathrm{m}\sin(\omega t + 90°) = U_\mathrm{m}\sin(\omega t + 90°) \qquad (6-15)$$

式中 U_m——交流铁芯线圈电压振幅，$U_\mathrm{m} = \omega N\Phi_\mathrm{m} = 2\pi f N\Phi_\mathrm{m}$。

式（6-16）表明，当铁芯线圈的磁通是时间的正弦函数时，铁芯线圈的电压也是同频的正弦函数，其相位超前于磁通 $90°$。

有效值为

$$U = \frac{U_\mathrm{m}}{\sqrt{2}} = \frac{2\pi f N\Phi_\mathrm{m}}{\sqrt{2}} = \sqrt{2}\pi f N\Phi_\mathrm{m} = 4.44 f N\Phi_\mathrm{m} \qquad (6-16)$$

式（6-16）表明，在忽略线圈电阻 R 及漏磁通 Φ_σ 的条件下，当线圈匝数 N 及电源频率 f 一定时，主磁通的幅值 Φ_m 由励磁线圈外的电压有效值 U 确定，与铁芯的材料及尺寸无关。

2. 交流铁芯线圈电流与磁通的关系

不计线圈内阻时，绕在非铁磁性材料的线圈（空心线圈）的电路模型是线性电感元件。若外施电压为正弦量，线圈内的电流也是正弦量。

而绕在铁磁性材料的交流铁心线圈接正弦电压时，磁通虽然是正弦量，但由于铁心磁化曲线的非线性，导致电流波形发生畸变不再是正弦波。磁通 Φ 与电流 i 的关系可有铁磁性材料的 $B-H$ 曲线转换而来。由于铁心磁路中的磁场强度 H 与磁通势 F 成正比，而磁感应强度 B 则与磁通 Φ 成正比，所以，$\Phi-i$ 关系的曲线与 $B-H$ 曲线形状相似，即磁通与电流的关系也不是线性关系。

6.4.2 直流电磁铁

图 6-21 所示为直流电磁铁的结构示意图。当电磁铁的励磁线圈中通入励磁电流时，铁芯对衔铁产生吸力。衔铁受到的吸力与两磁极间的磁感应强度 B 成正比，在 B 为一定值的情况下，吸力的大小还与磁极的面积成正比，即 $F \propto B^2 S$。经过计算，作用在衔铁上的吸力用公式表示为

$$F = \frac{B_0^2}{2\mu_0}S \qquad (6-17)$$

式中 F——电磁吸力，N；

B_0——空气隙中的磁感应强度，T；

μ_0——空气的磁导率，$\mu_0 = 4\pi \times 10^{-7}$ H/m。

S——铁芯的横截面积，m^2，在图 6-21 中，$S = 2S'$。

直流电磁铁的吸力 F 与空气隙的关系，即 $F = f_1(\delta)$；电磁铁的励磁电流 I 与空气隙的关系，即 $I = f_2(\delta)$，称为电磁铁的工作特性。可由试验得出，其特性曲线如图 6-22 所示。

从图 6-22 中可见，直流电磁铁的励磁电流 I 的大小与衔铁的运动过程无关，只取决于电源电压和线圈的直流电阻，而作用在衔铁上的吸力则与衔铁的位置有关。当电磁铁启动时，衔铁与铁芯之间的空气隙最大，磁阻最大，因磁动势不变，磁通最小，磁感应强度也最小，吸力最小。当衔铁吸合后，$\delta = 0$，磁阻最小，吸力最大。

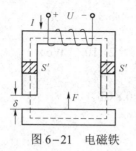

图 6-21 电磁铁

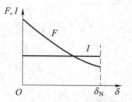

图 6-22 直流电磁铁的工作特性

例 6.5 直流电磁铁如图 6-20 所示。已知磁路中磁通 $\Phi = 2 \times 10^{-4}$ Wb，$S' = 2$ cm^2。试求电磁铁的电磁吸力。

解
$$S = 2S' = 2 \times 2 = 4\,(\text{cm}^2)$$

气隙磁路的截面与铁芯的截面相等，所以

$$B_0 = \frac{\Phi}{S'} = \frac{2 \times 10^{-4}}{2 \times 10^{-4}} = 1\,(\text{T})$$

$$F = \frac{B_0^2}{2\mu_0} S = \frac{1^2}{2 \times 4\pi \times 10^{-7}} \times 4 \times 10^{-4} = 159\,(\text{N})$$

6.4.3 交流电磁铁

交流电磁铁与直流电磁铁在原理上并无区别，只是交流电磁铁的励磁线圈上加的是交流电压，电磁铁中的磁场是交变的。设电磁铁中磁感应强度 B 按正弦规律变化，即

$$B = B_\text{m} \sin \omega t$$

代入式（6-17），得电磁吸力的瞬时值为

$$F(t) = \frac{S}{2\mu_0}(B_\text{m} \sin \omega t)^2 = \frac{SB_\text{m}^2}{2\mu_0} \times \frac{1 - \cos 2\omega t}{2} \tag{6-18}$$

由式（6-18）可得，瞬时吸力的最大值是 $F_\text{m} = \dfrac{SB_\text{m}^2}{2\mu_0}$，最小值为零，交流电磁铁吸力的方向一定，不会出现反方向的吸力。

瞬时吸力在一个周期内的平均值为

$$F_\text{av} = \frac{1}{T}\int_0^T F(t)\mathrm{d}t = \frac{1}{T}\int_0^T \left(\frac{SB_\text{m}^2}{2\mu_0} \times \frac{1 - \cos 2\omega t}{2}\right)\mathrm{d}t = \frac{SB_\text{m}^2}{4\mu_0} \tag{6-19}$$

由式（6-19）可得，瞬时吸力的平均值是最大值的一半，即 $F_\text{av} = \dfrac{1}{2}F_\text{m}$。通常交流电磁铁的吸力都是指平均吸力。式中 $\Phi_\text{m} = B_\text{m}S$ 为磁通的最大值，在外加电压一定时，交流磁路中磁通的最大值基本保持不变（$\Phi_\text{m} = \dfrac{U}{4.44\,fN}$）。因此，交流电磁铁在吸合衔铁的过程中，电磁吸力的平均值也基本保持不变。

例 6.6 如果图 6-21 所示为一交流电磁铁，铁芯面积 $S = 2.5$ cm^2，励磁线圈的额定电压 $U = 380$ V，频率 $f = 50$ Hz，匝数 $N = 8\,560$ 匝。试求电磁铁的平均电磁吸力。

解 据式（6-16）得

主磁通的最大值为

$$\Phi_m = \frac{U}{4.44Nf} = \frac{380}{4.44 \times 50 \times 8\ 560} \approx 2 \times 10^{-4}\ (\text{Wb})$$

$$B_m = \frac{\Phi_m}{S} = \frac{2 \times 10^{-4}}{2.5 \times 10^{-4}} = 0.8\ (\text{T})$$

电磁铁的平均电磁吸力为

$$F_{av} = \frac{SB_m^2}{4\mu_0} = \frac{2.5 \times 10^{-4} \times 0.8^2}{4 \times 4\pi \times 10^{-7}} = 31.8\ (\text{N})$$

从式（6-18）中可见，交流电磁铁吸力的方向一定，但电磁吸力是脉动的，在零和最大值之间变动，因此工作时要产生振动，从而产生噪声和机械磨损。为了减小衔铁的振动，可在磁极的部分端面上嵌装上一个铜制的短路环，如图 6-23 所示。当总的交变磁通 Φ 的一部分 Φ_1 穿过短路环时，环内产生感应电流，阻止磁通 Φ_1 变化，从而造成环内磁通 Φ_1 与环外磁通 Φ_2 产生相位差，于是有这两部分磁通产生的吸力不会同时为零，使振动减弱。

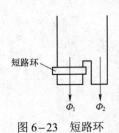

图 6-23　短路环

交流电磁铁不安装短路环，会引起衔铁震动，产生冲击。交流电路中的电铃就是利用这种震动制作的。给线圈通上交流电，就可以产生交流变化的磁场，可以直接带动小锤子不断撞击铃体发出声音。

需要指出的是，交流铁芯线圈由于交流电压一定，则主磁通 Φ_m 一定。励磁电流与磁路的结构、材料、空气隙 δ 大小有关。当磁路的气隙 δ 增大，磁阻 R_m 增大，必然引起磁通势 NI 增大，也就是励磁电流 I 增大。所以，交流电磁铁在衔铁未吸合前，气隙 δ 大，磁阻 R_m 大，励磁电流 I 大；当交流电磁铁在衔铁吸合后，气隙 δ 减小接近于零，励磁电流 I 很快减小到额定值。如果由于某种意外原因电磁铁的衔铁被卡住，或因为工作电压低落不能吸合，则线圈会因为长时间通过很大的电流，会使线圈过热而烧毁。

【特别提示】

即使额定电压相同，交、直流电磁铁决不能互换使用。

下面将交、直流电磁铁的特点作以比较，如表 6-3 所示。

表 6-3　交、直流电磁铁比较

内　容	直流电磁铁	交流电磁铁
铁芯结构	由整块软钢制成，无短路环	由硅钢片制成，有短路环
吸合过程	电流不变，吸力逐渐加大	电流变小，吸力不变
吸合后	无振动	有轻微震动
吸合不好时	线圈不会过热	线圈会过热，可能烧坏

应用实例：图 6-24 所示为应用电磁铁实现制动机床或起重机电动机的基本结构，其中电动机和制动轮同轴。

原理：当接通电源，电动机通电运行时，电磁铁的励磁线圈同时通电，衔铁被吸合并拉紧弹簧，抱闸被提起，装置在电动机转轴上的制动轮被松开，使电动机能够自由转动；当断

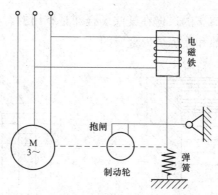

图 6-24　应用电磁铁实现制动的装置

开电源时，电磁铁的励磁线圈会同时断电，电磁吸力就会立即消失，弹簧复位，致使抱闸因受弹簧的拉力，而压住制动轮，使电动机迅速被制动。这种断电制动型电磁抱闸装置用于起重机械中，还能避免由于工作过程中突然停电而出现重物跌落的事故。

6.4.4　铁芯中的功率损耗

直流励磁的铁芯线圈和交流励磁的铁芯线圈有着不同的工作特性。

1. 直流铁芯线圈的功率损耗

首先表现在功率损耗方面，直流铁芯线圈的功率损耗主要是线圈内阻的损耗，称为铜损，用 ΔP_{Cu} 表示（ $\Delta P_{Cu} = I^2 R$ ）。

2. 交流铁芯线圈的功率损耗

在交流铁芯线圈中，由于磁通是交变的，除了线圈内阻的功率损耗 ΔP_{Cu} 外，还存在着铁芯中的磁滞损耗和涡流损耗，涡流损耗和磁滞损耗合称为铁损耗，称为铁损，用 ΔP_{Fe} 表示。铁损将使铁芯发热，从而影响设备绝缘材料的使用寿命。

1）磁滞损耗

铁磁材料在交变磁化过程中，由于磁畴在不断改变方向，使铁磁材料内部分子振动加剧，温度升高，造成能量消耗。这种由于磁滞而引起的能量损耗，称为**磁滞损耗**。理论与实践证明，磁滞回线包围的面积越大，磁滞损耗也越大。即磁滞损耗程度与铁磁材料的性质有关，不同的铁磁材料其磁滞损耗不同，硅钢片的磁滞损耗比铸钢或铸铁的小。磁滞损耗对电机或变压器等电气设备的运行不利，是引起铁芯发热的原因之一。为了减少磁滞损耗，交流铁芯都选用软磁性材料，如硅钢等。

2）涡流损耗

如图 6-25（a）所示，当铁芯线圈中通有交流电流时，它所产生的交变磁通穿过铁芯，铁芯内就会产生感应电动势和感应电流，这种感应电流在垂直于磁力线方向的截面内形成环流，故称为涡流。涡流在变压器和电动机等设备的铁芯中要消耗电能而转变为热能，从而形成**涡流损耗**。

涡流损耗会造成铁芯发热，严重时会影响电工设备的正常工作。为了减小涡流损耗，电气设备的铁芯一般都不用整体的铁芯，而用硅钢片叠成，如图 6-25（b）所示。硅钢片可由含硅 2.5%的硅钢轧制而成，其厚度为 0.35～1 mm，硅钢片表面涂有绝缘层，使片间相互绝缘。由于硅钢片具有较高的电阻率，且涡流被限制在较小的截面内流通，电流值很小，因此大大减少了损耗。

涡流对许多电工设备是有害的，但在某些场合却是有用的。比如，工业用高频感应电炉就是利用涡流的热效应来加热和冶炼炉内金属的。

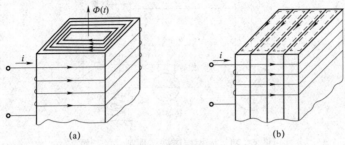

图 6-25　涡流
（a）涡流的产生；（b）涡流的减少

（1）电磁铁的结构及工作原理是什么？有几种类型？

（2）如果把直流电磁铁接到电压相同的交流电源上会有什么后果？相反地，如果把交流电磁铁接到电压相同的直流电源上又会有什么后果？

（3）交流电磁铁通电后，如果衔铁被长时间卡住不能吸合，会有什么后果？为什么？

（4）有一直流电磁铁，如图 6-16 所示，已知磁路中磁通 $\Phi = 2 \times 10^{-4}$ Wb，$S' = 4$ cm^2，试求电磁铁的电磁吸力。

（5）若图 6-16 所示为交流电磁铁，已知磁路中磁通 $\Phi = 2 \times 10^{-4}$ Wb，$S' = 4$ cm^2，试求电磁铁的平均电磁吸力。

 【知识拓展】

电磁铁的应用举例

电磁铁因具有磁性的有无、磁性的强弱、磁极的方向可以通过电流或线圈的匝数来进行控制等优点，在实际中的应用极为广泛。

1. 工业企业中的应用

（1）电磁起重机。图 6-26 所示为工业用的强力电磁铁，通上大电流，可用以吊运钢板、货柜、废铁等。把电磁铁安装在吊车上，通电后吸起大量钢铁，移动到另一位置后切断电流，把钢铁放下。大型电磁起重机一次可以吊起几吨钢材。

（2）电磁继电器。电磁继电器是由电磁铁控制的自动开关。使用电磁继电器可用低电压和弱电流来控制高电压和强电流，实现远距离操作，如图 6-27 所示。

（3）电磁选矿机。如图 6-28 所示，电磁选矿机是根据磁体对铁矿石有吸引力的原理制成的。当电磁选矿机工作时，铁砂将落入 B 箱。矿石在下落过程中，经过电磁铁时，非铁矿石不能被电磁铁吸引，由于重力作用直接落入 A 箱；而铁矿石能被电磁铁吸引，吸附在滚筒上并随滚筒一起转动，到 B 箱上方时电磁铁对矿石的吸引力已非常微小，所以矿石由于重力的作用而落入 B 箱。

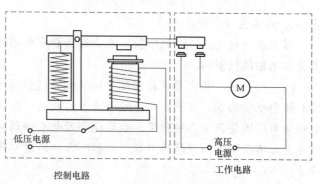

图 6-26　电磁起重机　　　　　　　图 6-27　低压控制高压工作电路

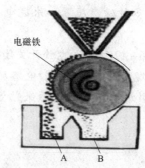

图 6-28　电磁选矿机

2. 交通车辆中的应用

（1）磁悬浮列车。磁悬浮列车是一种采用无接触的电磁悬浮、导向和驱动系统的磁悬浮高速列车系统。它的时速可达到 500 km，是当今世界最快的地面客运交通工具，有速度快、爬坡能力强、能耗低、运行时噪声小、安全舒适、不燃油及污染少等优点。磁悬浮技术利用电磁力将整个列车车厢托起，摆脱了讨厌的摩擦力和令人不快的锵锵声，实现与地面无接触、无燃料的快速"飞行"。

（2）磁储氢汽车。目前尚处于研究和试验中的磁储氢汽车是另一类具有优势的磁交通设备。因为目前使用的汽车所用的燃料汽油在燃烧时产生的废气会造成环境污染，而且汽油的来源——石油在地球上是有限的，因此研究和应用在汽车上既无污染、来源又丰富的新的汽车燃料便成为当前的一个重要课题。利用磁储氢材料作汽车燃料就是一个重要的解决途径。从科学研究知道，氢是一种无污染或严格说污染极微小的燃料，可供燃烧的单位质量的能量密度很高。但是要在汽车中使用氢的化学能，却不能简单地使用纯气态氢或纯液态氢作燃料。这是因为纯气态氢的体积太大，而且纯气态氢和纯液态氢都有易燃烧易爆炸的安全问题。如果使用固态储氢材料，即将氢以固态化合物的组元形态存储在固态材料中，然后在一定的条件下释放出气态氢用作汽车燃料。在固态储氢材料中，磁性材料和含强磁性元素的化合物的磁储氢材料占有重要的地位。例如，常用的储氢材料就有镍-镁-氢化物（$NiMgH_4$）、铁-钛-氢化物（$FeTiH_{1.95}$）和镧—镍—氢化物（$LaNi_5H_7$）等。目前已经进行过在汽车中应用磁储氢器的许多试验。这些磁储氢器在使用一段时间后，又需要在一定条件下进行再充氢气。这就像蓄电池在使用一定时间后需要进行再充电一样。不过目前的磁储氢器的不足之处是磁储氢材料的重量还较大，需要进一步减轻磁储氢材料的重量。

3. 日常生活中的应用

家里的一些电器，如电冰箱、吸尘器上都有电磁铁，全自动洗衣机的进水、排水阀门也都是由电磁铁控制的。

（1）扬声器。扬声器是把电信号转换成声信号的一种装置。主要由固定的永久磁体、线圈和锥形纸盆构成。当声音以音频电流的形式通过扬声器中的线圈时，扬声器上的磁铁产生的磁场对线圈将产生力的作用，线圈便会因电流强弱的变化产生不同频率的振动，进而带动纸盆发出不同频率和强弱的声音。纸盆将振动通过空气传播出去，于是就产生了人耳听到的声音。

（2）电视机。磁在电视机中的应用也是相当多的。电视机的音像及色彩是通过应用数量多、种类和功能繁多的磁性材料和磁性器件来实现的。具体说来，电视机除了也使用收音机所使用的多种磁变压器和永磁电声喇叭外，还要使用磁聚焦器、磁扫描器和磁偏转器。

（3）电铃如图 6-29 所示。电铃开关闭合，电路接通，电磁铁产生磁性，将衔铁吸下，带动小锤敲击铃碗发出声音，同时，电路从触点处断开，电路中无电流通过，电磁铁失去磁性，衔铁在弹簧片的作用下恢复原来位置，又将电路接通，如此往复，电铃就不断地发出响声。

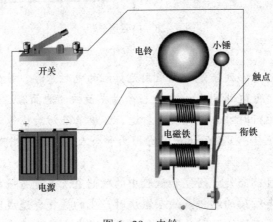

图 6-29 电铃

4. 农业上的应用

说来很有趣，磁铁还有一种用途，能在农业上帮助农民除掉作物种子里的杂草种子。杂草种子上有绒毛，能够粘在旁边走过的动物毛上，因此它们就能散布到离母本植物很远的地方。杂草的这种在几百万年的生存斗争中获得的特点，却被农业技术利用来除掉它的种子。农业技术人员利用磁铁，把杂草的粗糙种子从作物的种子里挑选出来。如果在混有杂草种子的作物种子里撒上一些铁屑，铁屑就会紧紧地粘在杂草种子上，而不会粘在光滑的作物种子上。然后拿一个吸力足够大的电磁铁去吸它们，于是混合着的种子就会自动分开，分成作物种子和杂草种子两部分，电磁铁从混合物里把所有粘有铁屑的种子都捞了出来。此外，电磁铁还广泛应用在医疗器械、仪器仪表、军工、航天等领域。

6.5　互　感　电　路

两个线圈之间通过彼此磁场相互联系的物理现象叫磁耦合现象，也叫互感现象。这样的两个线圈称为耦合线圈（互感线圈）。耦合电感元件就是表征实际耦合线圈的理想元件。变压器就是基于互感原理工作的。

6.5.1　互感电压

电感线圈由于自身电流发生变化，而引起穿过该线圈的磁通量发生变化，从而在该线圈中产生感应电压的现象，叫做自感现象，产生的感应电压，叫做自感电压。当两个或多个线圈彼此靠近时，由于一个线圈的电流变化，而引起穿过邻近线圈磁通量发生变化，从而使邻近线圈产生感应电压的现象，叫做互感现象，产生的感应电压，叫做互感电压。

1. 互感系数 M

电路如图 6-30 所示，N_1、N_2 分别是两个线圈的匝数。当线圈 I 中有电流 i_1 通过时，选择电流 i_1 的参考方向和磁通 Φ_{11} 的参考方向符合右手螺旋法则（关联参考方向），产生的自感磁通为 Φ_{11}，自感磁链 $\Psi_{11}=N_1\Phi_{11}$。Φ_{11} 的一部分穿过了线圈 II，这一部分磁通称为互感磁通 Φ_{21}，相应的磁链为互感磁链 $\Psi_{21}=N_2\Phi_{21}$。把互感磁链 Ψ_{21} 与产生该互感磁链的电流 i_1 的比值定义为线圈 I 对线圈 II 的互感系数，用 M_{21} 表示，即

$$M_{21}=\frac{\Psi_{21}}{i_1}$$

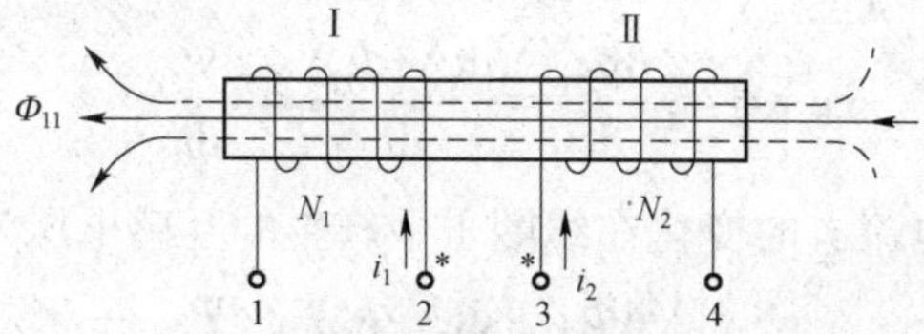

图 6-30　互感线圈

同理，当线圈 II 中有电流 i_2 通过时，选择电流 i_2 的参考方向和磁通 Φ_{22} 的参考方向符合右手螺旋法则（关联参考方向），产生的自感磁通为 Φ_{22}，自感磁链 $\Psi_{22}=N_2\Phi_{22}$。Φ_{22} 的一部分穿过了线圈 I，这一部分磁通称为互感磁通 Φ_{12}，相应的磁链为互感磁链 $\Psi_{12}=N_1\Phi_{12}$。把互感磁链 Ψ_{12} 与产生该互感磁链的电流 i_2 的比值定义为线圈 II 对线圈 I 的互感系数，用 M_{12} 表示，即

$$M_{12}=\frac{\Psi_{12}}{i_2}$$

可以证明，当只有两个线圈时，有

$$M=M_{12}=M_{21} \tag{6-20}$$

式中　M——互感系数，H。

互感系数 M 由两个线圈自身因素决定。除了与两个线圈的匝数、形状、几何尺寸、相对位置有关外，还与线圈中是否有铁芯或其他介质有关。

【特别提示】

当用铁磁性材料作为介质时，M 将不是常数；当用非铁磁性材料作为介质时，互感线圈为空心线圈，M 是常数。

两个耦合线圈中的电流产生的磁通，一般情况下，只有一部分穿过另一个线圈成为互感磁通。两耦合线圈相交链的磁通越多，说明两个线圈耦合越紧密。用耦合系数 k 来表示磁耦合线圈的耦合程度。

耦合系数 k 定义为

$$k = \frac{M}{\sqrt{L_1 L_2}} \tag{6-21}$$

由于 $L_1 = (N_1 \Phi_{11})/i_1$、$L_2 = (N_2 \Phi_{22})/i_2$、$M = (N_1 \Phi_{12})/i_2 = (N_2 \Phi_{21})/i_1$，代入式（6-21）可以得到

$$k = \sqrt{\frac{M_{12} M_{21}}{L_1 L_2}} = \sqrt{\frac{\Psi_{12} \Psi_{21}}{\Psi_{11} \Psi_{22}}} = \sqrt{\frac{\Phi_{12} \Phi_{21}}{\Phi_{11} \Phi_{22}}}$$

而 $\Phi_{21} \leqslant \Phi_{11}$、$\Phi_{12} \leqslant \Phi_{22}$，所以有 $0 \leqslant k \leqslant 1$、$0 \leqslant M \leqslant \sqrt{L_1 L_2}$。

紧密绕在一起的两个线圈，$k = 1$ 就叫全耦合；若两线圈相距较远，或线圈的轴线相互垂直，$k = 0$ 就叫无耦合。所以，改变两线圈的相互位置，可以相应地改变 M 的大小。

2. 互感电压

互感电压与互感磁链的关系也遵循电磁感应定律。与分析自感现象相似，选择互感电压与互感磁链两者的参考方向符合右手螺旋法则时，因线圈 I 中电流 i_1 的变化在线圈 II 中产生的互感电压为

$$u_{21} = N_2 \frac{\mathrm{d}\Phi_{21}}{\mathrm{d}t} = \frac{\mathrm{d}(N_2 \Phi_{21})}{\mathrm{d}t} = \frac{\mathrm{d}\Psi_{21}}{\mathrm{d}t} \tag{6-22}$$

同样地，因线圈 II 中电流 i_2 的变化在线圈 I 中产生的互感电压为

$$u_{12} = N_1 \frac{\mathrm{d}\Phi_{12}}{\mathrm{d}t} = \frac{\mathrm{d}(N_1 \Phi_{12})}{\mathrm{d}t} = \frac{\mathrm{d}\Psi_{12}}{\mathrm{d}t} \tag{6-23}$$

若两互感线圈是空心线圈，其互感系数 M 是常数，则互感电压为

$$\begin{cases} u_{21} = \dfrac{\mathrm{d}\Psi_{21}}{\mathrm{d}t} = \dfrac{\mathrm{d}(Mi_1)}{\mathrm{d}t} = M\dfrac{\mathrm{d}i_1}{\mathrm{d}t} \\[2mm] u_{12} = \dfrac{\mathrm{d}\Psi_{12}}{\mathrm{d}t} = \dfrac{\mathrm{d}(Mi_2)}{\mathrm{d}t} = M\dfrac{\mathrm{d}i_2}{\mathrm{d}t} \end{cases} \tag{6-24}$$

当电流为正弦交流电流时，互感电压用相应的相量表示，即

$$\begin{cases} \dot{U}_{21} = \mathrm{j}\omega M \dot{I}_1 = \mathrm{j}X_M \dot{I}_1 \\[2mm] \dot{U}_{12} = \mathrm{j}\omega M \dot{I}_2 = \mathrm{j}X_M \dot{I}_2 \end{cases} \tag{6-25}$$

式中　X_M——互感抗，Ω，且 $X_M = \omega M$。

6.5.2 互感线圈同名端

根据电磁感应定律，通过右手螺旋定则，判定自感电压和互感电压的方向。

互感同名端

但是需要知道线圈的绕向。在工程实践中，大多数情况下的线圈绕向都是未知。解决这个问题采用的是标注同名端的方法。

1. 同名端

如果两个磁耦合线圈同时流入电流，并且在每个线圈中产生的磁通方向一致（磁通相助），则流入电流的两个端钮就叫同名端；若产生的磁通方向相反（磁通相消），就是异名端。同名端用" · ""*"或"△"作标记。如图 6-30 所示，端钮"2"和端钮"3"就是同名端。为了便于区别，仅将两个线圈的一对同名端用标记标出，另一端同名端不需标注。

有了同名端的标记，就可采用图 6-31 所示的电路符号来表示互感线圈，而不必在电路图中画出互感线圈的绕向。

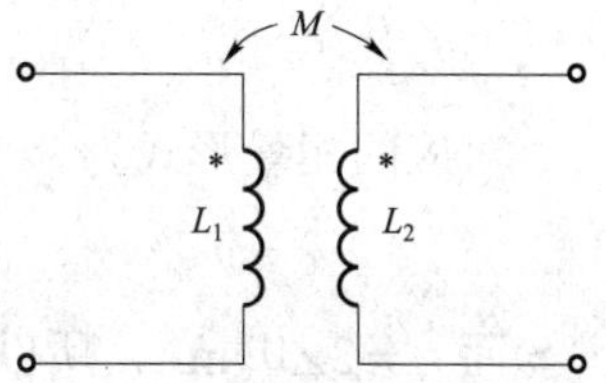

2. 同名端实质

图 6-30 所示的互感线圈，当线圈 I 中电流 i_1 变化使其所建立的自感磁通为 Φ_{11} 和互感磁通 Φ_{21} 随之变化时，Φ_{11} 在线圈 I 中感应出自感电压 u_{11}，同时互感磁通 Φ_{21} 在线圈 II 中感应出互感电压 u_{21}。如果 i_1 和 Φ_{11}、Φ_{21} 的真实方向与图中标示的方向一致，则当 Φ_{11} 随 i_1 的增大而增大时，此时 $u_{11} = N_1 \dfrac{\mathrm{d}\Phi_{11}}{\mathrm{d}t} > 0$，则 u_{11} 的瞬时极性是"2"端为"+"，$u_{21} = N_2 \dfrac{\mathrm{d}\Phi_{21}}{\mathrm{d}t} > 0$，则 u_{21} 的瞬时极性是"3"端（即"2"端的同名端）为"+"，同名端"2"端和"3"端极性相同；反之，Φ_{11} 随 i_1 的减小而减小时，此时 $u_{11} = N_1 \dfrac{\mathrm{d}\Phi_{11}}{\mathrm{d}t} < 0$，则 u_{11} 的瞬时极性是"2"端为"-"，$u_{21} = N_2 \dfrac{\mathrm{d}\Phi_{21}}{\mathrm{d}t} < 0$，则 u_{21} 的瞬时极性是"3"端（即"2"端的同名端）为"-"，同名端"2"端和"3"端极性仍相同。可见，同名端实质上是（同一磁通感应的电压）瞬时极性相同的端钮，因此也称为**同极性端**。

图 6-31　互感线圈的电路符号

3. 同名端的应用

当两个互感线圈的同名端确定后，如图 6-32 所示。在选择一个线圈的互感电压参考方向，与引起该电压的另一线圈的电流的参考方向，应遵循同名端一致的原则。即：如果电流的参考方向是流入线圈中有标记的一端，则另一个线圈中互感电压的参考方向在有标记的一端为"+"；或者，电流的参考方向是从线圈不带标记的一端流入，则另一个线圈中互感电压的参考方向在不带标记的一端为"+"。总之，互感电压为参考正极性的端钮和产生该互感电压的电流的流入端钮是同名端。这就是"同名端一致"的原则。

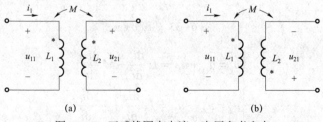

图 6-32　互感线圈中电流、电压参考方向

可见，如果此电压的"+"与彼电流的流入端为同名端，则此电压与彼电流为关联参考

方向，互感电压前取"+"号。如图 6-32 中，此电压 u_{21} 与彼电流 i_1 均为关联参考方向。互感电压就可以按照式（6-24）或式（6-25）计算。若此电压与彼电流为非关联参考方向，则互感电压前取"−"号。

例 6.7 在图 6-32（a）所示电路中，$M = 0.5\text{ H}$，$i_1 = 2\sqrt{2}\sin 1\ 200t\text{ mA}$。试求互感电压 u_{21}。

解 选择互感电压 u_{21} 与电流 i_1 的参考方向对同名端一致（关联），如图 6-30（a）所示。则

$$u_{21} = M\frac{\mathrm{d}i_1}{\mathrm{d}t}$$

对应的相量形式为

$$\dot{U}_{21} = \mathrm{j}\omega M\dot{I}_1$$

而 $\dot{I}_1 = 2\angle 0°\text{ mA}$，所以

$$\dot{U}_{21} = \mathrm{j}1\ 200\times 0.5\times 2\angle 0° = 1.2\angle 90°\text{ V}$$

因此

$$u_{21} = 1.2\sqrt{2}\sin(1\ 200t + 90°)\text{ V}$$

6.5.3　互感线圈电路

在含有耦合电感元件的电路中，电感元件的两端既有自感电压也有互感电压。自感电压由电感自身电流决定，而互感电压由另一个电感的电流决定。电感元件两端的电压应等于自感电压和互感电压的代数和，所以，电感元件两端电压既与自身电流有关，也与另一个电感的电流有关。这就是含有耦合电感电路的特殊性。

1. 互感线圈的电压和电流关系

在图 6-33（a）中，电流从同名端流入，按自感电压和电流方向一致（关联）选择自感电压的参考方向（图中的 u_{11} 和 u_{22}），按照"同名端一致的"原则选择互感电压的参考方向（图中的 u_{12} 和 u_{21}）。于是

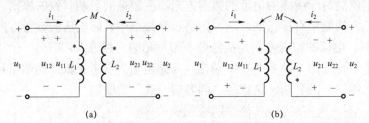

(a)　　　　　　　　　　　　　(b)

图 6-33　互感线圈

$$\begin{cases} u_1 = u_{11} + u_{12} = L_1\dfrac{\mathrm{d}i_1}{\mathrm{d}t} + M\dfrac{\mathrm{d}i_2}{\mathrm{d}t} \\[2mm] u_2 = u_{22} + u_{21} = L_2\dfrac{\mathrm{d}i_2}{\mathrm{d}t} + M\dfrac{\mathrm{d}i_1}{\mathrm{d}t} \end{cases} \tag{6-26}$$

同理，在图 6-33（b）中，电流从异名端流入，有

$$\begin{cases} u_1 = u_{11} - u_{12} = L_1\dfrac{\mathrm{d}i_1}{\mathrm{d}t} - M\dfrac{\mathrm{d}i_2}{\mathrm{d}t} \\ u_2 = u_{22} - u_{21} = L_2\dfrac{\mathrm{d}i_2}{\mathrm{d}t} - M\dfrac{\mathrm{d}i_1}{\mathrm{d}t} \end{cases}$$
（6-27）

很明显，同名端仅和互感电压有关，将图 6-33（a）中 M 用（-M）替代，可得图 6-33（b）中互感电压的表达式。

2. 互感线圈的串联

互感线圈的串联电路由于同名端的位置不同而有两种接法，即顺向串联和反向串联。

1）顺向串联

顺向串联指的是两个互感线圈异名端相接，电流从两个电感的同名端流入（或流出），如图 6-34 所示。

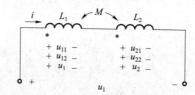

图 6-34　互感线圈的顺向串联

$$u = u_1 + u_2 = L_1\frac{\mathrm{d}i}{\mathrm{d}t} + M\frac{\mathrm{d}i}{\mathrm{d}t} + L_2\frac{\mathrm{d}i}{\mathrm{d}t} + M\frac{\mathrm{d}i}{\mathrm{d}t} = (L_1 + L_2 + 2M)\frac{\mathrm{d}i}{\mathrm{d}t} = L_{顺}\frac{\mathrm{d}i}{\mathrm{d}t}$$
（6-28）

式中　$L_{顺}$——两个耦合电感顺向串联时的等效电感，$L_{顺} = L_1 + L_2 + 2M$。

2）反向串联

反向串联指的是两个互感线圈同名端相接，电流从两个电感的异名端端流入（或流出），如图 6-35 所示。

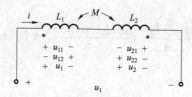

图 6-35　互感线圈的反向串联

$$u = u_1 + u_2 = L_1\frac{\mathrm{d}i}{\mathrm{d}t} - M\frac{\mathrm{d}i}{\mathrm{d}t} + L_2\frac{\mathrm{d}i}{\mathrm{d}t} - M\frac{\mathrm{d}i}{\mathrm{d}t} = (L_1 + L_2 - 2M)\frac{\mathrm{d}i}{\mathrm{d}t} = L_{反}\frac{\mathrm{d}i}{\mathrm{d}t}$$
（6-29）

式中　$L_{反}$——两个耦合电感反向串联时的等效电感，$L_{反} = L_1 + L_2 - 2M$。

或将式（6-28）中的 M 替代（-M），可得式（6-29）。

3）互感系数 M

$$M = \frac{L_{顺} - L_{反}}{4}$$
（6-30）

说明，通过试验分别测得 $L_{顺}$ 和 $L_{反}$，就可计算出互感系数 M。

4）互感线圈的连接应用

在电子电路中，常常需要使用具有中心抽头的线圈，并且要求从中心分成两部分的线圈完全相同。为了满足这个要求，在实际绕制线圈时可以用两根相同的漆包线平行地绕在同一个介质上，然后把两个线圈的异名端接在一起作为中心抽头。

如果两个完全相同的线圈的异名端连接在一起，则两个互感线圈所产生的磁通在任何时候都是大小相等且方向相反的，因此互相抵消。这样接成的线圈就不会有磁通穿过，因此没有电感，它在电路中只起到一个电阻的作用。所以，为获得无感电阻，可以在绕制电阻时，将电阻线对折，双线并绕。但这样制作的无感电阻，一般只适用于 400Hz 以下电路的低阻值电阻。

例 6.8 将两个线圈串联接到 50 Hz、60 V 的正弦电源上，顺向串联时的电流为 2 A，功率为 96 W，反向串联时的电流为 2.4 A，求互感 M。

解 无论顺向串联还是反向串联，等效电阻不变，均可表示为 $R = R_1 + R_2$。根据已知条件，得

$$R = \frac{P}{I_\text{顺}^2} = \frac{96}{2^2} = 24（\Omega）$$

$$\omega L_\text{顺} = \sqrt{\left(\frac{U}{I_\text{顺}}\right)^2 - R^2} = \sqrt{\left(\frac{60}{2}\right)^2 - 24^2} = 18（\Omega）$$

$$L_\text{顺} = \frac{18}{2\pi \times 50} = 0.057（\text{H}）$$

反向串联时，线圈电阻不变，由已知条件可求出反向串联时的等效电感，得

$$\omega L_\text{反} = \sqrt{\left(\frac{U}{I_\text{反}}\right)^2 - R^2} = \sqrt{\left(\frac{60}{2.4}\right)^2 - 24^2} = 7（\Omega）$$

$$L_\text{反} = \frac{7}{2\pi \times 50} = 0.022（\text{H}）$$

据式（6-30），则

$$M = \frac{L_\text{顺} - L_\text{反}}{4} = \frac{0.057 - 0.022}{4} = 8.75（\text{mH}）$$

思考题

（1）两个耦合线圈之间的耦合系数是 0.3，线圈 1 的电感为 10 μH，线圈 2 的电感为 15 μH，求互感系数 M 是多少？

（2）图 6-36 所示为耦合电感电路，已知 $M = 2$ mH，$i = 150\sin 200t$ mA，则互感电压 u 为多少？

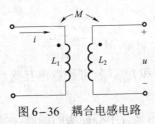

图 6-36　耦合电感电路

（3）标出图 6-37 所示各互感线圈的同名端。

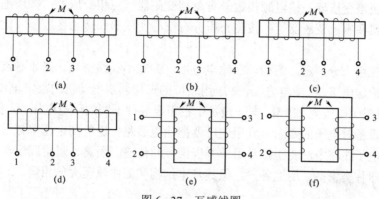

图 6-37 互感线圈

（4）标出图 6-38 上的自感电压和互感电压，并写出 u_1 和 u_2 的表达式。

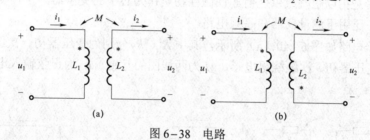

图 6-38 电路

（5）两互感线圈顺向串联，其中 $L_1 = 22$ mH，$L_2 = 51$ mH，$M = 10$ mH，则等效电感等于多少？若是反向串联，则等效电感等于多少？

6.6 变 压 器

变压器是一种利用磁耦合实现能量传输和信号传递的电气设备。

变压器通常由一个初级线圈和一个或几个次级线圈所组成。初级线圈（也称原绕组）接电源，次级线圈（也称副绕组）接负载。能量通过磁耦合由电源传递给负载，如图 6-39 所示。

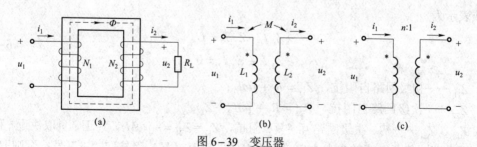

图 6-39 变压器

（a）变压器结构示意图；（b）空心变压器电路模型；（c）理想变压器电路模型

变压器具有变压、变流、变阻抗和隔离的作用。变压器的种类，按冷却方式分有干式（自冷）变压器、油浸（自冷）变压器、氟化物（蒸发冷却）变压器；按防潮方式分有开放式变压器、灌封式变压器、密封式变压器；按铁芯或线圈结构分有芯式变压器、壳式变压器、环形变压器、金属箔变压器；按电源相数分有单相变压器、三相变压器；按用途分有电力变压器、仪用变压器和整流变压器等；按磁介质分有空心变压器和理想变压器（实际铁芯变压器无损耗）。

变压器的应用十分广泛。例如，在输电方面，为减小线路损耗，减小导线截面积，采用变压器来提高输送电压；在配电方面，如应用较广的三相异步电动机的额定电压一般为 380 V 或 220 V，一般照明电压为 220 V，电子设备中也需要各种不同的用电电压。为保证用电安全，满足不同用电设备对电压的要求，利用变压器把输电线路传送的高电压降低，供用户使用。在电气测量和电子线路中，变压器常用于实现信号的传递、隔离、阻抗匹配等。

虽然变压器种类繁多、用途各异，但其基本结构和工作原理大体相同。

6.6.1　空心变压器

空心变压器是指以空气或以任何非铁磁性物质作为芯子的变压器，这种变压器的电磁特性是线性的，广泛用于测量仪器和高频电路。

空心变压器电路如图 6-40（a）所示，其中 R_1、R_2 分别为变压器初、次级绕组的电阻，L_1、L_2 分别为变压器初、次级绕组电感，M 为两线圈的互感。u_S 为正弦输入电压，次级接有复阻抗 $Z_L = R_L + jX_L$。

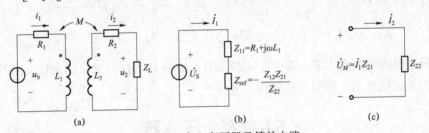

图 6-40　空心变压器及等效电路
（a）空心变压器电路；（b）原边等效电路；（c）副边等效电路

在图示电压、电流的参考方向下，有

$$\begin{cases} (R_1 + j\omega L_1)\dot{I}_1 - j\omega M\dot{I}_2 = \dot{U}_S \\ -j\omega M\dot{I}_1 + (R_2 + j\omega L_2 + Z_L)\dot{I}_2 = 0 \end{cases} \quad (6-31)$$

或表示为

$$\begin{cases} Z_{11}\dot{I}_1 + Z_{12}\dot{I}_2 = \dot{U}_S \\ Z_{21}\dot{I}_1 + Z_{22}\dot{I}_2 = 0 \end{cases} \quad (6-32)$$

式中　Z_{11}——初级回路自阻抗，$Z_{11} = R_1 + j\omega L_1$；

Z_{22}——次级回路自阻抗，$Z_{22} = R_2 + j\omega L_2 + Z_L$；

Z_{12}、Z_{21}——初、次级回路互（复）阻抗，$Z_{12} = Z_{21} = -j\omega M$，其正、负取决于 i_1 和 i_2 是否流入同名端。若两电流的参考方向流入同名端，则互（复）阻抗取"+"号；否则取"-"号。图 6-40 中 i_1 和 i_2 不是流入同名端，所以互（复）阻抗取"-"号。

式（6-32）联立求解，得

$$\begin{cases} \dot{I}_1 = \dfrac{\dot{U}_S}{Z_{11} - \dfrac{Z_{12}Z_{21}}{Z_{22}}} \\[4mm] \dot{I}_2 = -\dfrac{Z_{21}}{Z_{22}}\dot{I}_1 \end{cases} \tag{6-33}$$

由式（6-33）可得

$$\begin{cases} Z_1 = \dfrac{\dot{U}_S}{\dot{I}_1} = Z_{11} - \dfrac{Z_{12}Z_{21}}{Z_{22}} = Z_{11} + Z_{ref} \\[4mm] \dot{I}_2 = \dfrac{-\dot{I}_1 Z_{21}}{Z_{22}} = \dfrac{\dot{U}_M}{Z_{22}} \end{cases} \tag{6-34}$$

由此可见，原边电路输入复阻抗由 Z_{11} 和 $Z_{ref} = -\dfrac{Z_{12}Z_{21}}{Z_{22}}$ 两部分组成，其等效电路如图 6-40（b）所示。

$$Z_{ref} = -\dfrac{Z_{12}Z_{21}}{Z_{22}} = \dfrac{(\omega M)^2}{Z_{22}} \tag{6-35}$$

式中　Z_{ref}——次级对初级的反射阻抗。

其反映了次级回路通过磁耦合对初级回路所产生的影响。它表明次级的感性阻抗反映到初级的反映阻抗为容性；反之，次级容性阻抗反映到初级的反映阻抗为感性。很显然，当次级回路开路时，反映阻抗 $Z_{ref} = 0$，则 $Z_1 = Z_{11}$，次级电路对初级回路无影响。这个结论与 $\dot{I}_2 = 0$，次级电路对初级回路无影响的结论是一致的。

副边电路中的电流是由互感电压 $\dot{U}_M = -\dot{I}_1 Z_{21} = j\omega M \dot{I}_1$ 产生的，其等效电路如图 6-40（c）所示。

例 6.9　如图 6-41 所示的电路，已知 $u_S = 10\sqrt{2}\sin 10t$ V。

求：（1）i_1、i_2；

（2）1.6 Ω 负载电阻吸收的功率。

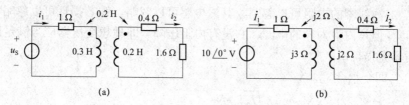

图 6-41　例 6.9 用图

解　画出相量模型，如图 6-41（b）所示。

反映阻抗：$Z_{ref} = \dfrac{\omega^2 M^2}{Z_{22}} = \dfrac{10^2 \times 0.2^2}{0.4 + 1.6 + j10 \times 0.2} = (1-j1)\ \Omega$

输入阻抗：$Z_1 = Z_{11} + Z_{ref} = 1 + j10 \times 0.3 + 1 - j1 = (2+j2)\ \Omega$

初级电流：$\dot{I}_1 = \dfrac{\dot{U}_S}{Z_i} = \dfrac{10\angle 0°}{2+j2}\ \text{A} = 2.5\sqrt{2}\angle -45°\ \text{A}$

次级电流：$\dot{I}_2 = \dfrac{\mathrm{j}\omega M \dot{I}_1}{Z_{22}} = \dfrac{\mathrm{j}10 \times 0.2 \times 2.5\sqrt{2} \angle -45°}{2+\mathrm{j}2}$ A = 2.5 A

得　　　　　$\begin{cases} i_1(t) = 5\sin(10t - 45°) \text{ A} \\ i_2(t) = 2.5\sqrt{2}\sin 10t \text{ A} \end{cases}$

1.6 Ω 负载电阻吸收的平均功率为

$$P = I_2^2 R_{\mathrm{L}} = 2.5^2 \times 1.6 = 10 \text{（W）}$$

6.6.2　理想变压器

如果变压器的线圈绕在用铁磁性物质制成的铁芯上，就叫做铁芯变压器。这种变压器的电磁特性一般是非线性的。如图 6-42 所示，铁芯是变压器的磁路部分，一般采用 0.35 mm 或 0.5 mm 的硅钢片叠成，并且每层硅钢片的两面都涂有绝缘漆。按铁芯的形式，变压器可

变压器　　变压器的
　　　　　应用

分为芯式和壳式两种。芯式变压器的绕组环绕铁芯，多用于容量较大的变压器，如图 6-42（a）所示。壳式变压器则是铁芯包围着绕组，多用于小容量变压器，如图 6-42（b）所示。一般电力变压器多采用芯式结构。除了铁芯和绕组以外，较大容量的变压器还有冷却系统、保护装置及绝缘装置等。

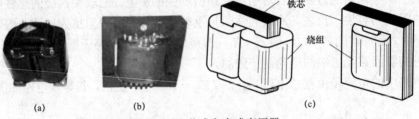

（a）　　　　　　　（b）　　　　　　　　　　　　（c）

图 6-42　芯式和壳式变压器

（a）芯式变压器；（b）壳式变压器；（c）变压器示意图

理想变压器是根据铁芯变压器特性抽象出来的一种理想电路元件，是指没有损耗的变压器，就是一、二次线圈的电阻可以忽略，其漏电感可以忽略，铁芯损耗可以忽略，这就相当于一个电压可变但是内阻为零的电源，它没有内阻压降。即理想变压器应当满足以下几点。

① 变压器无损耗。

② $k = 1$，即全耦合。

③ L_1、L_2、M 均为无穷大，但 $\sqrt{\dfrac{L_1}{L_2}} = \dfrac{N_1}{N_2} = n$。

1. 理想变压器工作原理

变压器的工作状态包括空载运行和负载运行。变压器的空载运行是指变压器的一次绕组接至交流电源、二次绕组开路的运行状态。变压器的负载运行是指变压器的一次绕组接额定电压的交流电源，二次绕组接负载情况下的运行状态。

下面以单相变压器为例，根据理想情况来分析变压器的工作原理，即假设变压器的绕组电阻和漏磁通均忽略不计，不计铜损耗和铁损耗，设原绕组匝数为 N_1，副绕组匝数为 N_2。

理想变压器的主要参数是变比，即图 6-43（b）中的 n。变比是指变压器的初级绕组的

匝数与次级绕组的匝数之比，即

$$n = \frac{N_1}{N_2} \qquad\qquad (6-36)$$

2. 电压变换原理

将变压器的原绕组接上交流电源，且副绕组处于空载状态，即 $i_2 = 0$，如图 6-43（a）所示，则会在原绕组中产生交变电流，此电流又在铁芯中产生交变磁通，交变磁通同时穿过原、副两个绕组，分别在其中产生感应电压 u_1 和电压 u_2，变压器的绕组电阻和漏磁通均忽略不计，有

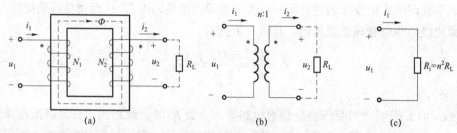

图 6-43　理想变压器

（a）理想变压器工作原理；（b）理想变压器电路模型；（c）理想变压器原边等效电路

$$\begin{cases} u_1 = N_1 \dfrac{\mathrm{d}\Phi}{\mathrm{d}t} \\[2mm] u_2 = N_2 \dfrac{\mathrm{d}\Phi}{\mathrm{d}t} \end{cases}$$

则

$$\frac{u_1}{u_2} = \frac{N_1}{N_2} = n \qquad\qquad (6-37)$$

$$\begin{cases} \dfrac{\dot{U}_1}{\dot{U}_2} = \dfrac{N_1}{N_2} = n \\[3mm] \dfrac{U_1}{U_2} = \dfrac{N_1}{N_2} = n \end{cases} \qquad\qquad (6-38)$$

由此可知，变压器原、副边电压之比等于原、副绕组的变比。如果 $N_2 > N_1$，则 $U_2 > U_1$，这种变压器称为升压变压器；如果 $N_2 < N_1$，则 $U_2 < U_1$，这种变压器称为降压变压器。

3. 电流变换原理

当变压器的副绕组接负载时，$i_2 \neq 0$，如图 6-43（a）所示，原、副绕组中的电流有效值分别为 I_1 和 I_2。当忽略变压器的一切损耗时，变压器从电网上吸收能量并通过电磁感应，以另一个电压等级把能量输送给负载。在这个过程中，变压器只起到能量的传递作用。从变压器输入端原边绕组吸收的瞬时功率 $u_1 i_1$ 与负载的吸收功率 $u_2 i_2$ 相等，即

$$u_1 i_1 = u_2 i_2$$

则有

$$\frac{i_1}{i_2} = \frac{N_2}{N_1} = \frac{1}{n} \qquad\qquad (6-39)$$

$$\begin{cases} \dfrac{\dot{I}_1}{\dot{I}_2} = \dfrac{N_2}{N_1} = \dfrac{1}{n} \\[3mm] \dfrac{I_1}{I_2} = \dfrac{N_2}{N_1} = \dfrac{1}{n} \end{cases} \qquad (6-40)$$

这说明变压器工作时，在改变电压的同时，电流也会随之改变，且原、副绕组中的电流之比与原、副绕组的匝数成反比。一般变压器的高压绕组匝数多而通过的电流小，可用较细的导线绕制；低压绕组的匝数少而通过的电流大，应用较粗的导线绕制。

4. 阻抗变换原理

在电子线路中常用变压器进行阻抗变换，实现"阻抗匹配"，从而使负载获得最大功率。从原边绕组两端看理想变压器，其输入阻抗为

$$Z_i = \frac{\dot{U}_1}{\dot{I}_1} = \frac{n\dot{U}_2}{\frac{1}{n}\dot{I}_2} = n^2 R_L \qquad (6-41)$$

式（6-41）表明，当变压器副绕组电路接入负载 R_L 时，就相当于在原绕组电路的电源两端接入 $n^2 R_L$，因此只需改变变压器的原、副绕组的变比，就可以把负载变换为所需要的数值，原边绕组等效电路如图 6-43（c）所示。

例 6.10 有一单相变压器的原边电压为 $U_1 = 220$ V，副边电压 $U_2 = 20$ V，副绕组匝数为 $N_2 = 100$ 匝，试求该变压器的变比和原边绕组的匝数 N_1。

解 由式（6-38）可知，变比为

$$n = \frac{U_1}{U_2} = \frac{220}{20} = 11$$

$$N_1 = nN_2 = 100 \times 11 = 1\ 100\ （匝）$$

例 6.11 有一理想单相变压器原边绕组的匝数 $N_1 = 800$ 匝，副边绕组匝数为 $N_2 = 200$ 匝，原边电压为 $U_1 = 220$ V，接入纯电阻性负载后，副绕组电流 $I_2 = 8$ A。求变压器的副边电压 U_2、原边电流 I_1 和变压器的输入输出功率。

解 由式（6-38）可知变比为

$$n = \frac{N_1}{N_2} = \frac{800}{200} = 4$$

则副绕组电压为

$$U_2 = \frac{U_1}{n} = \frac{220}{4} = 55\ （V）$$

原绕组电流为

$$I_1 = \frac{I_2}{n} = \frac{8}{4} = 2\ （A）$$

由于负载为纯电阻性，功率因数 $\lambda = 1$，所以
输入功率为

$$P_1 = U_1 I_1 = 220 \times 2 = 440\ （W）$$

输出功率为

$$P_2 = U_2 I_2 = 55 \times 8 = 440 \text{(W)}$$

例 6.12 已知某交流信号源电压 $U_\text{S} = 80 \text{ V}$，内阻 $R_\text{S} = 800 \text{ }\Omega$，负载 $R_\text{L} = 8 \text{ }\Omega$，试求：

（1）将负载直接接到信号源，负载获得多大功率？

（2）需用多大变比的变压器才能实现阻抗匹配？

（3）不计变压器的损耗，当实现阻抗匹配时，负载获得最大功率是多少？

解 （1）负载直接接信号源时，获得的功率为

$$P_\text{L} = I^2 R_\text{L} = \left(\frac{U}{R_\text{S} + R_\text{L}} \right)^2 R_\text{L} = \left(\frac{80}{800 + 8} \right)^2 \times 8 = 0.078 \text{ 4 (W)}$$

（2）负载折算到原绕组电源两端的电阻要实现阻抗匹配，则 $R_\text{S} = R_\text{i} = n^2 R_\text{L}$，得变压器的变比应为

$$n = \sqrt{\frac{R_\text{S}}{R_\text{L}}} = \sqrt{\frac{800}{8}} = 10$$

（3）实现阻抗匹配时，负载获得最大功率是

$$P_{\max} = I^2 R_\text{L} = \left(\frac{80}{800 + 800} \right)^2 \times 800 = 2 \text{(W)}$$

 【知识拓展】

仪用变压器

1. 自耦变压器

自耦变压器有一个绕组，利用一个绕组抽头的办法来实现改变电压的一种变压器。自耦变压器的结构特点是一、二次绕组共用一个绕组，因此，一、二次绕组之间既有磁的联系，又有电的联系。自耦变压器无论是升压还是降压，其基本原理都是相同的。图 6-44 所示为单相自耦变压器，它一般可将 220 V 电压调到 0~250 V。

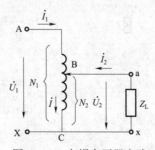

图 6-44 自耦变压器电路

在输出容量相同的条件下，自耦变压器比普通变压器省材料、尺寸小、制造成本低。但是，由于自耦变压器的一、二次绕组有电的直接联系，因此当过电压波侵入一次侧绕组时，二次侧绕组将出现高压，所以自耦变压器的二次侧绕组必须装设过电压保护，防止高压侵入损坏低压侧的电气设备，其内部绝缘也需要加强。

自耦变压器可用作电力变压器，也可作为实验室的调压设备以及异步电动机启动器的重

要部件。

2. 互感器

在电力系统和科学试验的电气测量中，经常需要对交流电路中的高电压和大电流进行测量，如果直接使用电压表和电流表测量，仪表的绝缘和载流量需要大大加强，这给仪表的制造带来了困难，同时对操作人员也不安全。因此，利用变压器可以变压和变流的作用，制造了可供测量电压和电流用的变压器，称为互感器。

互感器的作用：与测量仪表配合，对线路的电压、电流、电能进行测量；与继电保护装置配合，对电力系统和设备进行过电压、过电流、过负载和接地等保护；使测量仪表、继电保护装置与线路的高电压隔开，保证操作人员和设备的安全；将电压和电流变换成统一的标准值，以利于仪表和继电器的标准化。因此，互感器的应用十分广泛。

1）电流互感器

电流互感器类似于一个升压变压器，它的一次绕组匝数很少，一般只有一匝或几匝，而二次绕组的匝数却很多。使用时，一次绕组串联在被测线路中，流过被测电流，二次侧串接电流表或功率表及其他装置的电流线圈，如图6-45所示，实现了用低量程的电流表测量大电流，被测电流=（电流表读数×N_2）/N_1。电流互感器工作时，由于二次侧所接仪表的阻抗都很小，二次侧电流很大，因此相当于二次侧短路运行的升压变压器。电流互感器的二次侧额定电流一般都设计为5 A。

使用时应注意以下两点。

① 二次侧绕组不能开路，以防产生高电压。

② 铁芯、低压绕组的一端应接地，以防绝缘损坏时在二次侧绕组出现过压。

2）电压互感器

电压互感器实质上是一台小容量的降压变压器，它的一次绕组匝数多，二次绕组匝数少。使用时，一次绕组直接并接在被测线路，二次绕组接电压表或其他仪表及装置的电压线圈，如图6-46所示，实现用低量程的电压表测量高电压，被测电压=（电压表读数×N_1）/N_2。

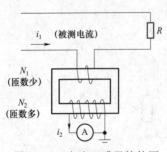

图6-45　电流互感器的使用

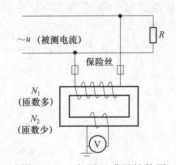

图6-46　电压互感器的使用

电压互感器在工作时，由于二次侧所接仪表的阻抗都很高，二次侧电流很小，因此相当于二次侧空载运行的降压变压器。通常电压互感器不论其额定电压是多少，其二次侧额定电压一般都设计为100 V。

使用电压互感器时须注意以下几点。

① 铁芯和二次绕组的一端必须可靠接地，以防止一次绕组绝缘损坏时，铁芯和二次绕组

带高电压而发生触电和损坏设备。

② 二次绕组不允许短路，否则将产生很大的短路电流把互感器烧坏。为此须在二次回路串接熔断器进行保护。

③ 电压互感器的额定容量有限，二次侧不宜接过多的仪表，否则会影响准确度。

6.6.3 实际变压器的铭牌和技术数据

为了使变压器能够长时间安全、可靠地运行，在变压器外壳上都附有铭牌，铭牌上标明了正确使用变压器的技术数据。

1. 变压器的型号

变压器的型号表示变压器的结构和规格，包括变压器结构性能特点的基本代号、额定容量和高压侧额定电压等级（kV）等。例如，变压器型号 SJL-1000/10 的具体意义如下：

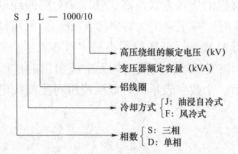

所以 SJL-1000/10 型变压器表示的是三相油浸自冷式铝线变压器，其容量为 1 000 kV·A，高压绕组的额定电压为 10 kV。

2. 变压器的铭牌数据

（1）额定电压 U_{1N}、U_{2N}。

额定电压 U_{1N} 为原边绕组的额定电压，是指变压器正常工作时原边绕组应加的电压值。它是根据变压器的绝缘强度和允许发热条件规定的；U_{2N} 为副绕组的额定电压，是指变压器空载，且原边绕组加额定电压时副绕组两端的电压值。

在三相变压器中，原、副绕组的额定电压均指线电压。

（2）额定电流 I_{1N} 和 I_{2N}。

额定电流 I_{1N} 和 I_{2N} 是变压器满载运行时，根据变压器允许发热的条件而规定的原、副绕组通过的最大电流值。

在三相变压器中，原、副绕组的额定电流均指线电流。

（3）额定容量 S_N。

额定容量 S_N 是指变压器副绕组的额定视在功率，等于变压器副绕组的额定电压与额定电流的乘积，单位常用千伏安（kV·A）表示。

单相变压器的额定容量

$$S_N = \frac{U_{2N}I_{2N}}{1\,000}\ kV \cdot A$$

三相变压器的额定容量为

$$S_{N} = \frac{\sqrt{3}U_{2N}I_{2N}}{1\ 000}\ kV \cdot A$$

额定容量反映了变压器传送电功率的能力，实际上是变压器长期运行时允许输出的最大功率，但变压器实际的输出功率是由接在副绕组的负载决定的，它能输出的最大有功功率还与负载的功率因数有关。

（4）额定频率 f_{N}。

额定频率 f_{N} 是指变压器原绕组应接的电源电压的频率。我国电力系统规定的标准频率为 50 Hz。

（5）相数。

表示变压器绕组的相数是单相 D 还是三相 S。

（6）连接组标号。

表示变压器高、低压绕组的连接方式及高、低压侧对应的线电动势（或线电压）的相位关系的一组符号。星形连接时，高压侧用大写字母 Y 表示，低压侧用小写字母 y 表示。三角形连接时高压侧用大写字母 D 表示，低压侧用小写字母 d 表示。有中线时加 n。

例如，"Y，yn0"表示该变压器的高压侧为无中线引出的星形连接，低压侧为有中线引出的星形连接，标号的最后一个数字表示高、低压绕组对应的线电压（或线电动势）的相位差为零。

思考题

（1）变压器主要由哪些部分构成？各起什么作用？

（2）空心变压器副绕组对原边绕组回路有什么影响？

（3）实际变压器的铁芯为什么要用硅钢片叠装，而不用整块铁？按照铁芯的形式，分壳式和芯式变压器，它们各自的特点是什么？

（4）某单相变压器的一次电压 $U_1 = 220$ V，二次电压 $U_2 = 36$ V，二次绕组匝数 $N_2 = 225$ 匝，求变压器的变比 n 和一次绕组的匝数 N_1。

（5）单相变压器的原边电压 $U_1 = 3\ 300$ V，其变比 $n = 15$，求副绕组电压 U_2；当副绕组电流 $I_2 = 60$ A 时，求原边电流 I_1。

（6）扬声器的阻抗 $R_L = 8\ \Omega$，为了在输出变压器的一次侧得到 $256\ \Omega$ 的等效阻抗，求输出变压器的变比 n。

（7）一台单相变压器原绕组的额定电压 $U_1 = 4.4$ kV，副绕组开路时的电压 $U_2 = 220$ V。当副绕组接入电阻性负载并达到满载时，副绕组电流 $I_2 = 40$ A，求变压器的变比 n 和变压器原绕组的电流 I_1。

【知识拓展】

变压器铁芯、线圈的检修

1. 检修变压器铁芯、线圈时应遵守的规定

（1）检修人员禁止携带与检修工作无关的任何物品（包括工作服口袋内的钥匙和其他物品），工作人员必须穿不带铁钉的软底鞋，并备用擦汗的毛巾。

（2）所用行灯的电压必须在 36 V 以下。

（3）检修人员只能沿木支架或铁构架上下，禁止手抓脚踩线圈引线，以防止损坏线圈绝缘。

2. 铁芯的检修

1）铁芯可能发生的故障

（1）夹件铁板距铁芯柱或铁轭的距离不够，变压器在运输或运行过程中受到冲击或振动，使铁芯或夹件产生位移后两者相碰触，造成两点或多点接地。

（2）铁芯表面硅钢片因波浪突起与夹件相碰，或穿心螺栓的金属座套过长与夹件相碰（或穿心螺杆绝缘管损坏，穿心螺杆与金属座套相碰），引起铁芯多点接地。

（3）夹件与油箱壁相碰造成铁芯多点接地。

（4）电焊渣、杂物落在油箱及铁轭的绝缘中或落在铁芯柱与夹件之间，造成铁芯多点接地。

（5）铁芯上落有异物，使硅钢片之间短路（即硅钢片之间的绝缘脱落、局部出现癣状斑点、绝缘碳化或变色）。

（6）穿心螺栓在铁轭中因绝缘破坏造成铁芯硅钢片局部短路，应更换穿心螺栓上的绝缘管和绝缘衬垫。

2）铁芯的检修

（1）逐个检查各部分的螺栓、螺帽，所有螺栓均应紧固，并有防松垫圈、垫片；检查螺栓是否损伤，防松绑扎应牢固。

（2）检查硅钢片的压紧程度，铁芯有无松动，铁轭与铁芯对缝处有无歪斜、变形等；漆膜是否完好，局部有无短路、变色、过热现象；接地应良好，且保证无多点接地现象。

（3）所有能触及的穿心螺栓均应连接紧固；用 1 000～2 500 V 绝缘电阻表，测量穿心螺栓与铁芯与铁轭夹件间的绝缘电阻，以及铁芯与铁轭夹件之间的绝缘电阻（卸开接地连片），其值均应大于 10 MΩ。

（4）检查铁芯穿心螺栓绝缘外套两端的金属座套，防止因座套过长而与铁芯接触造成接地。

（5）铁芯表面应清洁，油路能畅通；铁芯及夹件之间无放电痕迹。

（6）铁芯通过套管引出的接地线应接地良好，套管应加护罩，护罩应牢固，以防打碎套管。

3. 线圈的检修

（1）线圈可能发生的故障主要有匝间短路、绕组接地、相间短路、断线及接头开焊等。产生这些故障的原因有以下几点。

① 在制造或检修时，局部绝缘受到损害，遗留下缺陷。

② 在运行中因散热不良或长期过载，绕组内有杂物落入，使温度过高绝缘老化。

③ 制造工艺不良，压制不紧，机械强度不能经受短路冲击，使绕组变形绝缘损坏。

④ 绕组受潮，绝缘膨胀堵塞油道，引起局部过热。

⑤ 绝缘油内混入水分而劣化，或与空气接触面积过大，使油的酸价过高绝缘水平下降或油面太低，部分绕组露在空气中未能及时处理。

（2）线圈检修包括以下内容。

① 线圈所有的绝缘垫片、衬垫、胶木螺栓无松动、损坏；线圈与铁轭及相间的绝缘纸板应完整、无破裂、无放电及过热痕迹，牢固无移位。

② 各组绕组排列整齐，间隙均匀，线圈无变形，线圈径向应无弹出和凹陷，轴向无弯曲。

③ 绕组的压紧顶丝应顶紧护环，止回螺母应拧紧，防止螺帽和座套松动掉下，造成铁芯短路。

④ 线圈表面无油泥，油路应通畅。

⑤ 线圈绝缘层应完整，高、低压线圈无移位。

⑥ 发现线圈有金属末或粒子时，应查明原因。

⑦ 对于承受出口短路和异常运行的变压器，特别是铝线变压器，应根据具体情况进行必要的试验和检查，防止缺陷扩大。

⑧ 引出线绝缘良好，包扎紧固，无破裂现象；引出线固定牢靠，接触良好，排线正确，其电气距离符合要求。

⑨ 套管下面的绝缘筒围屏应无放电痕迹，若有放电痕迹，说明引线与围屏距离不够，或电极形状、尺寸不合理，有局部放电现象。

 【技能训练】

变压器同名端的确定

变压器在实际使用中有时需要把绕组串联起来以提高电压，或把绕组并联起来以增大电流。顺向串联是把两个绕组的一对异名端连在一起，如图 6-30 所示，那么在另一对异名端1、4两端得到的电压就是两个绕组电压之和；如果接错，就成反向串联，则得到的输出电压就会削减。正确的并联是在两个绕组电压相等的情况下，把两个绕组的两对同名端分别连在一起，称为同侧并联，这样就可以向负载提供更大的电流；如果接错，就会造成绕组短路而烧毁变压器。因此，在同名端不明确时，一定要先测定同名端，再进行连接，通电使用。那么怎样确定变压器绕组的同名端呢？

当已知绕组的绕向及相对位置时，同名端很容易利用其概念进行判定。但对于已经制成的变压器，由于经过绝缘处理，从外观上无法确定绕组的具体绕向，因此同名端很难直接判定出来。在生产实际中，常用试验的方法来确定绕组的同名端。常用试验方法有直流法和交流法。

1. 直流法

如图 6-47 所示，连接初级线圈 1、2 回路有一直流电源和开关 S，在次级线圈 3、4 回路中只接入直流电表（电流表或电压表），无电源。当开关 S 闭合瞬间，初级线圈 1、2 中的电流从 0 开始增大到一固定数值，变化的电流产生变化的磁场，会在次级线圈 3、4 端钮上感应出互感电压，该互感电压驱动回路中直流电表指针偏转。

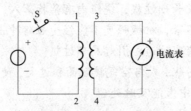

图 6-47 直流法判定同名端

当直流电表正向偏转时，根据同名端的实质：瞬时极性相同。初级线圈端点 1，与次级线圈端点 3 是同名端；当直流电表反向偏转时，则初级线圈端点 1 与次级线圈端点 4 为同名端。

2. 交流法

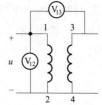

如图 6-48 所示，将初级线圈端点 2 与次级线圈端点 4 用导线连接，在初级线圈 1、2 两端加以交流电压，用交流电压表分别测出端点 1 和 3 两端电压 U_{13}，端点 1 和 2 两端电压 U_{12}，如果 $U_{13} > U_{12}$，那么 1 和 4 为同名端；如果 $U_{13} < U_{12}$，那么 1 和 3 为 同名端。

图 6-48 交流法判定同名端

项目小结

（1）磁场的基本物理量：磁感应强度 B、磁通 Φ、磁场强度 H、磁导率 μ。

磁感应强度 B 和磁场强度 H 都是描述磁场中某点的磁场强弱和方向的物理量；磁通 Φ 是描述磁场中某一面积的磁场情况；磁导率 μ 是衡量物质导磁性能的物理量，非铁磁材料的磁导率 $\mu_0 = 4\pi \times 10^{-7}$ H/m，铁磁材料的磁导率 $\mu = \mu_0 \mu_r$，$B = \dfrac{\Phi}{S}$，$B = \mu H$。

（2）铁磁材料的特性：高导磁性、磁饱和性、磁滞性。

（3）磁通连续性原理：$\oint_s B \cdot \mathrm{d}S = 0$，是表征磁场基本性质的一个定理。

（4）全电流定律：也称安培环路定律，$\oint_l H \mathrm{d}l = \sum I$，是计算磁场的基本定律。规定：凡是电流方向与闭合回线围绕方向之间符合右手螺旋定则的电流取为"＋"；反之为"－"。

（5）铁磁材料的分类：软磁性材料、硬磁性材料、矩磁性材料。常用的软磁性材料有铸钢、铸铁、硅钢片、玻莫合金和铁氧体等；常用的硬磁性材料有钨钢、铝镍合金等，适用于制造永久磁铁；矩磁性材料主要用来做记忆元件，如计算机存储器等。

（6）磁路及磁路基本定律：磁路是磁通通过的路径，铁磁材料具有比空气大得多的磁导率，为此电气设备中常用铁芯构成磁路。磁路欧姆定律：$\Phi = \dfrac{U_m}{R_m}$，其中磁阻 $R_m = \dfrac{l}{\mu S}$，磁压降 $U_m = Hl$。

磁路基尔霍夫第一定律：$\sum \Phi = 0$；磁路基尔霍夫第二定律：$\sum (Hl) = \sum (NI)$。

（7）交流铁芯线圈在忽略线圈电阻 R 及漏磁通 Φ_σ 的条件下，当线圈匝数 N 及电源频率 f 一定时，主磁通的幅值 Φ_m 由励磁线圈外的电压有效值 U 确定，与铁芯的材料及尺寸无关。

$$\Phi_m = \frac{U}{4.44 fN}$$

（8）电磁铁是由励磁线圈、静铁芯和衔铁（动铁芯）3 个主要部分组成。电磁铁根据使用电源不同，分为直流电磁铁和交流电磁铁两种。

直流电磁铁吸力：$F = \dfrac{B_0^2}{2\mu_0} S$

交流电磁铁吸力：$F(t) = \dfrac{SB_m^2}{2\mu_0} \times \dfrac{1 - \cos 2\omega t}{2}$ 是脉动，为了减小衔铁的振动，可在磁极的部分端面上嵌装一个铜制的短路环。

（9）互感电路：互感耦合电路中互感系数和耦合系数是描述耦合电感元件的重要物理量，有

$$k = \frac{M}{\sqrt{L_1 L_2}}$$

标注耦合电感的同名端后，按照"对同名端一致"的原则选择互感电压的参考方向和产生该互感电压的电流参考方向关联下：$\begin{cases} u_{21} = M \dfrac{\mathrm{d}i_1}{\mathrm{d}t} \\ u_{12} = M \dfrac{\mathrm{d}i_2}{\mathrm{d}t} \end{cases}$

互感线圈顺向串联：$L_顺 = L_1 + L_2 + 2M$

互感线圈反向串联：$L_反 = L_1 + L_2 - 2M$

（10）变压器的原理：这是根据电磁感应原理，利用磁场来实现能量变换的一种静止装置。主要由磁介质和绕组构成，具有变压、变流、变阻抗和隔离的作用。

空心变压器：空气或以任何非铁磁性物质作为芯子的变压器。

原边电路：$Z_1 = Z_{11} - \dfrac{Z_{12}Z_{21}}{Z_{22}} = Z_{11} + Z_{ref}$

次级回路通过 $Z_{ref} = -\dfrac{Z_{12}Z_{21}}{Z_{22}}$，对初级回路产生影响

理想变压器：变压器的线圈绕在用铁磁性物质制成的铁芯上，就叫做铁芯变压器。若没有损耗的变压器，根据铁芯变压器特性抽象出来的一种理想电路元件的变压器。

常用公式有

$$\frac{U_1}{U_2} = \frac{N_1}{N_2} = n$$

$$\frac{I_1}{I_2} = \frac{N_2}{N_1} = \frac{1}{n}$$

$$R_i = n^2 R_L$$

（11）变压器铭牌及外特性：铭牌是安全、正确使用变压器的依据，铭牌主要数据有额定容量、额定电压、额定电流、额定频率、使用条件、冷却方式、允许温升、绕组连接方式等。

项 目 测 试

1. 有一长直导体，通以 5 A 的电流，试求距离导体 50 cm 处的磁感应强度 B 和磁场强度 H（介质为空气）。

2. 试从图 6–12 所示的基本磁化曲线上，确定下列情况的 H 值和 B 值。

① 已知铸铁的 $B=0.9\,\mathrm{T}$，$H=?$

② 已知硅钢片的 $B=0.9\,\text{T}$，$H=$？

③ 已知铸铁的 $H=600\,\text{A/m}$，$B=$？

④ 已知硅钢片的 $H=600\,\text{A/m}$，$B=$？

3. 有一线圈匝数为 1 500 匝，套在铸钢制成的闭合铁芯上，铁芯的截面积为 10 cm²，长度为 75 cm，线圈中通入电流 2.5 A，求铁芯中的磁通多大？

4. 有一环形铁芯线圈，其内径为 10 cm，外径为 20 cm，铁芯材料为铸钢。查铸钢的磁化曲线，$B=0.9\,\text{T}$ 时，磁场强度 $H_1=500\,\text{A/m}$，磁路中含有一空气隙，其长度等于 0.2 cm。试求当线圈中通有 2 A 的电流，如要得到 0.9 T 的磁感应强度时线圈的匝数。

5. 有一交流铁芯线圈接在 220 V、50 Hz 的正弦交流电源上，线圈的匝数为 1 000 匝，铁芯截面面积为 20 cm²，求铁芯中的磁通最大值和磁感应强度的最大值各为多少？

6. 一直流电磁铁的结构如图 6-21 所示，已知磁极的磁通为 $4×10^{-4}$ Wb，磁极的截面面积为 1 cm²。试求电磁铁的吸力。

7. 已知两个耦合线圈的自感系数分别为 $L_1=0.2\,\text{mH}$，$L_2=1.8\,\text{mH}$，

① 如果耦合系数 $k=0.5$，求互感 M。

② 若互感 $M=0.45\,\text{mH}$，求耦合系数 k。

③ 如果两个耦合线圈全耦合，求互感 M。

8. 电路如图 6-49 所示，已知电源 u_S 是频率为 50 Hz 的正弦交流电压电源，电流 i 的有效值为 2 A，开路电压 u 的有效值为 62.8 V，求互感 M。

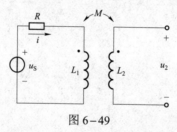

图 6-49

9. 一对磁耦合线圈，外加电压为 $U=220\,\text{V}$、频率为 $f=50\,\text{Hz}$ 的正弦交流电源。顺向串联时测得通过的电流 $I_1=2.5\,\text{A}$，功率 $P_1=62.5\,\text{W}$；反向串联时测得功率 $P_2=250\,\text{W}$。求互感 M。

10. 电路如图 6-50 所示。

① 图 6-50（a）中，已知电压 $u_{AB}=5\sqrt{2}\sin(100t+30°)\,\text{V}$，电感 $L_1=30\,\text{mH}$，$L_2=20\,\text{mH}$，互感 $M=10\,\text{mH}$，试求电流 i。

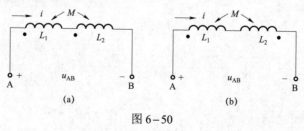

(a)　　　　　　(b)

图 6-50

② 图 6-50（b）中，已知电流 $i=2\sqrt{2}\sin(100t+45°)\,\text{A}$，电感 $L_1=L_2=30\,\text{mH}$，互感 $M=20\,\text{mH}$，求电压 u_{AB}。

11. 电路如图 6-40 所示，空心变压器的参数为：$R_1 = 5\ \Omega$，$\omega L_1 = 30\ \Omega$，$R_2 = 15\ \Omega$，$\omega L_2 = 120\ \Omega$，$\omega M = 50\ \Omega$，$\dot{U}_1 = 10\ \text{V}$，次级回路接纯电阻 $R_L = 100\ \Omega$。求负载端电压。

12. 如图 6-51 所示，已知交流信号源的电压 $U_S = 36\ \text{V}$，内阻 $R_0 = 1\ \text{k}\Omega$，负载电阻 $R_L = 8\ \Omega$，变压器的变比 $n = 10$，求负载上的电流 I_2 和电压 U_2。

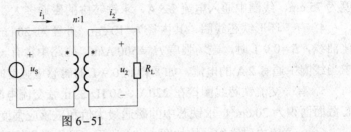

图 6-51

13. 一台单相变压器，一次电压 $U_1 = 3\ 000\ \text{V}$，二次电压 $U_2 = 220\ \text{V}$。若二次绕组接一台 25 kW 的电阻炉，求变压器一、二次的电流各是多少？

14. 某收音机原配置 2 Ω 的扬声器，现改接为 8 Ω 的扬声器。已知输出变压器原绕组匝数 $N_1 = 250$ 匝，副绕组匝数 $N_2 = 60$ 匝，若原绕组匝数不变，问副绕组匝数如何变动才能实现阻抗匹配？

电工基础综合应用
——MF47 型万用表的安装与调试

 【项目描述】

    电工实训课程是电工基础课程学习后的一个综合性实践环节，是对课程理论和课程实验的综合和补充。它主要培养学生综合运用已学过的理论和技能去分析和解决实际问题的能力，对加深课程理论的理解和应用具有重要意义。

    实训课程的目的是使学生融会贯通本课程所学专业理论知识，完成一个较完整的安装调试过程，以加深学生对所学理论的理解与应用，认识和熟悉元器件和电子测量仪器的性能指标，培养学生综合运用基础理论知识和专业知识去解决实际问题的能力，是工科学生必不可少的一个综合性实践环节。

 【知识目标】

（1）了解电子产品装配的全过程。

（2）熟悉 MF47 型万用表的电路原理图。

（3）掌握 MF47 型万用表的整机工作原理，掌握各组成部分的功能及工作原理。

（4）色环电阻阻值的辨认，电解电容和二极管管脚正、负极的辨认。

 【技能目标】

（1）能够判别常用电子元器件的性能及好坏。

（2）掌握电子元器件的焊接技术。

（3）具备简单电路的装配、焊接、调试技能。

（4）会排除在装配过程中可能出现的问题与故障。

（5）MF-47 型万用表的使用。

万用表是电工必备的仪表之一，每个学生都应该熟练掌握其工作原理及使用方法。通过本次万用表的原理与安装实习，要求学生了解万用表的工作原理，掌握锡焊技术的工艺要领及万用表的使用与调试方法。

万用表，又称复用表或三用表，是一种多功能、多量程的便携式电工仪表，一般的万用表可以测量直流电流、交直流电压和电阻，所以习惯上叫做三用表。有些万用表还可测量电容、功率、晶体管共射极直流放大系数 h_{FE} 等。MF47 型万用表具有 26 个基本量程和电平、电容、电感、晶体管直流参数等 7 个附加参考量程，是一种量程多、分档细、灵敏度高、体形轻巧、性能稳定、过载保护可靠、读数清晰、使用方便的新型万用表。

万用表是最常用的电工仪表之一，通过这次实习，学生应该在了解其基本工作原理的基础上学会安装、调试和使用，并学会排除一些万用表的常见故障。锡焊技术是电工的基本操作技能之一，通过实习要求大家在初步掌握这一技术的同时，注意培养自己在工作中耐心细致、一丝不苟的工作作风。

现代生活离不开电，电类和非电类专业的许多学生都有必要掌握一定的用电知识及电工操作技能。通过实习要求学生学会使用一些常用的电工工具及仪表，如尖嘴钳、剥线钳、万用表等。通过本次电工实习认识一些常用电工器具的外形及结构特点和使用方法，为后续课程的学习和实践打下一定的基础。

7.1　万用表的结构

7.1.1　万用表的种类

万用表分为指针式、数字式两种。随着技术的发展，人们研制出微机控制的虚拟式万用表，被测物体的物理量通过非电量/电量，将温度等非电量转换成电量，再通过 A/D 转换，由微机显示或输送给控制中心，控制中心通过信号比较做出判断，发出控制信号或者通过 D/A 转换来控制被测物体。

7.1.2　MF47 型指针式万用表

本实习项目是指针式万用表的原理与安装，因此着重介绍指针式万用表的结构、工作原理及使用方法。

7.1.3　MF47 型万用表的结构特征

MF47 型万用表采用高灵敏度的磁电系整流式表头，其造型大方，设计紧凑，结构牢固，携带方便，零部件均选用优良材料及工艺处理，具有良好的电气性能和机械强度。其特点如下。

（1）测量机构采用高灵敏度表头，性能稳定。

（2）线路部分保证可靠、耐磨、维修方便。

（3）测量机构采用硅二极管保护，保证过载时不损坏表头，并且线路设有 0.5 A 保险丝以防止误用时烧坏电路。

（4）设计上考虑了湿度和频率补偿。

（5）低电阻挡选用 2 号干电池，容量大、寿命长。

（6）配合高压按键，可测量电视机内 25 kV 以下高压。

（7）配有晶体管静态直流放大系数检测装置。

（8）表盘标度尺刻度线与挡位开关旋钮指示盘均为红、绿、黑三色，分别按交流红色、晶体管绿色、其余黑色对应制成，共有 7 条专用刻度线，刻度分开，便于读数；配有反光铝膜，可消除视差，提高了读数精度。

（9）除交直流 2 500 V 和直流 5 A 分别有单独的插座外，其余只须转动一个选择开关，使用方便。

（10）装有提把，不仅便于携带，而且可在必要时作倾斜支撑，便于读数。

7.1.4　MF47 型指针式万用表的组成

指针式万用表的形式很多，但基本结构是类似的，主要由三部分组成（图 7-1）。

① 指示部分。

② 测量电路。

③ 挡位转换装置。

面板+表头
指示部分

挡位开关旋钮
挡位转换装置

测量线路板
测量电路

图 7-1　万用表结构

1. MF47 型万用表指示部分

MF47 型万用表采用高灵敏度的磁电系测量机构，如图 7-2 所示。

磁电系测量机构由固定的磁路系统和可动线圈部分组成。其结构如图 7-2（a）所示。磁路系统包括：永久磁铁；固定在磁铁两极的极掌；处于两个极掌之间的圆柱形铁芯；固定在仪表支架上，使两个极掌与圆柱形铁芯之间的空隙中形成均匀的辐射状磁场。可动部分由绕在铝框架上的可动线圈、指针、平衡锤和游丝组成。可动线圈两端装有两个半轴支承在轴承上，而指针、平衡锤及游丝的一端固定安装在半轴上。当可动部分发生转动时，游丝变形产生与转动方向相反的反作用力矩。另外，游丝还具有把电流导入可动线圈的作用。

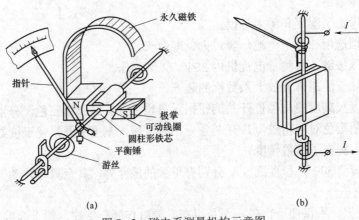

图 7-2　磁电系测量机构示意图

（a）测量机构；（b）电流途径

2. MF47 型工作原理

磁电系测量机构的基本原理是利用可动线圈中的电流与气隙中磁场相互作用，产生电磁力 $F = NBIL$。其中 N 为可动线圈匝数，B 为气隙磁感应强度，L 为导线长度，I 为电流。

该电磁力使可动线圈产生转动力矩 $M = NBAI$，并在力矩的作用下发生偏转。可动线圈的转动使游丝产生反作用力矩，当反作用力矩与转动力矩相等时，可动线圈将停留在某一位置，指针也相应停留在某一位置。磁电系测量机构产生转动力矩的原理如图 7-2（b）所示。

3. 测量电路

MF47 型万用表测量电路如图 7-3 所示，工作条件和技术参数详见仪表说明书。

4. 转换装置

MF47 型万用表的转换装置是一把"转换刀"。它安装在电路板的中心位置，通过"转换刀"，改变万用表的测量挡位。

7.2　MF47 型指针式万用表电路

7.2.1　MF47 型指针式万用表电路基本工作原理

MF47 型指针式万用表由表头、蜂鸣器、电阻测量挡、电流测量挡、直流电压测量挡和交流电压测量挡几个部分组成，图中"－"为黑表笔插孔，"＋"为红表笔插孔。测电压和电流时，外部有电流通入表头，因此不须内接电池。通过转换装置连接不同的测量电路，实现不同的测量功能，如图 7-4 所示。

7.2.2　MF47 型指针式万用表蜂鸣器电路

如图 7-5 所示，MF47 型指针式万用表组装好后，安装上 1.5 V 2 号干电池。通过换挡开关，接通蜂鸣器电路。无故障时，蜂鸣器响，蜂鸣器电路组装正确。

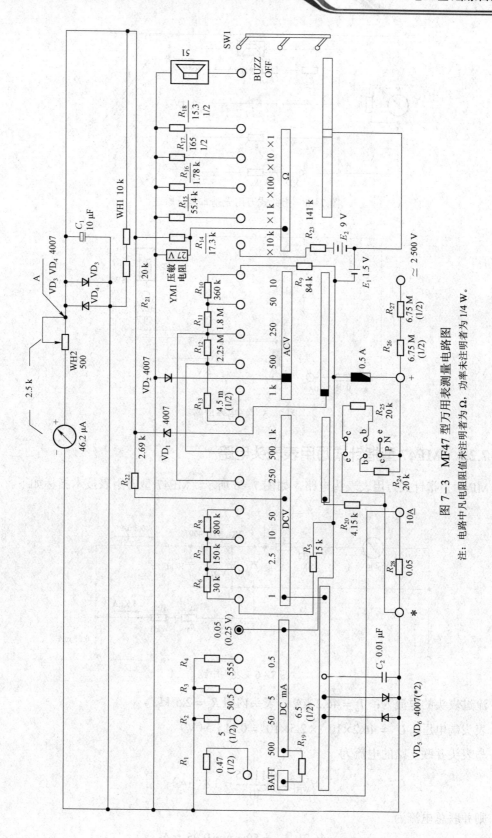

图 7－3 MF47 型万用表测量电路图

注：电路中凡电阻阻值未注明者为 Ω，功率未注明者为 1/4 W。

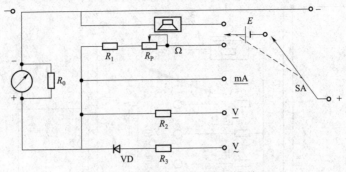

图 7-4　指针式万用表基本测量原理

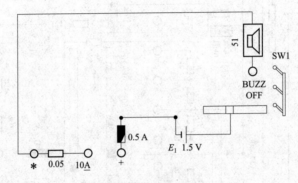

图 7-5　蜂鸣器电路

7.2.3　MF47 型指针式万用表表头电路

MF47 型指针式万用表表头电路，如图 7-6 所示。MF47 型万用表技术指标如下。

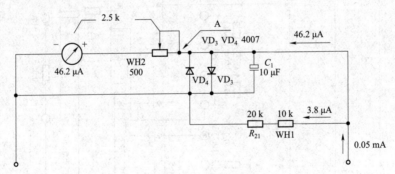

图 7-6　表头电路

流过表头的电流为：$I_g = 46.2 \ \mu A$；表头内阻 $R_g = 2.5 \ k\Omega$。

表头端电压：$U_g = 46.2 \times 10^{-6} \times 2.5 \times 10^3 = 0.115 \ 5 \ (V)$

与表头并联支路的电流为

$$I_{WH1} = \frac{0.115 \ 5}{30} = 3.8 \ (\mu A)$$

则并联总电流为

$$46.2 + 3.8 = 50 \ \mu A = 0.05 \ mA$$

如图 7−6 所示，MF47 型指针式万用表的显示表头是一个直流 μA 表，WH2 是电位器用于调节表头回路中的电流大小，VD_3、VD_4 两个二极管反向并联并与电容并联，用于保护限制表头两端的电压起保护表头的作用，使表头不致因电压、电流过大而烧坏。

7.2.4　MF47 型指针式万用表直流电流挡工作原理

MF47 型指针式万用表直流电流挡电路如图 7−7 所示。

图 7−7（a）是实际电路，将图整理后得图 7−7（b）。在实际工作中需要扩大量限，采用的方法是分流器扩大量限，通过换挡开关，连接不同的并联电阻，实现电流量程的扩程。

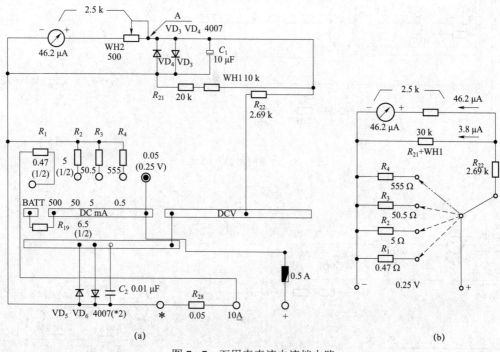

(a)　　　　　　(b)

图 7−7　万用表直流电流挡电路

（1）测 0.05 mA 挡，电路中电流流向如图 7−8 所示。

MF47 型万用表技术指标如下。

表头端电压　$U_g = 0.115\ 5$ V

测　0.05 mA $= 50 \times 10^{-6}$ A 与测 0.25 V 电压共用一挡，则

$$R_{22} = \frac{0.25 - 0.115\ 5}{0.05 \times 10^{-3}} = 2.69（\text{k}\Omega）$$

（2）测 0.5 mA 挡：电路中电流流向如图 7−9 所示。

流过 R_4 的电流：　　　　　　　$0.5 - 0.05 = 0.45$ mA

则　　　　　　　　　　$$R_4 = \frac{0.25}{0.45 \times 10^{-3}} = 555（\Omega）$$

（3）测 5 mA 挡：电路中电流流向如图 7−10（a）所示。

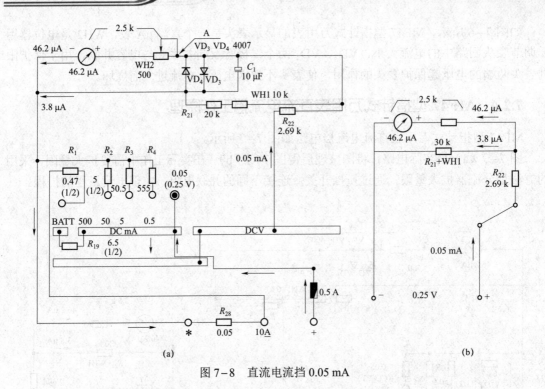

图 7-8　直流电流挡 0.05 mA

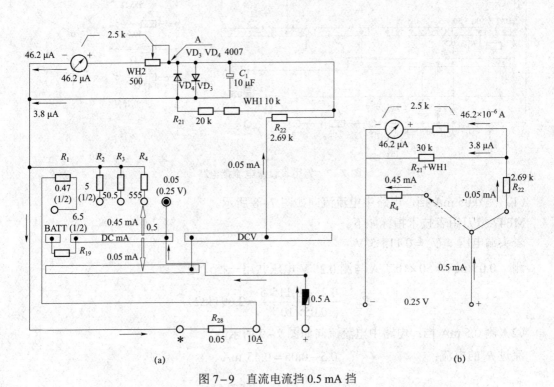

图 7-9　直流电流挡 0.5 mA 挡

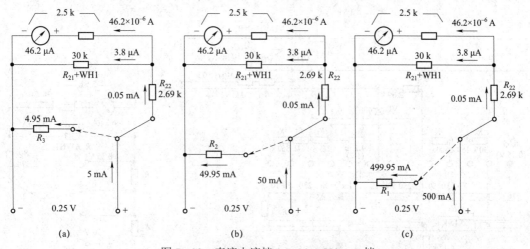

图 7-10 直流电流挡 0.5 mA～500 mA 挡

（a）5 mA 挡；（b）50 mA 挡；（c）500 mA 挡

流过 R_3 的电流：$\qquad 5-0.05=4.95$ mA

则 $$R_3=\frac{0.25}{4.95\times10^{-3}}=50.5（\Omega）$$

（4）测 50 mA 挡：电路中电流流向如图 7-10（b）所示。

流过 R_2 的电流：$\qquad 50-0.05=49.95$ mA

则 $$R_2=\frac{0.25}{49.95\times10^{-3}}=5（\Omega）$$

（5）测 500 mA 挡：电路中电流流向如图 7-10（c）所示。

流过 R_1 的电流：$\qquad 500-0.05=499.95（mA）$

则 $$R_1=\frac{0.25}{499.95\times10^{-3}}=0.5（\Omega）$$

7.2.5 MF47 型指针式万用表直流电压挡工作原理

MF47 型指针式万用表直流电压挡电路如图 7-11 所示。

图 7-11（a）是实际电路，将图整理后得图 7-11（b）。通过换挡开关，连接不同的分压电阻，实现电压量程的扩程。

（1）测 0.25 V 挡：电路如图 7-12 所示。

MF47 型万用表技术指标如下。

流过表头的电流为 $\qquad I_g=46.2\ \mu A=46.2\times10^{-6}$ A

表头内阻 $\qquad R_g=2.5\ k\Omega$

则表头端电压 $\qquad U_g=46.2\times10^{-6}\times2.5\times10^3=0.115\ 5（V）$

测 $0.05\ mA=50\times10^{-6}$ A 与测 0.25 V 电压共用一挡，则

$$R_{22}=\frac{0.25-0.115\ 5}{0.05\times10^{-3}}=2.69（k\Omega）$$

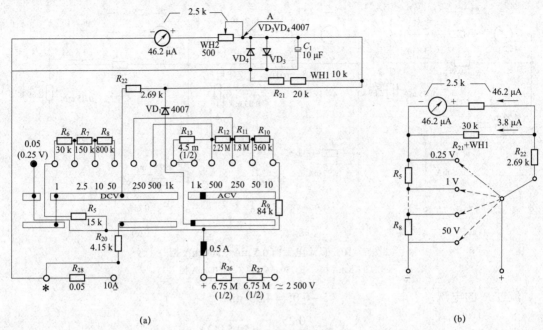

图 7-11　直流电压挡

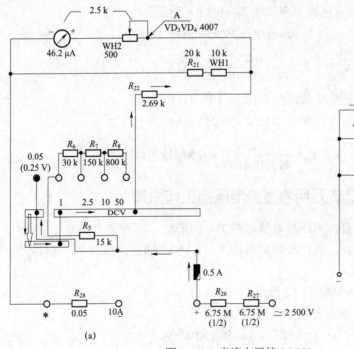

图 7-12　直流电压挡 0.25 V

（2）测 1 V 挡：电路如图 7-13 所示。

R_5 两端的电压为

$$1 - 0.25 = 0.75 \text{ V}$$

流过 R_5 的电流为 0.05 mA，$R_5 = \dfrac{0.75}{0.05 \times 10^{-3}} = 15（\text{k}\Omega）$

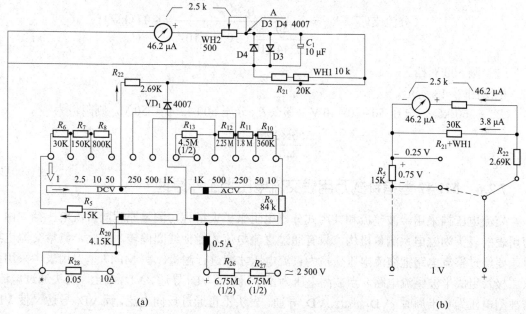

图 7-13　直流电压挡

（3）测 2.5 V 挡。

R_6 两端的电压为

$$2.5 - 1 = 1.5 \text{ V}$$

流过 R_6 的电流为 0.05 mA　$R_6 = \dfrac{1.5}{0.05 \times 10^{-3}} = 30 \, (\text{k}\Omega)$

（4）测 10 V 挡。

R_7 两端的电压为

$$10 - 2.5 = 7.5 \text{ V}$$

流过 R_7 的电流为 0.05 mA　$R_7 = \dfrac{7.5}{0.05 \times 10^{-3}} = 150 \, (\text{k}\Omega)$

（5）测 50 V 挡。

R_8 两端的电压为　　$50 - 10 = 40 \text{ V}$

流过 R_8 的电流为 0.05 mA　$R_8 = \dfrac{40}{0.05 \times 10^{-3}} = 800 \, (\text{k}\Omega)$

同理，计算出各挡位串联的分压电阻如图 7-13（b）所示。

（6）测 250 V 挡。

当选择开关 SA 置于 250 V、500、1 kV 挡（设选择开关 SA 置于 250 V 挡），电流从保险丝 → R_9 → R_{10} → R_{11} → 直流 250 V → 转换开关 SA → 分两路：

① → R_{22} → WH1 和表头电路；

② → （分流支路） R_{20} → * "－" 插孔分流

前面分析可知：R_{22}、WH1、表头电路的电压为 0.25 V，则 R_9、R_{10}、R_{11} 电压为

$$250 - 0.25 = 249.75 \text{（V）}$$

因为 $R_9 + R_{10} + R_{11} = 2.244 \text{ M}\Omega$，则

$$（分流支路）\quad R_{20} = \frac{0.25}{\dfrac{249.75}{2.244\times10^6} - 0.05\times10^{-3}} = 4.07（k\Omega）$$

（7）测 500 V 挡。

电路图 7–13 所示。

$R_{10} = 360\ k\Omega$，分压 $50-10=40\ V$。那么 R_{12} 分压 $500-250=250\ V$，则阻值为

$$R_{12} = \frac{360\times250}{40} = 2.25（M\Omega）$$

7.2.6 MF47 型指针式万用表交流电压挡工作原理

交流电压挡采用半波整流和共用式分压电阻来扩大量程，测量原理同直流电压挡。由于万用表的表头为磁电系测量机构，只有通过直流电流才能使线圈偏转。因此，测量交流电压时，要经过整流电路把交流电压变换为直流电压才能进行测量。在 MF47 型万用表中采用两只二极管组成半波整流电路。当被测电压为正半周时，VD_1 导通、VD_2 截止，表头通过电流；若被测电压为负半周时，VD_1 截止、VD_2 导通，表头不再通过反向电流，而 VD_2 导通又使 VD_1 两端的反向电压大大降低，可防止 VD_1 被反向击穿。故 VD_1 为半波整流的二极管，VD_2 为保护管，C_1 为滤波电容，如图 7–14 所示。

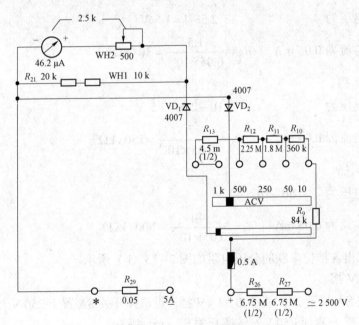

图 7–14 交流电压挡电路

采用半波整流和共用式分压电阻来扩大量程。当把挡位开关旋钮 SA 打到交流电压挡 500 V 时（正半周），电流由 "+" 插孔经 $R_9 \rightarrow R_{10} \rightarrow R_{11} \rightarrow R_{12} \rightarrow$ 转换开关 SA → 二极管 $VD_1 \rightarrow$ 表头 → * "−" 插孔。

（1）测 10 V 挡。

二极管 VD_1 导通，则导通压降 $U_D = 0.6\ V$

半波整流电压 $$U_L = 0.45U_0$$

则 $$U_{R_9} = 0.45(10 - U_g - U_D)$$
$$= 0.45(10 - 0.115\ 5 - 0.6) = 4.18（V）$$

表头总电流为 0.05 mA，得

$$R_9 = \frac{4.18}{0.05} \approx 84（k\Omega）$$

（2）测 50 V 挡。

根据电压与电阻成正比，有

$$\frac{R_{10}}{R_9} = \frac{0.45(50 - 10)}{4.18}$$

则 $$R_{10} = \frac{0.45(50 - 10)}{4.18} \times R_9 = \frac{0.45(50 - 10)}{4.18} \times 84 = 360（k\Omega）$$

（3）测 250 V 挡。

$$\frac{R_{11}}{R_{10}} = \frac{250 - 50}{50 - 10}$$

则 $$R_{11} = \frac{250 - 50}{50 - 10} \times R_{10} = \frac{250 - 50}{50 - 10} \times 360 = 1.8（M\Omega）$$

（4）测 500 V 挡。

$$\frac{R_{12}}{R_{11}} = \frac{500 - 250}{250 - 50}$$

则

$$R_{12} = \frac{250}{200} \times R_{11} = \frac{250}{200} \times 1.8 = 2.25（M\Omega）$$

7.2.7　MF47 型指针式万用表电阻挡工作原理

MF47 万用表电阻挡电路如图 7-15 所示。测电阻时将转换开关 SA 拨到"Ω"挡，这时外部没有电流通入，因此必须使用内部电池作为电源。电阻挡分为×1 Ω、×10 Ω、×100 Ω、×1 kΩ、×10 kΩ 这 5 个量程。例如，将挡位开关 SA 旋钮打到×1 Ω 时，外接被测电阻通过"−COM"端与公共显示部分相连；通过"+"经过 0.5 A 熔断器接到电池，再经过电刷旋钮与 R_{18} 相连，WH1 为电阻挡公用调零电位器，最后与公共显示部分形成回路，使表头偏转，测出阻值的大小。

设外接的被测电阻为 R_x，表内的总电阻为 R，形成的电流为 I，由 R_x、电池 E、可调电位器 R_P、固定电阻 R_1 和表头部分组成闭合电路，形成的电流 I 使表头的指针偏转。红表笔与电池的负极相连，通过电池的正极与电位器 R_P 及固定电阻 R_1 相连，经过表头接到黑表笔与被测电阻 R_x 形成回路产生电流使表头显示。回路中的电流为

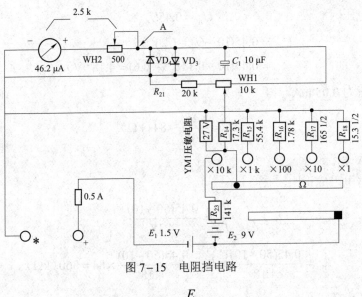

图 7-15 电阻挡电路

$$I = \frac{E}{R_x + R}$$

从上式可知，I 和被测电阻 R_x 不成线性关系，所以表盘上电阻标度尺的刻度是不均匀的。当电阻越小时，回路中的电流越大，指针的摆动越大，因此电阻挡的标度尺刻度是反向分度。

当万用表红、黑两表笔直接连接时，相当于外接电阻最小 $R_x = 0$，那么，有

$$I = \frac{E}{R_x + R} = \frac{E}{R}$$

此时通过表头的电流最大，表头摆动最大，因此指针指向满刻度处，向右偏转最大，显示阻值为 $0\ \Omega$。

反之，当万用表红、黑两表笔开路时 $R_x \to \infty$，R 可以忽略不计，那么，有

$$I = \frac{E}{R_x + R} = \frac{E}{R} \to 0$$

此时通过表头的电流最小，因此指针指向 0 刻度处，显示阻值为 ∞。

7.3 万用表的安装与调试

7.3.1 MF47 型万用表安装步骤

（1）清点材料。

（2）二极管、电容、电阻的认识。

（3）焊接前的准备工作。

（4）元器件的焊接与安装。

（5）机械部件的安装和调整。

（6）万用表故障的排除。

（7）万用表的使用。

7.3.2　清点材料

材料清单如表 7-1 所示。

表 7-1　材料清单

元器件位号目录		结构件清单	数量	备注
位号	名称规格/Ω	名称		
R_1	0.47	保险丝夹	2	
R_2	5	连接线	4	1 红 1 蓝 2 黑
R_3	50.5	短接线	1	1 蓝（线路板 J1 短接）
R_4	555	线路板	1	
R_5	15 k	蜂鸣器（BUZZ）	1	
R_6	30 k	表头	1	
R_7	150 k	后盖	1	
R_8	800 k	电位器旋钮	1	
R_9	84 k	晶体管插座	1	
R_{10}	360 k	晶体管插片	6	
R_{11}	1.8 M	电池夹	4	
R_{12}	2.25 M	电刷旋钮	1	
R_{13}	4.5 M	V 形电刷	1	
R_{14}	17.3 k	输入插管	4	
R_{15}	55.4 k	表笔	2	
R_{16}	1.78 k	螺钉	2	
R_{17}	165			
R_{18}	15.3			
R_{19}	6.5			
R_{20}	4.15 k			
R_{21}	20 k			
R_{22}	2.69 k			
R_{23}	141 k			
R_{24}	20 k			
R_{25}	20 k			
R_{26}	6.75 M			
R_{27}	6.75 M			
R_{28}	0.025（分流器）			

元器件位号目录		结构件清单	数量	备注
位号	名称规格/Ω	名称		
YM1	压数电阻			
WH1	10 k（电位器）			
WH2	500（或 1 k）			
VD1	4007			
VD2	4007			
VD3	4007			
VD4	4007			
VD5	4007			
VD6	4007			

（1）按材料清单一一对应，记清每个元件的名称与外形。

（2）打开时应小心，不要将塑料袋撕破，以免材料丢失。

（3）清点材料时应将表箱后盖当容器，将所有的东西都放在里面。

（4）清点完后应将材料放回塑料袋备用。

（5）暂时不用的应放在塑料袋里。

7.3.3 焊接

1. 清除元件表面的氧化层

元件经过长期存放，会在表面形成氧化层，不但使元件难以焊接，而且影响焊接质量。因此，当元件表面存在氧化层时，应首先清除元件表面的氧化层。注意用力不能过猛，以免使元件引脚受伤或折断。

清除元件表面氧化层的方法：左手捏住电阻或其他元件的本体，右手用锯条轻刮元件引脚的表面，左手慢慢转动，直到表面氧化层全部去除。为了使电池夹易于焊接，要用尖嘴钳前端的齿口部分，将电池夹的焊接点锉毛，去除氧化层。

本次实习提供的元器件由于放在塑料袋中，比较干燥，一般比较好焊，如果发现不易焊接，就必须先去除氧化层。

2. 元件引脚的弯制成形

左手用镊子紧靠电阻的本体，夹紧元件的引脚，如图 7-16 所示。使引脚的弯折处，距离元件的本体有 2 mm 以上的间隙。左手夹紧镊子，右手食指将引脚弯成直角。注意：不能用左手捏住元件本体，右手紧贴元件本体进行弯制，如果这样，引脚的根部在弯制过程中容易受力而损坏。元件引脚弯制后的形状如图 7-17 所示。引脚之间的距离，根据线路板孔距而定，引脚修剪后的长度大约为 8 mm，如果孔距较小、元件较大，应将引脚往回弯折成形，如图 7-17（b）所示。如果电容的引距较小、元件较大，应将引脚往回弯折成形，如图 7-17（c）所示。电容的引脚可以弯成直角，将电容水平安装如图 7-17（d）所示，或弯成梯形，将电容垂直安装如图 7-17（e）所示。二极管可以水平安装，当孔距很小时应垂直安装，如

图 7-17 中 (e) 所示。

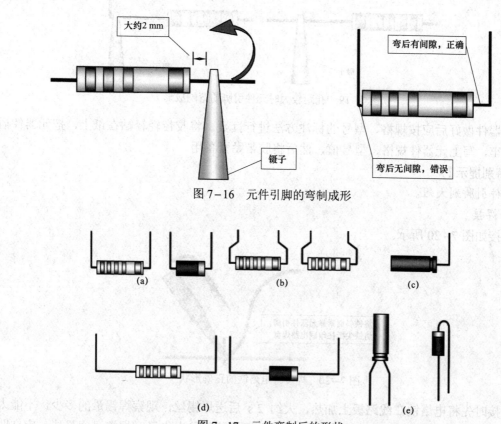

图 7-16　元件引脚的弯制成形

图 7-17　元件弯制后的形状

（a）孔距合适；（b）孔距较小；（c）水平安装；（d）孔距较大；（e）垂直安装

　　为了将二极管的引脚弯成美观的圆形，应用旋具辅助弯制，如图 7-18 所示。将旋具紧靠二极管引脚的根部，呈十字交叉，左手捏紧交叉点，右手食指将引脚向下弯，直到两引脚平行。

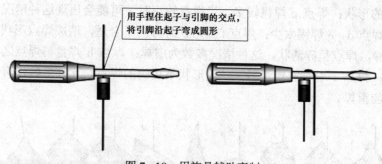

图 7-18　用旋具辅助弯制

　　有的元件安装孔距离较大，应根据线路板上对应的孔距弯曲成形，如图 7-19 所示。

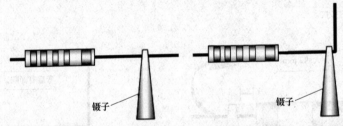

图 7-19　孔距较大时元件引脚的弯制成形

　　元器件做好后应按规格、型号的标注方法进行读数。将胶带轻轻贴在纸上，把元器件插入、贴牢，写上元器件规格、型号值，然后将胶带贴紧备用。

【特别提示】

器件引脚别太短。

3. 焊接

焊接如图 7-20 所示。

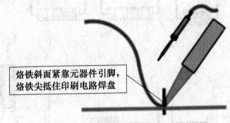

烙铁斜面紧靠元器件引脚，烙铁尖抵住印刷电路焊盘

图 7-20　焊接时电烙铁的正确形状

　　焊接时先将电烙铁在线路板上加热，大约 2 s 后送焊锡丝，观察焊锡量的多少，不能太多，易造成堆焊；也不能太少，易造成虚焊。当焊锡熔化发出光泽时焊接温度最佳，应立即将焊锡丝移开，再将电烙铁移开。为了在加热中使加热面积最大，要将烙铁头的斜面靠在元件引脚上，烙铁头的顶尖抵在线路板的焊盘上。焊点高度一般在 2 mm 左右，直径应与焊盘相一致，引脚应高出焊点大约 0.5 mm。

4. 焊点的正确形状

　　焊点的正确形状如图 7-21 所示。焊点 a 一般焊接比较牢固；焊点 b 为理想状态，一般不易焊出这样的形状；焊点 c 焊锡较多，当焊盘较小时，可能会出现这种情况，但是往往有虚焊的可能；焊点 d、e 焊锡太少；焊点 f 提烙铁时方向不合适，造成焊点形状不规则；焊点 g 烙铁温度不够，焊点呈碎渣状，这种情况多数为虚焊；焊点 h 焊盘与焊点之间有缝隙为虚焊或接触不良；焊点 i 引脚放置歪斜。一般形状不正确的焊点，元件多数没有焊接牢固，一般为虚焊点，应重焊。

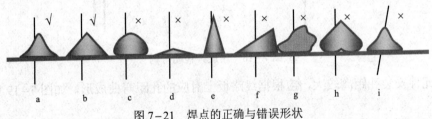

图 7-21　焊点的正确与错误形状

焊点的正确形状俯视如图 7–22 所示。焊点 a 形状圆整，有光泽，焊接正确；焊点 b 温度不够，或抬烙铁时发生抖动，焊点呈碎渣状；焊点 c 焊锡太多，将不该连接的地方焊成短路。焊接时一定要注意尽量把焊点焊得美观、牢固。

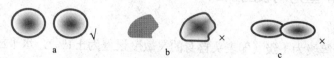

图 7–22 焊点的正确形状（俯视）

5. 焊接时的注意事项

焊接时要注意电刷轨道上一定不能粘上锡，否则会严重影响电刷的运转。为了防止电刷轨道粘锡，切忌用烙铁运载焊锡。

如果电刷轨道上粘了锡，应将其绿面朝下，用没有焊锡的烙铁将锡尽量刮除。但由于线路板上的金属与焊锡的亲和性强，一般不能刮净，只能用小刀稍微修整平整。

在每个焊点加热的时间不能过长；否则会使焊盘脱开或脱离线路板。对焊点进行修整时，要让焊点有一定的冷却时间，否则不但会使焊盘脱开或脱离线路板，而且会使元器件温度过高而损坏。

7.4 故障的排除

7.4.1 表头没任何反应

（1）表头、表笔损坏。
（2）接线错误。
（3）保险丝没装或损坏。
（4）电池极板装错。如果将两种电池极板装反位置，电池两极无法与电池极板接触，电阻挡就无法工作。
（5）电刷装错。

7.4.2 电压指针反偏

这种情况一般是表头引线极性接反。如果 DCA、DCV 正常，ACV 指针反偏，则为二极管 VD_1 接反。

7.4.3 测电压示值不准

这种情况可以查看以下几点。
（1）焊接有问题，应对被怀疑的焊点重新处理。
（2）检查元器件有没有装错位置。
（3）检查二极管有没有装反。

7.5　万用表的使用

7.5.1　MF47 型万用表的认识

万用表的
使用

1. 表头的特点

表头的准确度等级为 1 级（即表头自身的灵敏度误差为 ±1%），水平放置，整流式仪表，绝缘强度试验电压为 5 000 V。表头中间下方的小旋钮为机械零位调节旋钮。

表头共有 7 条刻度线，从上向下分别为电阻（黑色）、直流毫安（黑色）、交流电压（红色）、晶体管共射极直流放大系数 h_{EF}（绿色）、电容（红色）、电感（红色）、分贝（红色）等。

2. 挡位开关

挡位开关共有 5 挡，分别为交流电压、直流电压、直流电流、电阻及晶体管，共 24 个量程。

3. 插孔

MF47 型万用表共有 4 个插孔，左下角红色 "+" 为红表笔正极插孔；黑色 "−" 为公共黑表笔插孔；右下角 "2 500 V" 为交直流 2 500 V 插孔；"5 A" 为直流 5 A 插孔。

4. 机械调零

旋动万用表面板上的机械零位调整螺钉，使指针对准刻度盘左端的 "0" 位置。

7.5.2　读数

读数时目光应与表面垂直，使表指针与反光铝膜中的指针重合，确保读数的精度。检测时先选用较高的量程，根据实际情况调整量程，最后使读数在满刻度的 2/3 附近（电阻挡除外）。

7.5.3　测量直流电压

把万用表两表笔插好，红表笔接 "+" 极，黑表笔接 "−" 极，把挡位开关旋钮打到直流电压挡，并选择合适的量程。当被测电压数值范围不确定时，应先选用较高的量程，把万用表两表笔并接到被测电路上，红表笔接直流电压正极，黑表笔接直流电压负极，不能接反。根据测出的电压值，再逐步选用低量程，最后使读数在满刻度的 2/3 附近。

7.5.4　测量交流电压

测量交流电压时将挡位开关旋钮打到交流电压挡，表笔不分正、负极，与测量直流电压相似进行读数，其读数为交流电压的有效值。

7.5.5　测量直流电流

把万用表两表笔插好，红表笔接 "+" 极，黑表笔接 "−" 极，把挡位开关旋钮打到直流电流挡，并选择合适的量程。当被测电流数值范围不确定时，应先选用较高的量程。把被测电路断开，将万用表两表笔串接到被测电路上，注意直流电流从红表笔流入、黑表笔流出，不能接反。根据测出的电流值，再逐步选用低量程，保证读数的精度。

7.5.6 测量电阻

插好表笔，打到电阻挡，并选择量程。短接两表笔，旋动电阻调零电位器旋钮，进行电阻挡调零，使指针打到电阻刻度右边的"0"Ω处。将被测电阻脱离电源，用两表笔接触电阻两端，从表头指针显示的读数，并乘所选量程的分辨率数，即为电阻的阻值。如选用 $R \times 10$ 挡测量，指针指示 50，则被测电阻的阻值为 50 Ω×10＝500 Ω。如果示值过大或过小要重新调整挡位，保证读数的精度。由于电阻挡刻度不均匀，中值最准。为保证读数的精度，最好读数位于满刻度的 1/3～2/3 处。

7.5.7 使用万用表的注意事项

（1）测量时不能用手触摸表笔的金属部分，以保证安全和测量准确性。测电阻时如果用手捏住表笔的金属部分，会将人体电阻并接于被测电阻而引起测量误差。

（2）测量直流量时注意被测量的极性，避免指针反偏而打坏表头。

（3）不能带电调整挡位或量程，避免电刷的触点在切换过程中产生电弧而烧坏线路板或电刷。

（4）测量完毕后应将挡位开关旋钮打到交流电压最高挡或空挡。

（5）不允许测量带电的电阻；否则会烧坏万用表。

（6）表内电池的正极与面板上的"－"插孔相连，负极与面板"＋"插孔相连，如果不用时误将两表笔短接会使电池很快放电并流出电解液，腐蚀万用表，因此不用时应将电池取出。

（7）在测量电解电容和晶体管等器件的阻值时要注意极性。

（8）电阻挡每次换挡都要进行调零。

（9）不允许用万用表电阻挡直接测量高灵敏度的表头内阻，以免烧坏表头。

（10）一定不能用电阻挡测电压，否则会烧坏熔断器或损坏万用表。

温馨提示：

（1）电阻用色环表示阻值：便于生产、阅读、安装。

（2）二极管、电容极性判断有观察法和万用表法两种。

（3）电位器的作用是测量电阻前调零。

（4）正确使用万用表需参见指导书。

（5）电位器的安装步骤：测电阻、装、焊、装旋钮。

（6）二极管的焊接要注意极性，将字弯在外面，位置正确，高度合适，焊点牢固、美观。

7.6 万用表装配

7.6.1 万用表装配时的要求

（1）衣冠整洁、大方。

（2）遵守劳动纪律，注意培养一丝不苟的敬业精神。

（3）注意安全用电，短时不用应把烙铁拔下，以延长烙铁头的使用寿命。

（4）烙铁不能碰到书包、桌面等易燃物，保管好材料零件。

（5）独立完成。

7.6.2　装配合格标准

（1）无错装、漏装。

（2）挡位开关旋钮转动灵活。

（3）焊点大小合适、美观。

（4）无虚焊，调试符合要求。

（5）器件无丢失损坏。

（6）能正确使用各个挡位。

项目测试答案

项目1　测试答案

（1）（a）30 W　（b）48 W　（c）50 W

（2）（a）10 V　（b）−4 A

（3）−1 W；电源

（4）（a）17 V　（b）−5 V　（c）2 V　（d）18 V

（5）以 O 为参考点：V_a=12 V，V_b=15 V，V_c=10 V，V_O=0 V

以 b 为参考点：V_a=−3 V，V_b=0 V，V_c=−5 V，V_O=−15 V

（6）4 V

（7）（a）−1 V　（b）5 V

（8）0.2 度

（9）273 mA；15 W

（10）（a）7 Ω　（b）1.2 Ω　（c）20 Ω

（11）（a）21.5 Ω　（b）1 Ω　（c）3 Ω

（12）48 kΩ；150 kΩ；800 kΩ；4 MΩ；5 MΩ

（13）（1）30 mA 有载；（2）∞ 短路；（3）0 开路

（14）4 A

项目2　测试答案

（1）（a）I=−5 A　（b）I=0 A　I_1=2 A　I_2=1 A

（2）$I=2.5\,\text{A}$　$U_{AB}=14.5\,\text{V}$

（3）$I=2\,\text{A}$

（4）3 个节点、6 条支路、10 个回路和 4 个网孔

（5）$I_1=10\,\text{A}$　$I_2=5\,\text{A}$　$I_3=5\,\text{A}$

（6）$I_1=-0.2\,\text{A}$　$I_2=0.4\,\text{A}$

（7）① 12 A　18 A　72 V

② 864 W　1 296 W　−2 340 W

③ 75 V

（8）$I_3=8\,\text{A}$

（9）$I=4\,\text{A}$

（10）$U_O=3.25\,\text{V}$

（11）$I_1=5\,\text{A}$　$I_2=3\,\text{A}$　$I_3=8\,\text{A}$　$I_4=-12\,\text{A}$　$I_5=4\,\text{A}$

（12）$I_1=2.3\,\text{mA}$　$I_2=1.3\,\text{mA}$　$I_3=1\,\text{mA}$　$I_4=3.3\,\text{mA}$　$I_5=2\,\text{mA}$

（13）$U_a=10\,\text{V}$　$U_b=6\,\text{V}$

$I_1=1\,\text{A}$　$I_2=-1.5\,\text{A}$　$I_3=0.5\,\text{A}$　$I_4=2\,\text{A}$　$I_5=0.3\,\text{A}$　$I_6=0.2\,\text{A}$

（14）$U_a=9\,\text{V}$　$U_b=4\,\text{V}$　$U_c=2\,\text{V}$

$I_1=2.3\,\text{mA}$　$I_2=1.3\,\text{mA}$　$I_3=1\,\text{mA}$　$I_4=3.3\,\text{mA}$　$I_5=2\,\text{mA}$

提示：节点 a 和参考点之间是一个理想电压源，因此，节点的电压已知 $U_a=9\,\text{V}$。最后该支路电流根据 KCL 计算确定。

（15）$U_a=10\,\text{V}$　$U_b=7.5\,\text{V}$　$U_c=2.5\,\text{V}$

$I_1=6.25\,\text{A}$　$I_2=2.5\,\text{A}$　$I_3=3.75\,\text{A}$　$I_4=2.5\,\text{A}$　$I_5=1.25\,\text{A}$　$I_6=3.75\,\text{A}$

提示：节点 b 和节点 c 之间只有一个理想电压源，因此，列写节点电压方程时，需在此支路的电流作为未知量列入节点方程，同时增加一个节点电压与此电压源之间的约束关系，列出一个补充方程，使未知量个数仍然与方程数相等，可解出所有的未知量。将未知量电流作为电源电流时，流入该节点的未知量电流取"＋"；流出该节点的未知量电流取"－"。

（16）$I=0.5\,\text{A}$

（17）$I_1=1\,\text{A}$　$I_2=4\,\text{A}$　$U=22\,\text{V}$

（18）$I=-1.4\,\text{A}$

（19）$U_A=\dfrac{1}{4}(U_{S1}+U_{S2}+U_{S3})$

（20）S 断开：$I_1=I_2=I_3=0\,\text{A}$

S 闭合：$I_1=I_2=I_3=0.55\,\text{A}$　　$I_S=1.65\,\text{A}$

（21）（a）$U_{OC}=15\,\text{V}$，$R_0=112.5\,\Omega$；（b）$U_{OC}=30\,\text{V}$，$R_0=3\,327\,\Omega$；

（c）$U_{OC}=1\,\text{V}$，$R_0=20\,\Omega$；（d）$U_{OC}=8.3\,\text{V}$，$R_0=120\,\Omega$

（22）$I=0.5\,\text{A}$

（23）$I=-2\,\text{A}$

（24）$U_{OC}=-17\,\text{V}$；$R_0=19\,\Omega$；$I_{SC}=-0.9\,\text{A}$；$19\,\Omega$

（25）$R_L=90\,\Omega$，$P=0.396\,\text{W}$

（26）$R_O = \dfrac{129 + 2\gamma}{3}$

（27）$I_L = 3$ A

项目 3　测试答案

（1）$0 < t < 10$ ms 和 70 ms $< t < 80$ ms，$i = 1$ mA；

　　10 ms $< t < 30$ ms 和 50 ms $< t < 70$ ms，$i = 0$；

　　30 ms $< t < 50$ ms，$i = -1$ mA，（图略）

（2）串联使用时：$C = 4$ μF；安全电压 $U_C = 375$ V；

　　并联使用时：$C = 18$ μF；安全电压 $U_C = 250$ V。

（3）$0 < t \leqslant 1$ s，60 mV；

　　$1 < t \leqslant 3$ s 和 $5 < t \leqslant 7$ s，$u_L = 0$；

　　$3 < t \leqslant 5$ s，$u_L = -60$ mV；

　　$7 < t \leqslant 9$ s，$u_L = 60$ mV

（4）$u_C(0_+) = 4$ V，$i_C(0_+) = -40$ mA，$u_R(0_+) = -4$ V

（5）$i_L(0_+) = 16$ mA，$i_1(0_+) = 40$ mA，$i_s(0_+) = 24$ mA

（6）$i_L(t) = 0.5 + 0.5\mathrm{e}^{-\frac{t}{0.6}}$ A

（7）$u_C(t) = 120 - 40\mathrm{e}^{-\frac{t}{2.5 \times 10^{-3}}}$ V，$i_C(t) = 0.16\mathrm{e}^{-\frac{t}{2.5 \times 10^{-3}}}$ A

（8）4 ms，1 ms，2.75×10^{-5} s，1 ms

（9）$i_1(t) = 4 + \mathrm{e}^{-\frac{t}{2/3}}$ A　　$i_L(t) = 2 - \mathrm{e}^{-\frac{t}{2/3}}$ A　（图略）

（10）$u_C(t) = 36 + 12\mathrm{e}^{-\frac{t}{10^{-6}}}$ V，$i_C(t) = -0.24\mathrm{e}^{-\frac{t}{10^{-6}}}$ A　（图略）

（11）$i_L(t) = 1.25\mathrm{e}^{-\frac{t}{2.5 \times 10^{-5}}}$ A，$i_2(t) = -1.25\mathrm{e}^{-\frac{t}{2.5 \times 10^{-5}}}$ A，$u_L(t) = 10\mathrm{e}^{-\frac{t}{2.5 \times 10^{-5}}}$ kV

（12）$u_{R_2}(t) = 4 + 2\mathrm{e}^{-\frac{t}{6.7 \times 10^{-6}}}$ V

项目 4　测试答案

（1）$f = 50$ Hz　　$T = 0.02$ s　　$U = 220$ V　　$U_m = 311$ V

（2）0.707 A

（3）311 V；可以；不能

（4）$i_1 = 0.05\sin(314t - 60°)$ A；$i_2 = 0.5\sin(314t - 90°)$ A；

　　$i_3 = \sin 314t$ A

（5）① $\dot{U}_1 = 220\angle 100°$ V；② $\dot{U}_2 = 100\angle -180°$ V；

③ $\dot{I}_1 = 10\angle 30°$ A；④ $\dot{I}_2 = 10\angle 0°$ A

（6）① $i_1 = 5\sqrt{2}\sin(628t + 45°)$ A；② $i_2 = 15\sqrt{2}\sin(628t + 90°)$ mA；

③ $i_3 = 10\sqrt{2}\sin(628t + 30°)$ mA；④ $u_1 = 380\sqrt{2}\sin(628t + 120°)$ V；

⑤ $u_2 = 220\sqrt{2}\sin(628t - 90°)$ V；⑥ $u_3 = 110\sqrt{2}\sin(628t - 150°)$ V

（7）$u_1 + u_2 = 220\sqrt{6}\sin\omega t$ V；$u_1 - u_2 = 220\sqrt{2}\sin(\omega t - 90°)$ V

（8）① u_1、u_2 同相情况下，$u_1 + u_2$ 的有效值为 70 V

② u_1、u_2 正交情况下，$u_1 + u_2$ 的有效值为 50 V

③ u_1、u_2 反相情况下，$u_1 + u_2$ 的有效值为 10 V

（9）$u = 400\sqrt{2}\sin(628t - 105°)$ V；$\dot{U} = 400\angle -105°$ V；图略

（10）2.27 A；15 度电；不会

（11）$X_L = 628$ Ω；$\dot{I}_L = 0.35\angle -60°$ A；图略

（12）0.188 4 Ω；376.8 Ω

（13）$X_C = 22$ Ω；$C = 45.5$ μF

（14）0.325 A

（15）① $Z = 150 - j200$ Ω；

② $i = 0.88\sqrt{2}\sin(1\,000t + 143.1°)$ A

③ $u_R = 132\sqrt{2}\sin(1\,000t + 143.1°)$ V；

$u_L = 264\sqrt{2}\sin(1\,000t - 126.9°)$ V；

$u_C = 440\sqrt{2}\sin(1\,000t + 53.1°)$ V；

④ 电容性电路

（16）当 $f = 50$ Hz　　$I_R = 4.4$ A　　$I_L = 22$ A　　$I_C = 22$ A

当 $f = 1$ kHz　　$I_R = 4.4$ A　　$I_L = 1.1$ A　　$I_C = 440$ A

图略

（17）$Y = 0.1 + j0.025$ S　电容性电路

（18）(a) 141 V　　　(b) 141 V　　　(c) 0 V

（19）交流电源：B 比 A 亮，C 比 A 亮。

直流电源：A 不变，B 灯灭，C 比 A 亮。

（20）$R = 15$ Ω　$L = 2.1$ mH

（21）$Z = 500 - j500$ Ω

（22）$Z = 30\angle -16°$ Ω　$\dot{I} = 7.3\angle 16°$ A　$\dot{I}_1 = 8.8\angle -37°$ A　$\dot{I}_2 = 7.3\angle 90°$ A

（23）$C_0 = 0.5$ F

提示：利用戴维南定理求解。去掉待求支路，得到戴维南等效电路中 $\dot{U}_{OC} = 0.447\angle -18.4°$ V，

$Z_0 = 2 + \text{j}1\ \Omega$；若 $P_0 = I_0^2 R$ 最大，则 $I_0 = \dfrac{U_\text{S}}{\sqrt{(R_0+2)^2 + \left(1-\dfrac{1}{2C}\right)^2}}$ 最大；得 $1-\dfrac{1}{2C}=0$ 时，可使

R_0 获得最大功率，即 $C_0 = 0.5$ F。

（24）$R=30\ \Omega$；$L=127$ mH

（25）$P=24$ W；$Q=32$ Var；$S=40$ VA；$\lambda=0.6$

（26）$R=296\ \Omega$；$L=1.64$ H；$\lambda=0.5$；并联 $C=3.3\ \mu$F

（27）195 pF

（28）30～273 pF

（29）$\omega_0 = 10^4$ rad/s；$f_0 = 1.6$ kHz；$\rho = 100\ \Omega$；$Q = 50$

项目 5　测试答案

（1）星形连接和三角形连接，星形

（2）220 V，22 A，22 A

（3）0.1 A，0.1 A，220 V，380 V

（4）5 A

（5）$\dfrac{\sqrt{3}U_\text{L}}{2}$

（6）$i_A = 1.76\sqrt{2}\sin(\omega t - 23.1°)$ A，$i_B = 1.76\sqrt{2}\sin(\omega t - 143.1°)$ A，$i_A = 1.76\sqrt{2}\sin(\omega t + 96.9°)$ A

（7）$\dot{I}_A = 1.1\angle 0°$ A，$\dot{I}_B = 1.1\angle 150°$ A，$\dot{I}_C = 1.1\angle -150°$ A，$\dot{I}_N = 0.8\angle 180°$ A

（8）0.86

（9）① 图（略）

② $\dot{I}_A = 1.1\angle -36.9°$ A，$\dot{I}_B = 1.1\angle -156.9°$ A，$\dot{I}_C = 1.1\angle 83.1°$ A，$\dot{I}_N = 0$ A

③ $P=580.8$ W，$Q=435.6$ Var，$S=726$ VA

（10）$R=9.2\ \Omega$，$X_\text{L}=4.7\ \Omega$

项目 6　测试答案

（1）1.59 A/m，2×10^{-6} T

（2）① 9 300 A/m

② 260 A/m

③ 0.1 T

④ 1.18 T

（3）0.001 6 Wb

（4）834 匝

（5）0.000 99 Wb　0.5 T

（6）1 273 N

（7）① $M=0.3$ mH

② $k=0.75$

③ $M=0.6$ mH

（8）$M=0.1$ H

（9）$M=35.5$ mH

（10）① $i=0.7\sqrt{2}\sin(100t-60°)$ A

② $u_{AB}=4\sqrt{2}\sin(100t+135°)$ V

（11）10 V

（12）0.2 A　3.6 V

（13）114 A　8 A

（14）500 匝

参 考 文 献

［1］邱关源. 电路. ［M］. 3 版. 北京：高等教育出版社，1989.
［2］［美］Thomas L. Floyd. 电路原理. ［M］. 7 版. 北京：电子工业出版社，2005.
［3］郭继文. 电路分析基础 ［M］. 西安：西安电子科技出版社，2008.
［4］张洪让. 电工基础. ［M］. 2 版. 北京：高等教育出版社，1990.
［5］白乃平. 电工基础. ［M］. 3 版. 西安：西安电子科技出版社，2012.
［6］秦曾煌. 电工学 ［M］. 北京：高等教育出版社，1990.

参考文献